《媒介·文化·社会丛书》

海洋文化的信仰渊源探究

王巧玲◉著

中国社会科学出版社

图书在版编目(CIP)数据

海洋文化的信仰渊源探究／王巧玲著.—北京：中国社会科学出版社，2015.5

ISBN 978-7-5161-6222-4

Ⅰ.①海… Ⅱ.①王… Ⅲ.①海洋-信仰-文化研究-中国 Ⅳ.①P72②B92

中国版本图书馆 CIP 数据核字(2015)第 108175 号

出 版 人 赵剑英
责任编辑 宫京蕾
特约编辑 高川生
责任校对 朱妍洁
责任印制 何 艳

出 版 中国社会科学出版社
社 址 北京鼓楼西大街甲 158 号
邮 编 100720
网 址 http://www.csspw.cn
发 行 部 010-84083685
门 市 部 010-84029450
经 销 新华书店及其他书店

印刷装订 北京市兴怀印刷厂
版 次 2015 年 5 月第 1 版
印 次 2015 年 5 月第 1 次印刷

开 本 710×1000 1/16
印 张 17.75
插 页 2
字 数 256 千字
定 价 59.00 元

凡购买中国社会科学出版社图书，如有质量问题请与本社营销中心联系调换
电话：010-84083683

序　言

中国有漫长的海岸线，道教是中国土生土长的唯一的制度化宗教，沿海居民的道教信仰悠久漫长而且根深蒂固，所以，道教与海洋文化的关系，是非常值得研究的一个重要课题。王巧玲在博士研究生期间师从于我，她的博士学位论文研究道教风水美学，已经涉及到了水。她参与了我主持的国家哲学社会科学规划课题“浙江道教史”的研究，也从不同侧面涉及到这一课题。毕业后所在高校申报课题时与我讨论，恰逢国家重视海洋事业和海洋文化，于是我建议她研究这一课题。她把写出的书稿给我希望我看看。我看过后给她提了一些修改的建议，她完成修改后再次把书稿发来，要求我写篇序言，于是乐而提笔，略敷数言。

道教在思想上渊源于道家。它与海洋的关系自然可以上溯到道家对水的重视。道家的创始人老子在《道德经》中已有“上善若水”的论述，并把水的灵活、柔弱、就低、顺下的性质抽象到哲学的高度，得出了柔弱胜刚强等道理。道家的集大成者庄周进一步以《秋水》名篇，提及了河伯、海神等与水相关的神明，《逍遥游》中有“若夫乘天地之正，而御六气之辩”的句子，其中的六气指自然气候变化的六种现象，即阴、阳、风、雨、晦、明之气，显然与水紧密相关。此外其他篇章中的“野马”等词汇也间接地与水相关。

紧承道家发展起来的作为宗教形态的道教，从南北朝时期起就成为与儒家、佛教鼎足而立的中国传统文化的三大组成部分之一。它把形而上与形而下、雅文化与俗文化、社会上层与下层紧密关联起来，扩散融贯到传统文化的方方面面。与水相关的方面，同样在继承道家的基础上，得到了多方面的扩展和创新。可惜学术界过去对此缺乏系统的研究。我和李玉用合作撰写过《温泉文化与养生》（中国文联出版社 2012 年版），对此有过一些论述，但显然只是从一个特定角度作的研究，还可以作更加系统化、深入化的探讨。

道教与海洋的关系，有一点是值得强调的，这就是道教的起源问题。目前学术界的主流观点认为道教起源于四川与陕西交界的巴蜀地区，这是我们不认可的。在《江西道教史》（中华书局 2011 年版）和《浙江道教史》（中国社会科学出版社 2015 年版）中，我们提出了新的观点，认为道教的起源不能仅仅以张陵在巴蜀地区创立五斗米道作为标志，征之更广泛的文献，道教的起源可以提前到两汉之交出现的众多的以黄老为信仰的民间宗教性社团活动，至于地点，当然也不是巴蜀一个地区，而是多个地区，尤其不能忽略上一世纪陈寅格先生即已论述过的东部滨海地域的道教起源问题。为此，我们详细论证了道教的东部起源观。所谓的东部地区包括山东、江苏、上海、浙江、福建、台湾等省区，都是滨海省区。它们与道教的关系，其实不只是涉及起源，更重要的还涉及此后的发展并绵延到今天。对此，我们在《浙江道教史》、《民国杭州道教》、《温州道教史》（即将出版）、《近现代浙江道教研究》（即将出版）等论著中有详细的探讨。这些内容，直接或间接地涉及到了道教与海洋文化的关系。

王巧玲博士的这部著作，当然不是就地域而言的，是从宏观层面来探讨。这对研究道教与海洋文化的关系而言，很有必要。因为得先有宏观的考量，微观的具体探讨才方便展开。但即便如此，这本身也是一个很大的课题，现在王巧玲博士拿出来的部分，也只是她的研究成果的一部分，接下来她还会把其余与此相关的研究成果继续出版，进一步深化这一课题的研究。显然，王巧玲博士的这部著作，属于开荒拓路的成果，纵使存在一些不足，但也为此后的研究开了一个很好的头，具有较高的学术价值和意义。

此外，浙江大学道教文化研究中心正在搜集整理明代正、续《道藏》之后的未曾公开出版过的民间道教文献，拟编辑为七千万字左右，从体量上远远超过正、续《道藏》和上一世纪所编的《藏外道书》等道教文献合集的《东部道藏》。其中的一部分文献，直接涉及到道教与水文化、海洋文化的关系。所以，《东部道藏》出版后，相信学术界还可以深化、扩展道教与水文化，包括其中的海洋文化的关系的研究。

是为序。

孔令宏
2015年4月9日于浙江大学道教文化研究中心

目　录

第一章

道教与水崇拜概述

水是人类生命之源，水在陆地上以江、河、湖、海、井、泉等各种状态存在，水孕育了人类文明，古埃及的尼罗河文明、两河流域文明及古代中国的黄河、长江流域文明，莫不缘此而生。对水的依赖和恐惧，最终导致了对水的祈求和膜拜，水崇拜就因此产生。世界各地都有不同的水崇拜表现形式，大致说来，包括水孕育生命形成天地万物的传说故事，诞生礼俗中的洗礼，送水礼，冷水浴婴；婚俗中的泼水、喷床、喝子茶；民俗节日中的洗澡节、沐浴节、泼水节等，这些都是人类水崇拜功能性目的的体现。

人类对水的依赖是如此的强烈，因此较早就对水的功能和性质有了深刻的认识，“天下之多者水也，浮地载天，高下无所不至，万物无所不润”[①]。“水者，地之血气，如筋脉之通流者也。”[②]“集于草木，根得其度，华得其数，实得其量。鸟兽得之，形体肥大，羽毛丰茂，文理明著。万物莫不尽其几，反其常者，水之内度适也。”[③] 可知，古人主要是从水的孕育生命的功能上崇拜水，另一方面，原始水崇拜文化的内涵还表现在乞求风调雨顺和农作物丰收两方面。道教是在中国本土各种原始自然宗教的基础上发展起来的宗教，人类宗教的演变历史表明，自然崇拜的对象最初是自然物质本身，而不是后来的动物化的神灵，或人物化的神灵，道教以虚无缥缈的哲学理念“道”为最高信仰，这样的宗教信仰非常少见，道教的独特性可见一斑。

---

① 王国维：《水经注叙》，上海人民出版社 1984 年版，第 1 页。

② 黎翔凤撰，梁运华整理：《管子校注》第 14 卷《水地第三十九》，中华书局 2004 年版，第 813 页。

③ 同上书，第 815 页。

道教在形成和发展的过程中吸纳了包括水崇拜在内的各种原始自然宗教的信仰与思想，但它不是毫无选择的吸取民间宗教的信仰，而是经过了自己的加工和提取，将原始自然宗教信仰与道教的教理和教义进行融会贯通，从而形成独特的道教水崇拜内涵。例如远古水崇拜的内涵是水孕育了生命，道教将其进行衍生，演变成道教“太一生水”“太一藏于水”的独特思想，认为不仅是水孕育了生命，更重要的是“太一”或者“道”孕育了生命，乃至宇宙万物，而这种具有创生万物功能的“太一”或者“道”也是蕴含在水之中的。又如，原始自然水崇拜所敬仰的是水本身，由于中国农耕社会的独特性，被赋予主管风调雨顺职能的水崇拜成为在中国延续时间最长、覆盖地域最广的原始自然宗教之一。道教则将原始水崇拜进行人格化改造，创造出一系列人格化的水神，形成新的水神信仰，新水神除了继承原始水崇拜的司水和生育繁衍的职能外，还被赋予了保护平安、祈求丰收、拯危救难等新职能。此外，道教作为组织化宗教，结合古代的巫术文化，又以繁复神秘的宗教仪式将祈雨、拯危、祈福、求子等水职能具体化，促成水神在民众心中的神秘力量增强。自此，水神不光是主管降雨等职能，而成为道教众多神灵中的一员，道教水崇拜也因而显现出了独特的道教文化内涵，主要体现在如下几个方面。

第一节　道教水崇拜是道教思想的载体

道教以“道”为最高信仰，“道”是中国古代哲学的重要范畴，用以说明世界的本原、本体、规律或原理，在不同的哲学体系中，其含义有所不同。老子所写的《道德经》是关于“道”的经典著作。道的原始含义指道路、坦途，以后逐渐发展为道理，用以表达事物的规律性，这一变化经历了相当长的历史过程。《易经》中有“复自道，何其咎”（《小畜》），“履道坦坦”（《履》），“反复其道，七日来复”（《复》），都为道路之义。《尚书正义·洪范》中说：“无偏无陂，遵王之义；无有作好，遵王之道；无有作恶，遵王之路。无偏无党，王道荡荡；无党无偏，王道平平；无反无侧，王道正直。"[①] 这里的"道"已经有正确的政令、规范和法度的意思，说明"道"的概念已经向抽象化发展。春秋时，《左传·宣公元年》曾有"臣闻小之能敌大也，小道大淫。所谓道，忠于民而信于神也"[②]。又载："四年，春，王三月，楚武王荆尸，授师孑焉，以伐随，将齐，入告夫人邓曼曰：'余心荡。'邓曼叹曰：'王禄尽矣。盈而荡，天之道也。先君其知之矣，故临武事，将发大命，而荡王心焉。若师徒无亏，王薨于行，国之福也。'"[③] 此两处的"道"字已经带有规律性的意思，表明道的概念已经逐步上升为哲学范畴。

由上可知，到了春秋后期，老子最先把道看作是宇宙的本原和普遍规律，成为道家的创始人。在老子以前，人们对生成万物的根源只推论到天，至于天还有没有根源，并没有触及。到了老子，开始推求天的来源，提出了"道"。他认为，天地万物都由"道"而生。《老子》第二十五章曰："有物混成，先天地生，寂兮寥兮，独立而不改，周行而不殆，可以为天下母，吾不知其名，字之曰道，强为之名曰大，大曰逝，逝曰远，远曰反。"[④] 对于老子所说的道，历来解说不一。有的认为，道是精神性的本体，是脱离物质实体而独自存在的最高原理，因此老子的道论是客观唯心主义。[⑤] 有的则认为，道是宇宙处在原始状态中的混沌未分的统一体，故老子的道论是唯物主义。老子认为道生成天地万物的过程是"道生一，一生二，二生三，三生万物"（《老子》四十二章）。道生成万物之后，又作为天地万物存在的根据而蕴涵于天地万物自身之中，道是普遍存在的，无间不入，无所不包。道虽然存在于天地万物之中，但是它不同于可以感觉的具体事

---

① （西汉）孔安国，（唐）孔颖达正义：《尚书正义》卷12《洪范第六》，上海古籍出版社2007年版，第463—464页。

② （清）洪亮吉：《春秋左传诂》，中华书局1987年版，第218页。

③ 同上书，第235页。

④ 《道德经》第二十五章，陈鼓应《老子译注及评介》（修订增补本），中华书局2009年版，第159页。

⑤ 童镰：《老子的客观唯心主义体系和朴素的辩证法思想》，《云南师范大学学报》（哲学社会科学版）1986年第1期。

物，它是视之不见、听之不闻、搏之不得的，是构成天地万物共同本质的东西。所以，不能靠感觉器官去体认，而且也难以用普通字词去表示，只能用比喻和描述来说明它的存在。应该说，老子的道论，在中国哲学史上第一次提出了“道”这一范畴作为世界的统一性的说明，后被各家学说所接受，虽各有不同理解，但是已经成为宇宙本原、普遍规律性的代名词。这一天才的推测和描述对于后世有极其深远的影响，它对于提高理论思维水平，探究事物的本原和规律性，曾经起到促进作用。

道教所信仰的“道”具有哲学层面的含义，其本体不是彻底的虚无，“道之为物，惟恍惟惚。惚兮恍兮，其中有象；恍兮惚兮，其中有物。窈兮冥兮，其中有精；其精甚真，其中有信”[①]。道虽然是构成天地万物共同本质的东西，存在于天地万物之中，但是它不同于可感觉的具体事物，它是视之不见、听之不闻、搏之不得的，“道”的这一特性促使人们想找到一种替代物来能说明它的属性，使之更易于理解与接受，这种替代物就是“水”。

美国学者艾兰（Sarah Allan）教授指出：“中国早期哲人总是对水沉思冥想，因为他们假定，由水的各种现象传达出来的规律原则，亦适用于整个宇宙。”[②] 确实，中国古代思想家都有从水中悟道的言论。诸子关于水的论述，所论对象是“水”，所论内涵却超越“水”的本体含义。这一方面是因为古代人们思考问题的方式与现代人不同，他们善于以“喻”（寓）的方式对问题进行思考和论证，这种论理方式也是中国古代哲学得以展开的重要手段，而且并不妨碍他们思考的深刻性。如孔子曰：“逝者如斯夫，不舍昼夜。”（《论语·子罕》）“斯”指流水，比喻过去了的岁月与事物，孔子以此劝勉弟子要珍惜时间。孟子曰：“人性之善也，犹水之就下也！人无有不善，水无有不善。”（《孟子·告子》）孟子从“水往低处流，人往高处走”的自

---

① 《道德经》第二十一章，陈鼓应《老子译注及评介》（修订增补本），中华书局2009年版，第145页。

② ［美］艾兰著，张海晏译：《水之道与德之端——中国早期哲学思想的本喻》，上海人民出版社2002年版，第63页。

然现象推演出他的“性善论”主张。荀子曰：“君者舟也，庶人者水也，水则载舟，水则覆舟。”（《荀子·王制》）他把人民比作“水”，既可以“载舟”，也能够“覆舟”，这一思想是中国最早提出的民主思想。孙子在《孙子兵法》中认为水所独具的无常形，融合有利与害、柔弱与刚强、防御与进攻两重性的特点，与战争的特性有着某种惊人的相似之处，故水对战争有启示作用，“夫兵形象水，水之形避高而取下，兵之形避实而击虚。水因地而制流，兵因敌而制胜，故兵无常势，水无常形也，能因敌变化而取胜者谓之神。”（《孙子兵法·虚实》）这里的水势被喻为兵形，说明了军事布阵的重要原理。吕不韦曰：“流水不腐，户枢不蠹，动也。”（《吕氏春秋》）他借水流的运动阐释了“生命在于运动”的哲理。可知，先秦思想家都善于借“寓”来阐发自己对问题的看法，他们不约而同地都借用水作为载体。

水是地球上最常见的物质之一，也是生物体最重要的组成部分。水在包括人类在内所有生命的生存和演化中起到了重要作用。但是先秦诸子的所论述的“水”却更多的是从哲学内涵上申发，大致说来有自然义、伦理道德义、哲学义之区分。

自然义主要是从水是生命所必需的物质出发，强调万物必得水之孕育而存活的道理。管子认为：“是以水者，万物之准也，诸生之淡也，违非得失之质也，是以无不满，无不居也，集于天地而藏于万物，产于金石，集于诸生，故曰水神。集于草木，根得其度，华得其数，实得其量，鸟兽得之，形体肥大，羽毛丰茂，文理明著。”[①] 管子认为，水便是万物的“根据”，一切生命的“中心”，一切是非得失的基础。所以，水是没有不可以被它充满的东西，也没有不可以让它停留的地方。它可以聚集在天空和地上，包藏在万物的内部，产生于金石中间，又集合在一切生命的身上。所以说，水比于神。水集合在草木上，根就能长到相当的深度，花朵就能开出相当的数目，果实就能收得相当的数量。鸟兽得到水，形体就能肥大，羽毛就能丰满，毛

① 黎翔凤撰，梁运华整理：《管子校注》第14卷《水地第三十九》，《新编诸子集成》，中华书局2004年版，第814—815页。

色花纹鲜明而显著。万物没有不充分发展生机并回到它的常态的，这是因为它们内部所蕴藏的水都有相当分量的缘故，这些话充分重视了水的独特作用。

水在伦理道德方面的引申意义最多，遍及社会生活的方方面面。如管仲认为，治理国家首先要治理五害，首先是水害，特指五种容易产生危害的水源，即主要是从山里发源，流入大海的，叫作“经水”；从其他河流中分出来，流入大河或大海的，叫作“枝水”；在山间沟谷，时有时无的，叫作“谷水”；从地下发源，流入大河或大海的，叫作“川水”；由地下涌出而不外流的，叫作“渊水”。这五种水都可以顺着它的流势来引导，也可以对它拦截控制，但是隔不多久，常常会发生灾害。因为，水的性质是走到曲折的地方，就停而后退，满了，后面就推向前进，地低则走得平稳，地高就发生激荡，地势曲折就将冲毁土地。如地势过于曲折，水流就会跳跃，跳跃则偏流，偏流则打旋，打旋则集中，集中则泥沙沉淀，泥沙沉淀则水道淤塞，水道淤塞则河流改道，河流改道则水流激荡，水流激荡则河水妄行，河水妄行则伤人，人伤则贫困，贫困则轻慢法度，轻慢法度则难于治理，难于治理则行为不善，行为不善就不服从统治了。因此，要治理好国家就必除五害，治国与治水之间有相通之处，“控则水妄行，水妄行则伤人，伤人则困，困则轻法，轻法则难治，难治则不孝，不孝则不臣矣”①。同样，治水与城市建设之间也存在着密切的关系，“故圣人之处国者，必于不倾之地，而择地形之肥饶者。乡山，左右经水若泽，内为落渠之泻，因大川而注焉。乃以其天材，地之所生，利养其人以育六畜。天下之人，皆归其德而惠其义，乃别制断之”②。

古代思想家不仅用水来探讨治国的道理，更重要的是“以水比德”，把水人格化，以水论人，又以人说水，把人、水融为一体。如管仲认为，人的美与恶、贤与不肖、愚蠢和美俊都是因为水的不同造成的，“故曰：水者何也？万物之本原也，诸生之宗室也，美恶、贤

---

① 黎翔凤撰，梁运华整理：《管子校注》第18卷《度地第五十七》，《新编诸子集成》，中华书局2004年版，第1055页。

② 同上书，第1050—1051页。

不肖、愚俊之所产也。何以知其然也？夫齐之水道躁而复，故其民贪粗而好勇；楚之水淖弱而清，故其民轻果而贼；越之水浊重而洎，故其民愚疾而垢；秦之水泔冣而稽，淤滞而杂，故其民贪戾罔而好事；齐晋之水枯旱而运，淤滞而杂，故其民谄谀葆诈，巧佞而好利；燕之水萃下而弱，沈滞而杂，故其民愚戆而好贞，轻疾而易死；宋之水轻劲而清，故其民闲易而好正”①。水是什么？水是万物的本原，是一切生命的植根之处，美和丑、贤和不肖、愚蠢无知和才华出众都是由它产生的。怎样了解水是这样的呢？试看齐国的水迫急而流盛，所以齐国人就贪婪，粗暴而好勇。楚国的水柔弱而清白，所以楚国人就轻捷、果断而敢为。越国的水浊重而侵蚀土壤，所以越国人就愚蠢、妒忌而污秽。秦国的水浓聚而迟滞，淤浊而混杂，所以秦国人就贪婪、残暴、狡猾而好杀伐。晋国的水苦涩而浑浊，淤滞而混杂，所以晋国人就谄谀而包藏伪诈，巧佞而好财利。燕国的水深聚而柔弱，沉滞而混杂，所以燕国人就愚憨而好讲坚贞，轻急而不怕死。宋国的水轻劲而清明，所以宋国人就纯朴平易喜欢公正。这种观点非常有代表性，影响了后世很多学者的看法，所谓“一方水土养育一方人”的说法也由此而生。

另外，古人还认为水的形态与人的不同性格、品质之间有可比性，最典型的是《荀子·宥坐》，其中详细阐述了这种看法：“孔子观于东流之水。子贡问于孔子曰：‘君子之所以见大水必观焉者，是何？’孔子曰：‘夫水，大遍与诸生，而无为也，似德；其流也，埤下裾拘，必循其理，似义；其洸洸乎不尽，似道；若有决行之，其应佚若声响，其赴百仞之谷不惧，似勇；主量必平，似法；盈不求概，似正；淖约微达，似察；以出以入，以就鲜洁，似善化；其万折也必东，似志。是故君子见大水必观焉。’”② 孔子认为，水能够启发君子，水的德行也能够激发君子的德行修养，水遍布天下，给予万物，

① 黎翔凤撰，梁运华整理：《管子校注》第 18 卷《度地第五十七》，《新编诸子集成》，中华书局 2004 年版，第 831—832 页。

② 《荀子·宥坐》，北京大学荀子注释组《荀子新注》，中华书局 1979 年版，第 481 页。

并无偏私，有如君子的道德；水所到之处，万物生长，有如君子的仁爱；水性向下，随物赋形，有如君子的高义；水浅处流动不息，水深处渊然不测，有如君子的智慧；水奔赴万丈深渊，毫不迟疑，有如君子的临事果决和勇毅；水渗入曲细，无微不达，有如君子的明察秋毫；蒙受恶名，默不申辩，有如君子包容一切的豁达胸怀；水中有时泥沙俱下，最后仍然是一泓清水，有如君子的善于改造事物；水若装入量器，一定保持水平，有如君子的立身正直；水在容器中遇满则止，并不贪多务得，有如君子的讲究分寸，处事有度；无论怎样的百折千回，一定要东流入海，有如君子的坚定不移的信念和意志。可知，《荀子》则把“水”当作一切“德”的象征，故孔子借水论来警示众人观照自身。

老子也认为：“上善若水，夫水善利万物而不争，处众人之所恶，故几于道：居，善地；心，善渊；与，善仁；言，善信；政，善治；事，善能；动，善时。”[①] 此处，“善”即水之美德，处世若水之谦卑，存心若水之亲善，言谈若水之真诚，为政若水之条理，办事若水之圆通，行动若水之自然，人品若水之纯清。倘若如此，生命便进入了至善至美至真的境界，也借此阐明了“无为而治”的至理。总之，水的伦理道德义主要是从人类道德行为规范出发，认为水具有“持平、察、知命、勇、武、德、仁、义、勇、智、贞、善化、正、厉、意”等众多德行，可以为君子所取法。

哲学义而言，通常认为“水”是世界的本源，这源于中国古代的朴素唯物论把金、木、水、火、土五行视为世界的本源。如管仲在《水地篇》中说：“水者，何也，万物之本原也，诸生之宗室也。”[②] 管仲认为，水是世界的本源，是万物的始祖、根本和源头，将其称为“万物之准”和“诸生之淡”。道家认为，世界的本源是“道”，因此道家对水的阐述是从哲学义上将水看作是“道”的物理原型，“道”

① 《道德经》第八章，陈鼓应《老子译注及评介》（修订增补本），中华书局2009年版，第86页。

② 黎翔凤撰，梁运华整理：《管子校注》第14卷《水地第三十九》，《新编诸子集成》，中华书局2004年版，第831页。

是“水”的哲学升华。

道教经典《老子道德经》中，至少出现了十七章与水有关的论述。《老子》贵“道”，尚“无为”，认为“道”是世界的本源。但是“道”幽深玄远，一般的解释，容易落入俗套，也难以把握住“道”的真谛，故老子以水来展开他的哲学思想。水是最接近“道”的物质实体，水以固态、液态、气态等存在于宇宙之中，恰如“道”是构成天地万物共同本质的东西，存在于天地万物之中，无边无际，视之不见、听之不闻、搏之不得。水又具有虚心低下、包容、柔弱等品质，这种性质正是“德”的载体，“上善若水，水善利万物而不争，处众人之所恶，故几于道。居善地，心善渊，与善仁，言善信，正善治，事善能，动善时”①。“天下莫柔弱于水，而攻坚强者莫之能胜，以其无以易之。弱之胜强，柔之胜刚；天下莫不知，莫能行。”② 若用水的特性做比喻，能够让人更清楚地体悟“道”的真义。可知，水虽然不是“道”，但是水最近道，“道”和“水”的区别在于，一个是“虚无”的，一个是“实在”的，尽管形态不同，但是“水”几乎等同于“道”，“水”无处不在，“道”也无处不在。

刘师培认为，老子“水哲学”的诞生与他的主要活动区域有关，江湖水泽之地的地理环境启发了老子的灵感，“荆楚之地，僻处南方，故老子之书，其说杳冥而深远。及庄、列之徒承之，其旨远，其义隐，其为文也，纵而后反，寓实于虚，肆以荒唐谲怪之词，渊乎其有思，茫乎其不可测矣”③。水的玄妙与老子的思想交融贯通，老子以水之德喻道之德，引导人类崇尚谦下不争、以柔克刚的品质，他把水的特性放在哲学层面上思考，使得具体的“物质”具有接近于抽象的“道”的本质含义。这种以水拟“道”的做法是从自然物的表面的、

---

① 《道德经》第八章，陈鼓应《老子译注及评介》（修订增补本），中华书局 2009 年版，第 86 页。

② 《道德经》第七十八章，陈鼓应《老子译注及评介》（修订增补本），中华书局 2009 年版，第 337 页。

③ 刘师培：《南北文学不同论》，邬国平、黄霖《中国文论选·近代卷》下册，江苏文艺出版社 1996 年版，第 655 页。

个别的认识出发，深入事物的内在本质，对其普遍法则进行把握，虽然是初步的，但是很深刻，有很高的理论价值。

庄子也是道家思想的重要领军人物，他也认为，水是一种心灵境界的反射，体现了“静、鉴、镜、纯粹、止、积厚”等特点。庄子论“道”的重要特点是以水的寓言故事来表现“道”的深刻内涵。《逍遥游》《大宗师》《秋水》讲的都是精妙的水寓言。“水”“泉”“池”“江湖”“海”“鱼”“舟”“井”等物象，在庄子寓言中贯穿始终，都被赋予水喻理、喻情的内涵，从某种程度上庄子认为，水是人性、生命象征的存在物，也是“道”的载体。“夫道，覆载万物者也，洋洋乎大哉！”又说：“道，注焉而不满，酌焉而不竭。”在庄子的眼里，“道”如汪洋大海，广博、无限。庄子提倡做人、为政，都要进入“静水”的状态。他认为，“水静则明烛须眉”，水只有在静止的时候污浊不泛；“水静犹明”，帝王圣人的心应像“静水”那样“虚静、恬淡、寂寞、无为”。只有这样，才能领悟宇宙和人生之精妙，才能接近“道”。

“道”，在老子的眼里被视为天地万物的本源，微妙玄虚。“道”是“混沌”之祖宗，天地之父母，阴阳之主宰，万神之帝君。道家与道教之得名即由于他们的基本信仰都关系着“道”，也都关系着“水”。道教的思想家也借助“水”用“寓言”的方式来阐述自己的见解。如五代谭峭的《化书》就用比喻来阐述法术的要领，“水窦可以下溺，杵糠可以疗噎。斯物也，始制于人，又复用于人。法本无祖，术本无状，师之于心，得之于象。阳为阴所伏。男为女所制，刚为柔所克，智为愚所得。以是用之，则钟鼓可使之哑，车毂可使之斗，妻子可使之改易，君臣可使之离合。万物本虚，万法本无，得虚无之窍者，知法术之要乎？”① 孔道可以宣泄积水，杵糠可以治疗噎病。这些东西，是人制造出来的，又被人所用。道法本来就没有初始，道术本来就没有形状。心里以它为效仿的榜样，得到的是它表现出来的现象。阳被阴降服，男人被女人控制，刚强的被柔弱的克制，机智过人的被大智若愚的人使用。像这样的使用，则可以使钟鼓喑哑

① （五代）谭峭：《化书》，中华书局1996年版，第19页。

无声，可以使车毂相互碰撞，可以使妻子改嫁他人，可以使君臣之间亲近或厌恶。世界上的万物本来就是虚无的，世界上的千万种道法本来就是什么也没有，能够得知虚无的关键之处，也就知道了法术的关键。这里借助“水窦可以下溺”比喻道法变化莫测的精妙。

总之，水对中国早期的哲学思想产生了很大的影响，郭店楚简中的《太一生水》则在宇宙论的意义上，构建了一个“太一生水”的宇宙生成论图式，道教的水崇拜思想经过了哲学家的处理，不仅保留了对水的神秘的崇拜，还结合对水所具有品质的认识，构建了世界万物形成于水这种物质的宇宙观。

第二节　海洋契合了道教水崇拜的想象

海洋是地球上最广阔的水体的总称，海洋的中心部分称作洋，边缘部分称作海，彼此沟通组成统一的水体。海洋是地球上水的集合，约占地球表面积的71%，相对于陆地而言，海洋面积的浩瀚所呈现出的博大与神秘契合了古人对天道的想象，海洋的无限性与超越时空，与“道无终始”有诸多的相似之处，因此古人不仅把海洋看成一种自然现象，还以“天人合一”的宇宙观去审视海洋，从中探讨解悟天道、人道和政道的方法，从而建构起中国原初的哲学体系。相应的，古人通过以海譬道、以海譬人、以海譬政来阐释其哲学观点的也很常见。

道教以“道”为最高信仰，类似的宗教信仰在世界范围内都比较少见，其所依据的“道”源于《道德经》，其中对“道”的描述，“有物混成，先天地生。寂兮寥兮，独立而不改，周行而不殆，可以为天下母。吾不知其名，强字之曰道，强为之名曰大。大曰逝，逝曰远，远曰反。故道大，天大，地大，人亦大。域中有四大，而人居其一焉。人法地，地法天，天法道，道法自然”①，从某种程度上来说，

① 《道德经》第二十五章，陈鼓应《老子译注及评介》（修订增补本），中华书局2009年版，第159页。

也是对海洋的写照。

在人类的认识范畴中，具体的事物总是有生有死，有生产有消亡，会经历一系列的变化，而海洋仿佛永恒存在，在人类产生之前，它就已经存在，可以称得上是“有物混成，先天地生。”据研究表明，大约在50亿年前，原始的地球形成，它仿佛是一个久放而风干了的苹果，表面皱纹密布，凹凸不平，高山、平原、河床、海盆，各种地形一应俱全，但是缺乏水分。随着地壳逐渐冷却，大气的温度也慢慢地降低，水气以尘埃与火山灰为凝结核，变成水滴，越积越多。由于冷却不均，空气对流剧烈，形成雷电狂风，暴雨浊流，雨越下越大，下了很久很久。滔滔的洪水，通过千川万壑，汇集成巨大的水体，这就是原始的海洋。水分不断蒸发，反复地形云致雨，重新落回地面，把陆地和海底岩石中的盐分溶解，不断地汇集于海水中，这一系列的变化可以称得上是“寂兮寥兮，独立而不改，周行而不殆”。也可以理解为，海里的水总是依照有规律的明确的形式流动，海面周期性的升降、涨落与进退，循环不息。靠海水阻隔了紫外线，生物首先在海洋里诞生，这应该算上“可以为天下母”。水具有孕育生命的功能，远古先民观察到水可以使植物发芽、生长、结实的自然现象，认为“水为万物之本原，诸生之宗室”[①]，并对其中的原因进行了探究。如《庄子》认为：“种有几（可作机），得水则为隆（水中生物），得水土之际，则为证（音蛙）嫔（虾蟆之类）之衣……青宁生程，程生马，马生人，人又反入于机（可作几）。万物皆出于机，皆入于机。”[②] 这些是具有初步萌芽的生物演化思想。古人从相似律的思维方式出发，认为水也就可以使人生育繁殖，历史上，浴水受孕、食水中物受孕的传说很多，这也赋予了水以主管生育的信仰，甚至认为人是由水中的微生物演化而成的，“人从水出”（《庄子·至乐》）。这种看法与历史真相符合，大约在38亿年前，即在海洋里产生了有机物，先有低等的单细胞生物。在6亿年前的古生代，有了海藻类，在阳光

---

① 黎翔凤撰，梁运华整理：《管子校注》第14卷《水地第三十九》，《新编诸子集成》，中华书局2004年版，第831页。

② 陈鼓应：《庄子今注今译》，中华书局1983年版，第460页。

下进行光合作用，产生了氧气，慢慢地积累的结果，形成了臭氧层。此时，生物才开始登上陆地。浩瀚宽广的海洋超出了古人的认知范畴，不禁慨叹："吾不知其名，强字之曰道，强为之名曰大。大曰逝，逝曰远，远曰反。"[①] 实际上，史前人类就已经在海洋上旅行，以海洋为生，从海洋中捕鱼，对海洋进行探索。但是即便是在科技发达的现代，人类已经可以用潜水球、潜水艇等对深海进行探索的情况下，已探索的海底只有5%，还有95%大海的海底仍旧是未知的，因此老子的慨叹在今天仍能引起共鸣。

海洋不仅在空间上是巨大的，在时间上也接近永恒，海洋已经存在了40多亿年，人类诞生才不到200万年，海洋早在人类产生之前就已经存在，今后也将持续存在下去。据霍金的理论，也许在50亿年以后，太阳和地球都要走向灭亡，海水干涸的时间应该早于这个时间，或者按科学家根据恒星演化模型推测，地球不可以居住状态将出现在未来17.5亿年至32.5亿年之间，届时地球表面的海洋会全部消失，灾难性的环境变化使得绝大多数生命灭绝。[②] 但是海枯石烂的猜测对我们来说显得那么遥不可及，从某种意义上来说，海洋是永恒存在的。海的浩瀚、永恒衬托了人类世界、物质世界的有限和无常，"夫物，量无穷，时无止，分无常，终始无故"[③]。在追溯世界的本源时，哲人们不约而同地想到了海洋意象。

在古人看来，海洋和陆地是两个完全不同的存在，海洋在空间上是无限的，陆地是有限的，海洋是对陆地的空间超越，《庄子》中很多篇章体现了这种海、陆之别：

> 谆芒将东之大壑，适遇苑风于东海之滨。

---

① 《道德经》第二十五章，陈鼓应《老子译注及评介》（修订增补本），中华书局2009年版，第159页。

② 《地球还有17亿年可居住：末日时海洋先消失》，腾讯科技，2013年9月21日，http://tech.qq.com/a/20130921/001899.htm。

③ 《庄子·秋水》，陈鼓应《庄子今注今译》（最新修订重排本），中华书局2009年版，第447页。

苑风曰：子将奚之？

曰：将之大壑。

曰：奚为焉？

曰：夫大壑之为物也，注焉而不满，酌焉而不竭。吾将游焉！[①]

又如：

秋水时至，百川灌河；泾流之大，两涘渚崖之间不辨牛马。于是焉河伯欣然自喜，以天下之美为尽在己。顺流而东行，至于北海，东面而视，不见水端。于是焉河伯始旋其面目，望洋向若而叹曰："野语有之曰，闻道百，以为莫己若者，我之谓也。且夫我尝闻少仲尼之闻而轻伯夷之义者，始吾弗信；今我睹子之难穷也，吾非至于子之门则殆矣，吾长见笑于大方之家。"[②]

上述"大壑"就是大海的象征，江河注入它也不会满溢，不停地舀取它，也不会枯竭。"万川归之，不知何时止而不盈；尾闾泄之，不知何时已而不虚。"[③]"望洋兴叹"的寓言故事，说明了道教哲人很早就认识到了海洋的无限性，河神慨叹道海洋的浩渺博大，发出的也正是人类的心声。海洋的无限性反衬出内陆河流的相对有限性，从而可以引申到道教宇宙观的无限性，最终在哲学的层面上，海洋成为与"道"合二为一的象征物。

"道"有许多象征意象载体，如江河湖海皆可，"道常无名……譬道之在天下，犹川谷之于江海"[④]。"江海所以能为百谷王者，以其善

① 《庄子·天地》，陈鼓应《庄子今注今译》（最新修订重排本），中华书局2009年版，第349页。

② 同上书，第442页。

③ 同上。

④ 《道德经》第三十二章，陈鼓应《老子译注及评介》（修订增补本），中华书局2009年版，第188页。

下之，方能为百谷王。”[1] 因为江河湖海都是道教水崇拜的体现。

海洋意象的出现，说明了道教中对海洋文化的深入思考。《老子》曰：“有物混成，先天地生，寂兮寥兮，独立而不改，周行而不殆，可以为天下母。”[2] 可知，“道”在时间上是无止境的，在万物产生之前就有了“道”，而在万物产生之后，“道”也不见减损，这种特性与浩瀚的海洋极其类似，天下之水，莫大于海，万川归之，春秋不变，水旱不知。从空间上来看，海洋是无止境的。天下的水面，没有什么比海更大的，千万条河川流归大海，不知道什么时候才会停歇而大海却从不会满溢；海底的尾闾泄漏海水，不知道什么时候才会停止而海水却从不曾减少；无论春天还是秋天不见有变化，无论水涝还是干旱不会有知觉。海洋在时空上的无限性与宇宙的无限性是契合的，而且这种无限性也契合于“道”。

海洋的存在启发了人类对永恒和无限的思考。“有始也者，有未始有始也者，有未始有夫未始有始也者。有有也者，有无也者，有未始有无也者，有未始有夫未始有无也者。俄而有无矣。而未知有无之果孰有孰无也?”[3] 倘若从“始”向前追溯，最后达到的是无始，无始的本体论意义也就是没有时间先后，这种无始的存在本原决定了形而上之“道”的无始无终的，“一切事物都是有生死始终，都局限在一定具体的时空范围内，只有这个‘道’是超越这一切的”[4]。从时间的维度来看，大海也是无始无终的，故“海”近乎道。

总之，人类在长期的生产和生活实践中认识到了海洋的无限性，由于古代中国主要是一个农业国家，故海洋只是人们施展想象的舞台，在思想家头脑中更多的是作为一种哲学意象存在。《易经》曰：

---

① 《道德经》第六十六章，陈鼓应《老子译注及评介》（修订增补本），中华书局2009年版，第303页。

② 《道德经》第二十五章，陈鼓应《老子译注及评介》（修订增补本），中华书局2009年版，第159页。

③ 《齐物论》，陈鼓应《庄子今注今译》（最新修订重排本），中华书局2009年版，第80页。

④ 李泽厚：《中国古代思想史论》，中国社会科学出版社2008年版，第148页。

“一阴一阳谓之道”，阴阳的交合是宇宙万物变化的起点，阴阳就是世间万物的父母。可知“道”的含义非常广泛，以海譬道，说明海洋的存在启发了人类对永恒和无限的思考，海洋文化在先秦时期就已经具有了较为丰富的内涵和多样的表现形式。

第三节　气论是道教水崇拜的哲学形态

中国是农业大国，即使是沿海地区，也通常背靠广阔的内陆地区，有较宽广的腹地来发展农业，相比于海洋文化来说，农业依然是占据主导地位的生产和生活方式，与民众日常生活息息相关的还是祈求风调雨顺的水崇拜。古人很早就注意到积云致雨，雨地为水，水蒸发上升为气，气凝聚为云的自然现象。《说文解字》认为：“气，云气也。按，云者，地面之气，湿热之气升而为雨，其色白，干热之气，散而为风，其色黑。”[①] 因此，水与云气密切相关，这就催生了“气”论。

“气”本来是指有一定的形状和体积、能够自由散布的物体。气在宇宙中大致有两种形态，一种是弥漫而剧烈运动的状态，由于细小、弥散加上不停地运动，难以直接察知，故称“无形”；另一种是凝聚状态，细小而弥散的气集中凝聚在一起，就成为看得见、摸得着的实体，故称“有形”。中国哲学之“气”在可见与不可见之间，既是物质又是能量，同时基于传统文化向无“空气”概念靠拢。到东汉时，古人能够理解“空气”的存在，董仲舒在《春秋繁露》曰：“天地之间有阴阳之气常渐人者，若水之常渐鱼也。所以异于水者，可见与不可见耳，其澹澹也。是天地之间，若虚若实，人常渐是澹澹之中。”[②] 董仲舒用水与鱼的关系来譬喻人与空气的关系非常贴切，说明当时认识到了空气的存在与性质。

---

① （东汉）许慎：《说文解字》，上海古籍出版社 1981 年版，第 20 页。

② （西汉）董仲舒：《春秋繁露·天地阴阳》，苏舆撰，钟哲点校《春秋繁露义证》，中华书局 1992 年版，第 467 页。

无论是有形还是无形，水都是气的重要组成部分，而气又是构成一切生命的重要组成部分。无形的空气为有形的水蒸气所掩，致使“气”“汽”混淆。古人发现水气涉及多种生命现象，这时已经有水气生人、生天地万物的原始生命观，这也是水崇拜的最初起源，后来转变成在哲学领域中探讨的“气”。从哲学概念上来讲，古人也曾经认为气是世界的本原，他们认为，气是一种至精至微的物质，是构成自然万物的原始材料，也是构成人体的最基本物质，这源于春秋战国时代就已经有“气”的哲学思想，两汉时期，“气”的思想无限延展，从最初的哲学概念渗透到了武术、书法、医学、风水、宗教、民俗、文艺理论等领域，在中国形成了深远的社会影响。

在道教哲学思想中，“气”是水的特殊形态，“气”是介于“有形”的水和“无形”的“道”之间的一种特殊物质，故“气”也是“道”的载体之一。

道教认为，“道”是天地万物的本源，人和天地万物皆由“道”产生出来的，所谓“道生一，一生二，二生三，三生万物”，这个“一”就是“道”，与“道”相当。《道枢·真一篇》称芸芸万物“其变化之源，始生于一，终复于一，所以历万变而不穷”[①]。《老子》云：“天得一以清，地得一以宁，神得一以灵，谷得一以盈，万物得一以生，侯王得一以为天下贞。”[②] 宋林希逸注云：“一者，道也。”[③]《太平经》称“一者，乃道之根也，气之始也，命之所系属，众心之主也”[④]。认为采用守一之法，可以得到天地开辟之要谛，不仅可以求得自身的长生，而且可以实现太平之世。葛洪《抱朴子内篇·地真》也认为，“人能守一，一亦守人”[⑤]。“守一”不仅能够长生，而且

---

① （宋）曾慥编集：《道枢》卷30《真一篇》，《道藏》第20册，文物出版社、上海书店、天津古籍出版社1988年影印版，第760页。

② 陈鼓应：《老子译注及评介》（修订增补本），中华书局2009年版，第212页。

③ 同上。

④ 《太平经》卷18—34《修一却邪法》，王明《太平经合校》，中华书局1960年版，第12—13页。

⑤ 《抱朴子内篇》卷18《地真》，《道藏》第28册，第243页。

“白刃无所措其锐，百害无所容其凶，居败能成，在危独安”[①]，可以“行万里，入军旅。涉大川，不须卜日择时，……终不复值殃咎地”[②]。守一之法又分为守真一、守玄一两种。《道枢·真一篇》称真一者，“在乎气液，炼气液以生龙虎，合龙虎以成变化，使九还七返，混一归真，则神全精复”[③]，可得长生之根。道教内丹家引申为“真水”，以其“积气生液，积液生气”[④]、“气液相生”[⑤]之故也。“玄一”者，“与真一同功”，“守玄一复易于守真一”[⑥]，并且可以得到“分形之道”。《抱朴子内篇·地真》又云：“真一有姓字长短服色目，玄一但此见之……守玄一，并思其身，分为三人，三人已见，又转益之，可至数十人，皆如已身。”[⑦]《老子想尔注》亦谓“一者道也”[⑧]，“一散形为气，聚形为太上老君，常治昆仑，或言虚无，或言自然，或言无名，皆同一耳”[⑨]，因此，“一”仅指为“气”，“一不在人身”，“一在天地外，入在天地间，但往来人身中耳，都皮里悉是，非独一处”[⑩]。守一者指教人守诫不违，如果不行其诫，即为失一。

“道”虚无缥缈，不可把握，“一”玄而又玄，不知所云，“气”这个载体正好与“道”的特殊性质有共通性，两者都是氤氤氲氲、虚无缥缈的状态，又与能生天地万物的“一”作用类似，故“气”也经常被用作“道”的同义语。陶弘景《养生延命录》引《服气经》就说：“道者，气也。”[⑪]“道”和“气”是一体的，“气”与“道”有同样的功能，《太平经》中的《经钞》丁部说：“道者，天也，阳

① 《抱朴子内篇》卷18《地真》，《道藏》第28册，第243页。
② 同上书，第244页。
③ （宋）曾慥编集：《道枢》卷30《真一篇》，《道藏》第20册，第760页。
④ 同上。
⑤ 同上。
⑥ 《抱朴子内篇》卷18《地真》，《道藏》第28册，第244页。
⑦ 同上。
⑧ 饶宗颐：《老子想尔注校证》，上海古籍出版社1991年版，第155页。
⑨ 同上。
⑩ 同上。
⑪ 陶弘景：《养生延命录》引《服气经》，《道藏》第18册，第481页。

也，主生。"[1] 又说："元气阳也，主生，自然而化，阴也，主养凡物。"[2] 这说明"道"所具备的功能，也赋予到了"气"的身上，如"主生万物"的功能。引申出"气能生天地万物"的观点，这也是道教理论的根本支柱，刘勰《灭惑论》引齐道士《三破论》就说："道以气为宗"[3]。在道教宇宙观中，"气"与"道"是一而二，二而一的同义关系。

这种"主生万物"的功能以"元气"体现得最为明显。道教把最初造成天、地、人及万物的"气"称为"元气"。"元气"是虚无缥缈的，看不见却可以感知得到，"元气"即气的初始状态，也是最根本的气。道教认为，"元气"就是构成天地万物的基本材料，能产生一切，"元气乃包裹天地八方，莫不受其气而生"[4]。"一气为天，一气为地，一气为人，余气散备万物。"[5] 道教所认为的"元气"与原始信仰中的"水汽""云气"等有一定类似，两者都是氤氤氲氲之状态，但是道教"元气"不仅具备最初的"水汽""云气"等物质形态，还被赋予"水汽""云气"等所不具备的孕育生命的功能，在道教典籍中，通常用"气"字表示通常意义上的"气"含义，用"炁"字表示带有"道"含义的"气"，两者有一定的区别。

道教自称其根本信仰为"道"与"德"，"道德"与"阴阳""五行"是不可分离的，"道"为本原，阴阳五行则为其所派生并且是"道"的运用。唐代吴筠的《玄纲论》简明扼要地阐述了"道""德"同"阴阳""五行"的关系，"道者何也？虚无之系，造化之根，神明之本，天地之元……万象以之生，五行以之成，生者无极，成者有亏，生生成成，今古不移，此之谓道也。德者何也，天地所禀，阴阳所资，经以五行，纬以四时，牧之以君，训之以师，幽明动植，成畅

① 王明：《太平经合校》，中华书局1960年版，第218页。

② 同上书，第220页。

③ 蓝吉富主编：《中国佛教思想资料选编》，弥勒出版社1982年版，第326页。

④ 王明：《太平经合校》，中华书局1960年版，第78页。

⑤ 《太平经·夷狄自伏法》，王明《太平经合校》，中华书局1960年版，第726页。

其宜”[①]。这样，阴阳五行说便完全被融入道教的义理体系，从而也对道教的“气论”产生了影响，因为“阴阳”主宰天道、地道、人道，所以“气”分成了天地人三气，称为天气、地气、人气；因为阴阳消长是万物演化的根本，则分为阴气、阳气，自然界有四季之分，则称之为春气、夏气、秋气、冬气；有寒暑之别，则称之为寒气、暑气；根据自然界的物质不同，则分为金、木、水、火、土之气，并且水火木金土五星为“天”之五佐，东方灵仰威之帝，亦称苍帝，属木，色青；南方赤嫖怒之帝，亦称赤帝，属火，色赤；中央含枢纽之帝，亦称黄帝，属土，色黄；西方白招矩之帝，亦称白帝，属金，色白；北方协光纪之帝，亦称黑帝，属水，色黑。以东南为阳，西北为阴，以岁星（木）、荧惑（火）、填星（土）属阳，以月（金）、辰星（水）属阴，最终木火土金水相生相克而生万物，而金木水火土之气之间也有相生相克的关系，如“金气断，则木气得生；火气大明，无衰时也”[②]。“火不明，则土气日兴”[③]，“金囚则水气休”[④] 等。又如《太平经》丁部卷六十五曰：“金气都灭绝断，乃木气得大王，下厌土位，黄气不得起，故春木王土死也。故惟春则天激绝金气于戌，故木得遂兴火气，则明日盛，则金气囚，猾人断绝。金囚则水气休，阴不敢害阳则生下，慎无灾变。木气王无金，则得兴用事，则土气死。生民臣忠谨且信，不敢为非也。”[⑤] 则是将五德转移，来阐述物质世界有规律地运动变化，以“阴阳”“五行”划分宇宙之明暗、上下、盛衰、刚柔、动静、男女以及五种方位、色彩、气味、季节，将气的观念与哲学内涵进行了扩充，涉及了天、地、人、万物乃至抽象思维等各个方面。人由于受自然界有阴阳的变化运动的影响，作为天地之气、阴阳交感的产物，反过来也会影响阴阳之气，便有了正气、邪气、善气、恶气、吉气、凶气等区分，从而将人世间的是非好恶观念投射到气论

---

① （唐）吴筠：《宗玄先生玄纲论·上篇明道德》，《道藏》第23册，第674页。

② 王明：《太平经合校》，中华书局1960年版，第225页。

③ 同上。

④ 同上书，第226页。

⑤ 同上。

中去，从而渲染了“气”的宗教色彩。

用“气”来塑造神灵及解释神灵的形成原理，是道教的独创。道教认为，“道生一，一生二，二生三，三生万物。”万物是由道产生的，而气又是由道产生的，万事万物中都含有气，人也是受到天之六气的影响，又接受地之五行生化的作用而生成的。依此类推，道教诸神也自然是由气化生的，常言道：“一炁化三清”，就是此谓也。三清是道教的尊神，即玉清元始天尊、上清灵宝天尊、太清道德天尊，同时“三清”也指道教崇尚的玉清、上清、太清三清境，三位尊神是由“三清祖气”化生的，这里的“炁”具有生成万物功能。

东汉末五斗米道成立时，即以太上老君为至高神，太上老君是“三清尊神”中最早出现的。他本是凡人，是道家哲人，但是道教相信老子是老君的化身，再加上史书记载老君姓“李”，名“耳”，字“伯阳”，谥号“聃”，度人无数，屡世为王者之师，所以道教根据道家经典《道德经》而尊称老君为道德天尊，奉其为道教开山祖师。后来老子渐渐演变成道教创始人，被尊为道教的教祖与道祖，全称“一气化三清太清居火赤天仙登太清境玄气所成日神宝君道德天尊混元上帝”，简称“老君”。

道教认为，老君即道之化身，也是元气之祖宗，天地之根本，《古今图书集成·神异典》卷二二三说：“太上老君者，混元皇帝也。乃生于无始，起于无因，为万道之先，元气之祖也。盖天光之象，无音无声，无宗无绪，幽幽冥冥，其中有精，其精甚真，弥纶无外，故称大道焉。夫道也，自然之极尊也。三气又化生元妙玉女，玉女生后八十一万亿八十一万岁，三气混沌，凝结变化，五色无黄，大如弹丸，入元妙口中。元妙因吞之，八十一年，乃从左腋而生。生而白首，故号老子。老子者，老君也，此即道之身也。元气之祖宗，天地之根本也。夫大道元妙出于自然，生于无生，先于无先，诞于空洞，陶育乾坤。号曰无上正真之道，神奇微远不可得名。故曰：吾生于无形之先，起子太初之前，长乎太始之端，行乎太素之元。浮游幽虚，出入杳冥，观混沌之未判，视清浊之未分，步宇宙之旷野，厉晶物之族群。夫老君者，乃元气道真，造化自然也。”[①] 对于这神乎其神的描述，南朝宋时《三天内解经》就解释说：“幽冥之中，生乎空洞，空洞之中，生乎太无，太无变化玄气、元气、始气，三气混沌相因，而化生玄妙玉女。玉女生后，混气凝结，化生老子。……老子者，老君也。”[②] 此处以气作为中介，认为幽冥之中的“道”变成了“玄气、元气、始气”，而三气相混合就形成了玄妙玉女，然后才有道教的祖师老子诞生，这里已经包含“三气化生神灵”之萌芽。

至东晋上清、灵宝派出，其《上清》《灵宝》经中，元始天王、元始天尊、太上玉晨大道君、太上大道君等新的至高神始相继出现，就形成了三清尊神，《道教义枢》卷二云：“但知洞真法天宝君住玉清境，洞玄法灵宝君住上清境，洞神法神宝君住太清境。故《太上苍元上录经》云：三清者，玉清、上清、太清也。”[③] 《云笈七签》卷三《道教三洞宗元》又进一步说明了“三气化生三清尊神”的原理，由混洞太无元之青气，化生天宝君，号无形天尊，居清微天之玉清境；由赤混太无元之玄黄气，化生灵宝君，号无始天尊，居禹余天上清境；由冥寂玄通元之玄白气，化生神宝君，号梵形天尊，居大赤天之太清境。此三号虽殊，本同一也，此三君各为教主，即三洞（洞真、洞玄、洞神）之尊神也。后来道教尊神的宫殿常称“三清宫”或“三清殿”“三清阁”。道生一，一生二，二生三，三生万物，万物负阴而抱阳，冲气以为和，道教认为，大道化生混沌元气，由元气化生阴阳二气，阴阳之相和，生天下万物。除了“三清尊神”外，其他诸位神仙也都是由“气”化生出来的。

道教认为：“乾坤既辟，清浊肇分，融为江河，结为山岳。或上配辰宿，或下藏洞天，皆大圣上真，主宰其事。”[④] 不仅三清尊神之下的各级神仙是由气所化生，地上的山岳也是气所化生的，连天上的宫

---

① 《古今图书集成·神异典》卷223，《中国历代神异典》第3册，广陵书社2008年版，第2263页。

② 《三天内解经》，《道藏》第28册，第413页。

③ 《道教义枢》卷2，《道藏》第24册，第812页。

④ （唐）杜光庭：《洞天福地岳渎名山记》序，《道藏》第11册，第55页。

殿和经典也都是由“气”化生出来的。“西王母从元始天王受道，乃共刻北元中天录那邪国灵境人鸟之山阁莱之岫。乃于虚室之中，聚九玄正一之炁，结而成书，字径一丈，于今存焉。”① 可知，上天传授的真经也是在虚空中由真气凝结而成的。

当然道教的真神并不完全都是由气化生，也有很多由人变神的情况，也有为了渲染道教而杜撰的情况。民间最熟悉的玉皇大帝，在道教即三清之化身，而实际上有可能是为了“适应宋代皇帝抬高玉皇大帝的需要，将道教一向认为是第一位尊神的元始天尊，说成是‘过去世’，强迫它退位，而将当时封建皇帝抬出来的玉皇大帝，树立为‘现在世’的天界最高神”②，这就在一定程度上说明了为何玉帝昏聩无能却仍旧是天界最高神的怪现象。不过，这些适应时代的杜撰没有从本质上触及道教神学理论的架构，在道教理论中真神仍旧是大道的化身，所谓“太极生两仪”中两仪即天地、阴阳，两仪生四象，四象生八卦，如此推演下去，又可以无休无止地引申出多种多样的类别，就衍生了万物，而追溯其本源又可以上溯到“气”与“道”上。

总之，道教“气”论的引申对道教的宇宙观、基本信仰及其他理论、神仙谱系、科仪方术等，都产生了深远的影响。在道教理论体系中，“气”与“道”在某种意义上已经成为同义词，具有孕育生命功能的不仅只有水，还有“道”，而“道”是更为根本的生命本源。虽然水能孕育万物，道能化生万物，但是这有形与无形之间的转化离不开“气”。而人既受到天之六气的影响，又接受地之五行生化的作用，因此是天地之灵气的精粹，也能够感应天地之灵气，这是修道的基础。以“气”论“道”是道教逻辑推理演绎中的常见手法，虽然“气”论的观念不是道教首创的，但是道教将“气”论发扬引申，“气”所本初的形态就是“水”，与水崇拜有关，从这个意义上来说，道教的“气生万物”观念也是道教水崇拜的体现之一。

① 《上清大洞真经》序，《道藏》第1册，第512页。

② 《〈道教三洞宗元〉中的“三清”》，《宗教学研究》1984年S1期，第102页。

第四节　炼炁是道教水崇拜的特殊实践

道教的修炼主要是修炼真气、真“炁”。“气”是中国哲学、道教和中医学中常见的概念，不同于“炁”。“炁”乃先天之炁，“气”乃后天之气。在中医学中，炁指构成人体及维持生命活动的最基本能量，同时也具有生理机能的含义。在中医学术语中，炁与不同的词合用表达各种不同的意义，如五脏之炁，六腑之炁，经脉之炁等。《上清大洞真经》中介绍了如何每日端坐在靖室之中存思炼气，进行真神与真气、真炁之间的相互转换：

“毕，又闭目默念，次心拜四方，真思兆身坐五色云中，运气覆盖头上，想定。次就坐，右顾东向，冥心叩齿九通，阴诵太帝君素语内呪：苍元浩灵，少阳先生，九炁还肝，固髓，返白为青……毕，口引东方青阳之精青炁，用鼻先取以口及咽喉吸之。余四方并同。因炁九息，咽炁九过，使布满肝腑之中，结作九神，青衣冠，状如木星，下布肝内，神面相向坐，顺时吐息……仰首南向……叩齿三通，阴诵天帝君素语内呪：赤庭绛宫，上有高真……口吸南方丹灵之精赤炁，因闭炁三息……使充布心腑之中，结作八神，赤衣冠，状如火星……左顾西向……叩齿七通，阴诵南极上元君素语内呪：素元洞虚，天真神卢，七炁守肺……口吸西方金魂之精白炁，因闭炁七息……使充布肺腑之中，结作七神，素衣冠，状如金星……正视北向……叩齿五通，阴诵后圣帝君素语内呪：玄元北极，太上之机，五炁卫肾，龟玉参差……口引北方玄曜之精黑炁……因闭炁五息……使充布肾腑之中，结作五神，黑衣冠，状如水星……正向本命上，……叩齿十二通，阴诵太微天帝君素语内呪：黄元中帝，本命之神，一气侍脾，使我得真……口引中央高皇之精黄炁，因闭炁一息，使充布脾腑之中，结作十二神，黄衮冕，状如土星……存五方炁都毕……次想左目出日，右目出月，并径九寸，在两耳之上，名曰六合高聪……毕，口吸日月一息炁，分三九咽，结作二十七帝君，并紫衣冠……次心存二十四星，大一寸，此法每日行住坐卧皆可行之，如连接之状……毕，口吸二十四星一息炁……时觉吞一星，从口中径至脐中……”①

上述存思修炼把“静虑澄心注想而为之”作为修炼的要点，结合了东南西北中五个方位、五色、五脏、五官、五星、二十四气、二十四星等，是道教服气修炼常见方式，因为道教坚信尊神也是“气”的一种表现形态，尊神是大道之“气”所化生的，服气是接近神明的一种途径。服气应该先用五芽气，久习成妙，积感通神，然后再使用其他方法提升修炼功效，这种说法使得道教“气”和宇宙观理论能够以物质化、形象化的形态而流传于世，也便于民众的接受和理解，同时也深入到道教理论思想的方方面面。

道教修炼中所运用到的“气”是特殊形态的“水”，属于道教水崇拜的独特内涵之一。道教修炼的三要素是“精、气、神”，“气”是其中之一。道教把人的生命看作是由气构成的，人生活在气中，气存在于人体中，自天地以至万物，无不是以气生者，道教修炼者认为，人的生命从精神到形体都是由气凝聚而成的，人的生死之间只差一口气，身体中的生气一旦消散，生命也就终结了，所谓“人之生，气之聚也；聚则为生，散则为死”②。道教修炼就是要保养“生气”谢绝“死气”，气聚则生，气散则死。

不仅人的生存与气密切相关，气也是道教修炼的关键环节。《抱朴子》说，“气生精，精生神，神生明”③，“精”是虚无缥缈的，正如“道”一样，老子曰，“道之为物，惟恍惟惚。惚兮恍兮，其中有象，恍兮惚兮，其中有物。窈兮冥兮，其中有精；其精甚真，其中有

① 《上清大洞真经》卷1，《道藏》第1册，第516—519页。

② 陈鼓应：《老子今注今译》，中华书局2009年版，第297页。

③ 王明：《太平经合校》，中华书局1960年版，第739页。

信"[1]，而"神"是精神层面的，物质的"精"与精神的"神"之间有一个过渡阶段"气"，这一阶段是既非物质又非精神，同时既是物质又是精神的。道教修炼就是要实现"炼精化气""炼气化神""炼神还虚"这一过程，使人的肉体和精神能够受人的掌控，达到元神可以随意进出肉体的效果，甚至元神可以遨游万里，可以"肉体飞升"，成为长生不死的神仙。"成仙"这种在教外人士看来是荒诞不经的想象，却是教内人士的坚定信念，他们为了实现这些想法，终生进行各种努力与尝试，毫不懈怠。

即使不求成仙，道教的养生之道也为世人所追捧。《老子》曰："载营魄抱一，能无离乎？专气致柔，能如婴儿乎？"[2]河上公注曰："专守精气使不乱，则形体应之而柔顺。"[3] 道教养生的实质就是要守一，维持"生气"的饱满与延续，若保守了精气，身体就可以非常柔顺，以不变应万变。若不能保守精气，生命就会僵硬，慢慢走向衰竭。道教保守精气的方法很多，心斋、坐忘、缘督、导引、吐纳、听气、踵息、守静、存想、守一、辟谷、服食、房中、行气、胎息、外丹、内丹等都是。其主旨是通过一定的方式方法使得身心获得平静，然后再通过意念对精神和肉体进行相应的控制，使得精气得到保存。在众多修炼方式中，以呼吸为主的"服气"至关重要。

服气，又称"食气""行气"，主要是指呼吸吐纳锻炼，在呼吸吐纳中吸纳天地精炁，以此炼养身体，此为服气。嵇康《养生论》曰："呼吸吐纳，服气养身。"[4]《晋书·张忠传》载："忠于泰山，恬淡自守，清虚服气。"[5]《淮南子·坠形训》曰："食气者，神明而寿。"[6]

---

① 陈鼓应：《老子今注今译》，中华书局2009年版，第145页。

② 同上书，第93页。

③ 《道德经河上公章句》，《道藏》第12册，第2页。

④ 夏明钊译注：《嵇康集译注》，黑龙江人民出版社1987年版，第46页。

⑤ 《晋书》卷94《列传》第64《隐逸》，许嘉璐主编《二十四史全译》第4册，汉语大辞典出版社2009年版，第2103页。

⑥ 何宁：《淮南子集释》，中华书局1998年版，第345页。

《论衡・道虚论》曰："食气者，寿而不死，虽不谷饱，亦以气盈。"[①]这些都说明服气可以使得身体健康，长寿成仙。服气如此重要，以至于《正一修真略仪》曰："修行之要，在于服气。若五行大全，则神真咸备。"[②]《道藏》中也收录有《服气经》《服气口诀》《服气精义论》等种类繁多的经文，介绍道教服气功法。

《道藏・上清天心正法》中介绍了取日月星辰三光气的方法，"日君炁，以本日采炁时其方取也，存见日轮光芒如赤气火色。月君炁，以日日常加卯，五日两宫移法取之。如每月初一日，便从卯上起卯，午时正在午上，初二日亦同，初三日午前退过寅，如午时，便从寅上起卯，至巳上见午时，即是太阴在巳，存见月宫光芒如暖玉银色。天罡炁，天罡星约离斗柄三丈余，诗云：月月常加戌，时时见破军，要知端的处，向背问原因。以月辰过将加戌，未过将加亥，数过取炁时，乃是天罡见破军之所，向背者，乃阴阳存想也。"[③]此处引三光之正气的目的主要是为了涤荡邪秽，肃清神坛。

除了采取日月星三气外，道教认为，东、西、南、北、中五个方位各有灵气生气，五方灵气即五牙气，有时也作"五芽"，面向五方叩齿念咒，口生津液后咽之，可滋补五脏，此五牙气法具有安神、开窍、通畅五脏、挽救人体机能衰竭、治疗疾病的神奇功效。"夫形之所全者，本于脏腑也；神之所安者，质于精气也。虽禀形于五神，已具其象，而体衰气耗，乃至凋败。故须纳云牙而溉液，吸霞景以孕灵荣，卫保其贞和容貌，驻其朽谢，加以久习。"[④]以现在科学观点来看，道教徒所服之"气"，是优美环境中的新鲜空气，其中富含构成天地万物之始基的"水气"。道教徒在心情平静，环境安逸的情况下去呼吸吐纳新鲜空气，对身体健康自然大有裨益。

除了养生修炼、强身健体之外，道教徒还注重积善积德，其中超

---

① （东汉）王充：《论衡》卷7第二十四《道虚篇》，上海人民出版社1974年版，第114页。

② 《正一修真略仪》，《道藏》第32册，第179页。

③ 《上清天心正法》，《道藏》第10册，第608页。

④ （唐）司马承祯：《服气精义论・序》，《道藏》第18册，第447页。

度亡灵就属于积善行为。道教“水火炼度”之法就是结合了“气”论的一种科仪。“道教炼度的意旨，是以我身中之阴阳造化，混合天地之阴阳造化，为沦于幽冥者复其一初之阴阳造化。所谓我身之阴阳造化，是指神与气。神为气之母，神动则气随。炼度设有形之水火，是凭借天之象，地之形，日精月华之真熙，并运用符篆以神其变化，使死魂复得真精合凝之妙，从而仙化成人。”① 此法胜于其他炼度法，因而较受青睐，诸家科仪都有水火炼度品，即所谓“取坎补离”法。水属北，宜发窍，道士在强体去病和修炼功法时都讲究“从北发窍”，水属北，具补功。《道法会元》说：“夫水者，北方正炁，天一真源，玉液内源，甘露熏蒸于丹谷，金精上涌，醴泉融泄于华池，内施则吐故纳新，外施则荡瑕涤垢，是为乾坤之清气。”② 肾在五行属水，肾为元气之源，乃元精之储所，“固肾补元”是活命之需，水利于培元，为人之命根。③ 天下之“神”莫不归火，天下之“精”莫不归水，水火既济，万物和谐。

道教认为，元气无处不在，无形的“元气”进入到人体内之后，结合人自身的精神“精气”，就能够使得人身体内部得到调理，《老子想尔注》曰“人之精气满藏中，若无爱守之者，不肯自然闭心儿揣锐之，即大迷矣。”天地万物本来皆源于气，《易传·系辞上传》曰：“精气为物，游魂为变，是故知鬼神之情状，与天地相似，故不违。”④ 天地万物都是由“气”这种基本物质化育而成的，游魂也是由精气演变而成。人之成仙就是将“精”与“气”合在一起的变化过程，在此过程中人与天地合为一体，成为“气”态，“乃与元气合形并力，与四时五行共生。凡事人神者，皆受之于天气，天气者受之于元气。神者乘气而行，故人有气则有神，有神则有气，神去则气

---

① 张泽洪：《道教斋醮科仪研究》，巴蜀书社 1999 年版，第 182—183 页。

② 《道法会元》卷 18，《道藏》第 28 册，第 778 页。

③ 饶宗颐：《老子想尔注校证》，上海古籍出版社 1991 年版，第 12 页。

④ 楼宇烈校释，韩康伯注：《周易》第 3 册《系辞》上，中华书局 2012 年版，第 235 页。

绝，气亡则神去”[1]。此时“气”突破了原初的“水气”含义，而具有了“精气”“神气”的意义，这就与道教的宇宙观，“长生不死”“成仙”理论扯上了关系，从而使得“气”的概念无所不包。后世的道教徒又对“气”的含义进行更为广泛的引申和反向推论，因此“修炼成仙”之“气”也成为道教水崇拜的独特内涵。

第五节　道教的敬水活动体现了水崇拜

一　符水治病

道教称水为“灵物”，道教古老而神秘的“符水咒法”是道教水崇拜的又一体现。道教最初以“符水治病”的方式吸引道众，《三国志·张鲁传》说：“鲁遂据汉中，以鬼道教民，自号‘师傅君’。其来学道者，初皆名‘鬼卒’。受本道已信，号‘祭酒’。各领部众，多者为治头‘大祭酒’。皆教以诚信不欺诈，有病自首其过，大都与黄巾相似。诸‘祭酒’皆作义舍，如今之亭传。又置义米肉，悬于义舍，行路者量腹取足。若过多，鬼迫辄病之。犯法者，三原，然后乃行刑。不置长吏，皆以‘祭酒’为治，民夷便乐之。雄居巴汉，垂三十年。”[2] 这里的“有病自首其过”，就是采用符水治病的方式，最初是做三官手书，主为病者请祷。请祷之法，书病人姓名，说服罪之意。作三通，其一上之天，著山上，其一埋之地，其一沉之水，谓之三官手书。此外，还有让病人饮用经道士画过符、施过咒的水，认为由此可以驱邪除病。

符水施咒，是道士为病人驱除病魔和治病的法术，其基本方法是在符水中施咒。符与咒的驱邪功能最终是通过水来实现的，这种法术包含了对水的驱邪功能的崇拜。道教认为，用法水施法，能除尘垢秽

① 王明：《太平经丙部》中《四行本末诀》，中华书局1960年，第96页。

② （南朝宋）裴松之：《三国志·张鲁传》卷8《魏书二公孙陶四张传第八》，中华书局1999年版，第197页。

浊、洒荡妖气，并能驱除众生烦恼，这种法术驱邪的功力主要来自于水的洁净能力。“法水”“噀水驱邪”的做法成为道教治病驱鬼为主的主要方式，早期的五斗米道、太平道到后来的灵宝派、上清派，以及道教中的许多道派都采用这种方式来彰显神灵，后来正一符箓派将其发扬光大，故又被称为“符水派”，是道教在民间传播的主流。

图1-1　追摄符

张鲁符水治病的关键因素在于“符咒”。符与咒都是道士驱邪的法宝，符咒中的咒语起源于古代巫师祭神时的祝词。《说文解字》中载：“祝，祭主赞（司言）者。从示，从儿口。一曰从兑省，《易》曰：兑为口，为巫。”① 在黄帝时代祝、咒是不分的，黄帝时设的官职祝由，又叫咒由。通常符是书符，代表灵界公文和法规；咒是咒语，代表灵界密码与歌诵号令，起到对鬼神的说服作用。《尚书·无逸》说“厥口诅祝”②，笺云“祝诅，求其凶咎无极也”③。说明最初的咒语就是用语言告诉神明要求惩罚恶人，并向神明发誓。为了加强沟通神明的效果还常常辅以印和斗，印是手印，代表灵界的权威和印信；斗是步罡斗，分五行、七星、八卦等各种不同罡步，代表不同作用的

① （清）段玉裁：《说文解字注》，上海古籍出版社1981年版，第17页。

② （清）孙星衍：《尚书今古文注疏》，中华书局1986年版，第443页。

③ 同上书，第444页。

威力。符咒其实就是一种意念的修炼，通过固定的载体强化人内心中的精神力量，从而起到相应的作用。道经中有一道“追摄符”，其文字实际上是中文“去岁煞”的变体（见图1－1），蕴含了驱除邪煞的含义，道教的咒语如“逸宅丹玄内，五气结十方。七转司命至，三回召仙翁，太山主鬼者，急校三官中”[①]。道教试图通符箓命令神灵去追击妖邪或者捕捉邪魔，这种通过律令来向神明传递信息的做法是道教独立精神的体现。

张鲁为后汉道教团体创始人张道陵之孙，他的符水施咒直接师承张道陵，而张道陵是在汉时的蜀地创立道教符水禁咒法的，当时的蜀地原始自然崇拜与巫风十分盛行，故道教法术在很大程度上受到原始水崇拜巫术与习俗的影响，又同时在原始驱邪巫术中加进了道教的符与咒，使之相对更精致完善。祈祷时，咒语都是一些赞颂神灵和祈诉如愿之词；治病时，咒语是要求法术显灵百病俱消等辞；修炼时，咒语多为安神，定意澄心以及要求神灵帮助等语。道家的咒语每句结尾一般都有“急急如律令”一语。如道教《水精咒》曰：“水神水神，五气之精。周流三界，百关通津。收除火毒，却退炎神。神精荡荡，威气雄雄。流入胃华，五脏之中。神清气爽，魄定魂安。万魔荡迹，润液有功。玉帝敕命，镇安火星。急急如律令。”[②] 这段咒语选自《太上三洞神咒》卷七，是用于内炼的咒语。符咒中的五气为金、木、水、火、土之精气，“水神”指“自然清和之气”，属于北方正气。人若能得到这种精气，并且使其在体内自然流转，那么火毒、炎神就不会侵袭人体。咒语的前十四句主要是讲述气在人身体内的运行轨迹，后面二句是“敕命”和对其功效的小结，最后是律令。

可知，“符水”和“咒法”就是以水为载体，通过法师对水中画符念咒，注气入水，依照水中所形成的特异图案，准确地判断出人和事物的因果，从而消除孽缘孽障，达到趋吉避凶之目的功法，其法也包含了对水的神秘力量的信仰。众生烦恼也被看作是邪魔所致，故能

---

① 《大洞玉经》，《道藏》第1册，第561页。

② 张振国、吴忠正：《道教符咒选讲》，宗教文化出版社2006年版，第8—9页。

以驱邪之水除之。历朝历代以来，符水法被道教宫观、民间道坛的法师所使用，民间也有以水驱邪的巫术，如泼水驱邪、接无根水（未落地之水）驱邪等，与民间信仰对神明顶礼膜拜的态度不同的是，道教在水崇拜中体现出了对神明既敬畏又驾驭的双重态度。

二 沐浴净身

道教的沐浴也缘于对水的驱邪力量的信仰。沐浴是道教“威仪”的一种，道教“威仪”包罗甚广，除斋仪、醮仪外，还有“出家传度仪”“传授经戒仪”“三洞修真仪”“住观威仪”“行止威仪”“沐浴仪”“服饰仪”等各种礼仪细节，《礼记·中庸》中有“礼仪三百，威仪三千”之语，以此来形容道教的各种仪式及戒条一点也不为过。

威仪的作用是为道教徒提供标准的礼仪程式和行为准则。例如道教的住观诸仪中，道众过着有规律的宗教生活。每天五更“开清”（文称“开静”），道众起床，洒扫庭院堂后，便穿戴整齐的冠服齐集于规定的殿中，焚香行礼，念早坛课经。然后列队入斋堂用膳，念化斋咒。晚上还有晚坛功课经。住观道众的日常生活和举止也要合乎礼仪。例如睡醒、闻钟、下单、栉发、洗手时都要念咒，咒语各不同。道教特别重视参加宗教活动前个人身心洁净的修持，认为斋戒精严是通神达圣的津梁，道教诸品经典中几乎都有斋戒沐浴方可开经的训诫。《云笈七签》卷四十一《杂法部》梳理了很多有关沐浴的规定：

> 《太上素灵经》云：太上曰：兆之为道，存思《大洞真经》，每先自清斋，沐浴兰汤。
>
> 《太上灵宝无量度人上品妙经》云：道言，行道之日，皆当香汤沐浴。
>
> 《黄箓简文经》云：奉经威仪，登斋诵经，当沐浴以精进。若神气不清，则魂爽奔落。
>
> 《紫虚元君内传》云：夫建志内学，养神求仙者，常当数沐浴以致灵气，玉女降祥，不沐浴者，故气前来，三宫秽污。
>
> 《仙公请问经》云：经涔不以香水洗沐，则魂魄奔落，为他

鬼所拘录。

《西王母宝神起居玉经》云：数澡浴，要至甲子当沐浴，不尔，当以几月日旦，使人通灵浴。不患数，患人不能耳。荡练尸臭，而真气来入。①

可见，无论是要举行醮祭仪式之前，还是在诵读真经之前，道士们都需要沐浴净身，《沐浴身心经》上说："沐浴内净者，虚心无垢，外净者，身垢尽除。"② 道教的沐浴不仅要求人们洗去身上的污垢，更要求人们洗去心灵的污垢，也就是洗心。身上的污垢容易洗去，心灵的污垢怎么洗呢？《常清静经》上说："常能遣其欲而心自静，澄其心而神自清。"③ 我们把心中的各种不良欲望除去就是洗心。经过澄心遣欲的修炼，自身心灵光明朗耀，元神内守，身心清静，这样在参加宗教活动时才能与神沟通，从而禳灾灾消、祈福福至、有求必应，因此道教又有"内心沐浴"之法。"内心沐浴"是在"外身沐浴"的基础上施行的一种意念上的沐浴，是以水沐浴身体除去污垢的现象，来想象以水沐浴内心的杂念的过程，仿佛清澄的水从心中流过，带走了心灵上的污垢。在这个过程中，水的驱邪力量变得更加抽象，甚至只能完全靠想象来发挥。

在沐浴的具体细节上，道教也非常讲究。《三元品戒》曰：

"常以正月十五日、七月十五日、十月十五日、平旦、中夜沐浴，东向以杓回香汤，左转三十二遍，闭目思日光在左目上，月光在右目上，五星缠络头上，五云盖体，四灵侍卫。讫，便叩齿三十二通，祝曰：

天澄气清，五色高明。日月吐晖，灌我身形。神津内澳，香汤炼形，光景洞曜，焕映上清。气不受尘，五府纳灵。罪灭三涂，祸消九冥，恶根断绝，福庆自生。今日大愿，一切告盟。身

① 《云笈七签》卷41《杂法部》，《道藏》第22册，第282页。

② 同上书，第283页。

③ （元）李道纯：《太上老君常说清净经注》，《道藏》第17册，第152页。

受开度，升入帝庭。毕，仰咽液三十二通止，便洗沐。毕，冠带衣服，又叩齿十二通，祝曰：

五浊以清，八景以明，今日受箓，罪灭福生。长与五帝，齐参上灵。祝毕，便出户入室，依法行道。夫每经一殗，皆须沐浴，修真致灵，特宜清净，不则多病。经真官，计人罪过。沐浴香汤。用竹叶、桃枝、柏叶、兰香等分内水中，煮十数沸，布囊滤之去滓，加五香，用之最精。”①

此处对沐浴的时间、沐浴的咒语以及洗澡水香汤的调配都做了规定，无独有偶，《太上七晨素经》也云：

“每以月一日、十五日、二十三日，一月三取三川之水一斛（一经云，三川水取三江口水。一经云，取三井水亦佳），鸡舌、青木香、零陵香、熏陆香、沉香五种合一两，捣内水中煮之，水沸便出，盛器之中，安着床上，书通明符焯著中以浴，未解衣，先东向叩齿二十四通，思头上有七星华盖，紫云覆满一室，神童散香在左，玉女执巾在右。毕，取水含仰漱左右三通，祝曰：

三光朗照，五神澄清。天无浮翳，地无飞尘。沐浴东井，受胎返形。三练九戒，内外齐精。玉女执巾，玉童散灵。体香骨芳，上造玉庭。长保元吉，天地俱并。毕，脱衣东向，先漱口三过，次洗手面，然后而浴也。浴毕，转西向阴祝曰：

浣浊除尘，洗秽返新。改易故胎，永受太真。事讫，取符沉著井中。

天帝君沐浴上法，受之元始天王。按法修行，体香骨芳，得为帝皇。传付天帝君修行，得流精紫光，覆冠帝身。天帝君传南极上元君。上元君修行，得流芳上彻，香闻三清。传付太微天帝君修行，五方自生神芝，来会帝房。传付上圣金阙君，金阙君修行，面生玉泽，体发奇光。传付上相青童君，青童君修行，香充

① 《太上大道三元品戒谢罪上法》，《道藏》第6册，第581—582页。

三清，光映十方。此之妙道，非世所行，秘在南极紫房之内。有分应仙，当得此经，按文修行三元紫房，体生玉泽，面发奇光，神聪奇朗，究彻无穷，能行其道，白日登晨。”①

值得注意的是，很多经典中都强调了洗澡水香汤的调配，这是因为一般道士在黄道吉日和盛大节日用五香汤沐浴，即在洗澡水里加上“五香”，如《沐浴身心经》上说：“五香者，一者白芷，能去三尸；二者桃皮，能辟邪气；三者柏叶，能降真仙；四者零陵，能集灵圣；五者青木香，能消秽召真。”② 实际上，五香的具体内容有时候会有些变通，大部分是在中药店中都能买到的桃枝、青香木、兰花等物，五香常前三种为香花，后两种为香木，香气糅合，其熏袭馥郁之浓烈，鬼神亦足惊也。

《太丹隐书洞真玄经》云：“香沐浴者，青木香也。青木华叶五节，五五相结，故辟恶气，检魂魄，制鬼烟，致灵迹。以其有五五之节，所以为益于人耶。此香多生沧浪之东，故东方之神人，名之为青水之香焉。又云：烧青木、熏陆、安息胶于寝室头首之际者，以开通五浊之臭，绝止魔邪之气，直上冲天四十里。此香之烟也，破浊臭之气，开邪秽之雾。故天人玉女，太一帝皇，随香气而来，下憩子之面目间焉。烧香夜，特亦常存而为之。”③

《黄气阳精三道顺行经》云：“道学之士，服日月皇华金精飞根黄气之道，当以立春之日清朝，煮白芷、桃皮、青木香三种，东向沐浴。”④

《易新经》曰：若履殗秽及诸不净处，当洗澡浴盥解形以除

---

① （宋）张君房纂辑，蒋力生等校注：《云笈七签》，华夏出版社1996年版，第230页。

② 《云笈七签》卷41《杂法部》，《道藏》第22册，第283页。

③ 《洞真太一帝君太丹隐书洞真玄经》，《道藏》第33册，第530页。

④ 《云笈七签》卷41《杂法部》，《道藏》第22册，第282页。

之。其法用竹叶十两、桃皮削取白四两，以清水一斛二斗于釜中煮之，令一沸出，适寒温，以浴形，即万殗消除也。既以除殗，又辟湿痹、疮痒之疾。且竹虚素而内白，桃即却邪而折秽，故用此二物以消形中之滓浊也。天人下游既返，未尝不用此水以自荡也。至于世间符水，祝漱外舍之，近术皆莫比于此方也。若浴者盖佳。但不用此水以沐耳。①

《三皇经》云：凡斋戒沐浴，皆当盥汰五香汤。五香汤法，用兰香一斤，荆花一斤，零陵香一斤，青木香一斤，白檀一斤。凡五物切之，以水二斛五斗煮取一斛二斗，以自洗浴也。此汤辟恶，除不祥气，降神灵，用之以沐，并治头风。②

可见，五香沐浴有自己的特殊作用，用五香水洗澡能起到去邪、去三尸、去秽气、召真灵的神功妙用，有时道教信徒在家有条件也会用香汤沐浴，其效果自然殊胜。

上述种种都说明道教对水的重视，也是道教水崇拜的独特之处。很多时候，道教还规定用水要洁净的“东流水”。“东流水”是指水是自西向东流的水。地球自西向东转，中国大陆也是西北高东南低的地势，所以水流大多是自西向东流的，本无什么稀奇之处，但是道教却认为东流水具有独特的洁净器物、驱除邪气的功能。“常以三月三日，五月五日，东流水沐浴。又以甲子日沐浴，烧香于沐浴左右毕，向王炁再拜。甲子沐浴虽别之于后，是其日例既异，故不同句，非为不用东流水也。”③ 斋醮祭祀等仪式也要用东流水，“再拜讫，取酒自饮，余者送东流水中”④。道教在各种仪式活动结束之后，经常要投东西到东流水里面，让水流带走邪气污秽。

---

① 《云笈七签》卷41《杂法部》，《道藏》第22册，第282页。

② 同上。

③ 《紫文行事诀》之七《九真八道行事诀》第七，［日］大渊忍尔《敦煌道经图录篇》影印件底本，张继禹主编《中华道藏》第2册，华夏出版社2004年版，第356页。

④ 《道教符咒法术之太上玄妙千金录》，《道藏》第32册，第4页。

三　服水辟谷

除了噀水驱邪、沐浴净体、符水治病之外，道教认为，“服水”可以维持生命，又可以养生延年。唐著名法师司马承祯有《符水论》认为：“夫水者，元气之津，潜阳之润也。有形之类，莫不资焉。故水为气母，水洁则气清；气为形本，气和则形泰。虽身之荣卫，自有内液，而腹之脏腑，亦假外滋，既可以通腹胃，益津气，又可以导符灵，祝咒卫。”[①] 司马承祯认为，水是气之津液，为有形之气精。水潜含阳气而润泽万物，一切有形之物，没有不依赖于水的，水当之无愧是气之母体、源头。

服水在道教中通常指服饮香水、咒水、符水、井华水等。香水指供奉过天尊的水，或放有香灰的水。咒水指行过咒术的水。符水有两种：一种指符或箓文烧成灰后，用清水冲合，待澄清后饮用；一种指把符箓纸放在白水或加中药的水中煮沸饮用。井华水指清晨最先汲取的井泉水，用瓢上下搅数十次后饮用，中医认为，这种井华水性味甘平无毒，有安神、镇心、清热、助阴等作用。

服符水法中，因为不同目的与需要，符画箓文都不相同。在道士看来，符是沟通人与神的秘密法宝，不可以随便乱画，常言道“画符不知窍，反惹鬼神笑；画符若知窍，惊得鬼神叫”[②]。画符的方法成百上千，有的要掐诀存想神灵随笔而来，有的要步罡踏斗，念动咒语。通常画符时要念咒语，用符时也有咒语，作一切法都有一定的咒语。如许多符图上常见的“三勾”就是代表三清（太上老君、元始天尊、通天教主）或三界公（城隍，土地，祖师）的记号。三勾在整个符上代表三清，在敕令及神名之下者代表三界公。下笔书此“三勾”时应暗念咒语：“一笔天下动；二笔祖师剑；三笔凶神恶煞去千里外。”[③] 一笔一句须恰到好处，就是所谓“踏符头”。咒语成为施法者精诚达

---

① 《修真精义论》，《道藏》第4册，第954页。

② 《道法会元》卷1《清微道法枢纽》，《道藏》第28册，第674页。

③ 舒惠芳：《人造天书：民俗文化中的神秘符号》，中国财富出版社2013年版，第92页。

意，发自肺腑的声音，才能保证一切法术的奏效。画符甚至在铺纸研墨、运笔等方面也都十分考究，其程序之复杂，方法之烦琐，令人叹为观止。

就服水而言，常用的服六甲阴阳符水的方法是，每至月建满日，烧香，丹书纸符。左手持盛水器，右手持符，可用井华水或泉水，多少随意。三叩齿，三琢齿，背诵咒语，最后烧符，把符灰纳水中饮用。

在道教修炼法中，服水通常要结合辟谷一起进行。辟谷即不食五谷杂粮，大约起源于先秦时期，《大戴礼记·易本命》说："食肉者勇敢而悍，食谷者智慧而巧，食气者神明而寿，不食者不死而神。"① 是为辟谷术最早的理论根据。1973 年长沙马王堆汉墓出土的帛书中有《去（却）谷食气篇》，则是现存汉前辟谷服气术最早的著作。道教创立后，承袭此术，认为人食五谷杂粮，在肠中积结成粪产生秽气，只有不吃五谷，吸收自然正能量食气，才能达到不死的目的。《抱朴子内篇·杂应》举出具体例子以证之，三国吴道士石春，在行气为人治病时，常一月或百日不食，吴景帝闻而疑之，"乃召取锁闭，令人备守之。春但求三二升水，如此一年余，春颜色更鲜悦，气力如故"②。又有"有冯生者，但单吞气，断谷已三年，观其步陟登山，担一斛许重，终日不倦"③。还有，《云笈七签》卷五载，孙游岳"茹术却粒，服谷仙丸六十七年，颜彩轻润，精爽秀洁"④。《南史·隐逸传》载，南岳道士邓郁"断谷三十余载，唯以涧水服云母屑，日夜诵大洞经"⑤。陶弘景"善辟谷导引之法，自隐处四十许年，年逾八十而有壮容"⑥。《北史·隐逸传》称陈道士徐则"绝粒养性，所资唯松

① （北周）卢辩注，（清）孔广森补：《大戴礼记补注》卷 13，商务印书馆 1937 年版，第 159 页。

② 《抱朴子内篇》卷 15《杂应》，《道藏》第 28 册，第 227 页。

③ 同上。

④ 《云笈七签》卷 5，《道藏》第 22 册，第 28 页。

⑤ 《南史》第 6 册，中华书局 1975 年版，第 1896 页。

⑥ 同上书，第 1899 页。

术而已，虽隆冬冱寒，不服棉絮”[①]。《旧唐书·隐逸传》载，唐道士潘师正居嵩山二十余年，“但服松叶饮水而已”[②]。其徒司马承祯亦传其辟谷导引服饵之术。《宋史·隐逸传》载，宋初道士陈抟居武当山九室岩，“服气辟谷历二十余年，但日饮酒数杯”[③]。《宋史·方技传》载，赵自然辟谷“不食，神气清爽，每闻火食气即呕，唯生果、清泉而已”[④]。柴通玄“年百余岁，善辟谷长啸，唯饮酒”[⑤]。诸如此类，不胜枚举，可见从实践来看，辟谷术也的确有健身延年的效果，因此修习辟谷者，代不乏人。

道教典籍中有“老君服水断谷法”、道士张子登“服符断谷法”、道士陈叔平“辟谷不食符法”“安期先生绝谷符”“安期先生饥伤痛符”“安期先生止渴符”“安期先生强身绝谷符”，三洞道士朱法满《要修科仪戒律钞》中有“玉君绝谷符”，都说明为了应对辟谷时产生的头重脚轻四肢乏力的饥饿现象，常辅以“服水”疗法。《服水绝谷法》就是不食五谷，以水疗饥，行此法时，“饮之多少任意，饥即取水服之，亦无论早晚，日三服，便不饥。初服水数十日，瘦极，头眩足弱，过此渐佳。若兼服药物，则不至虚惙也”[⑥]。通过这个过程，去掉了体内多余的脂肪和毒素，体内得到了全面的清洁，肠胃得到了调节和休养。《云笈七签》有云：“为之一年易气，二年易血（一本为易骸也），三年易脉（一本为易血也），四年易肉，五年易髓，六年易筋，七年易骨，八年易发，九年易形，十年道成。”[⑦] 形易则变化，变化则道成，道成则位为仙。

现代生物医学研究表明，营养摄入控制是延缓细胞衰老的途径之一，其原理可能是降低体内胰岛素水平从而解除了对细胞自噬（auto-

---

① 《北史》第9册，中华书局1974年版，第2915页。

② 《旧唐书》第16册，中华书局1975年版，第5126页。

③ 《宋史》第38册，中华书局1977年版，第13420页。

④ 《宋史》第39册，中华书局1977年版，第13512页。

⑤ 同上书，第13516页。

⑥ （唐）司马承祯：《修真精义杂论》，《道藏》第4册，第956页。

⑦ 《云笈七笺》卷58《诸家气法·茅山贤者服内气诀》，《道藏》第22册，第403—404页。

phagy）的抑制作用，而后者是细胞内清除随时间积累的受损蛋白质或衰老细胞器从而维持稳态的重要机制。而在“辟谷”中“服水”能“浸润六腑，涤荡五脏，调畅气血，活络通脉，排除病气，增强人体自身修补能力。对糖尿病、高血压、肠胃病、肥胖症以及各种慢性疾病均有治疗效果”①。但是，辟谷也不是绝对不吃任何东西，有时也辅助以白术、黄精、山药、黄芪、大枣、山萸等耐饥寒的中药，从而补气血、安五脏、治虚羸、轻身延年。还有用草木药熬煮特定的石子，以石当饭者，具体药方见《太清经断谷法》及《云笈七签·方药部》。

服水绝谷法在魏晋唐宋时期颇为流行，葛洪《肘后备急方》中就把“服水法”列为“治卒绝粮失食饥惫欲死方”。唐著名道医孙思邈的《千金翼方》一书中，专门辟有《辟谷服水方》一节，当今辟谷也逐渐被认为是具有减肥、养生、疗疾等作用。从辟谷的实际应用来看，只能是道士救饥疗病的应急措施，遇到断绝食物时，为了减少体力消耗，保持身体内固有能量，但是倘若常年运用，未必能够获得长寿。人体由无机物和有机物构成，无机物主要为钠、钾、磷和水等；有机物主要为糖类、脂类、蛋白质与核酸等。人的生命虽然是以水为载体组成的具有自行吐故纳新、精度复制、温和分裂等能力的精巧结构，但是也不能单靠水来维持生存。“服水”能够在一定程度上治疗身体上的疾病，但是要因人而异，而且道教在服这类绝谷符法时，均有禁忌事宜，即应避大风、大雨、雷电、昏晦，候天地清明日出，才可取气水服之，不可随意为之。

总之，中华民族相信水是圣洁之物，它是人体的组成部分，也有清洁的作用，也是人生存中必不可少的物质，符水疗法通常是以满日那天丹书符纸，烧化，以神水北向再拜，诵咒语，再三叩齿，三啄齿，乃以服符并饮水。辟谷从道教的修炼法术演变成当今的减肥方式，现在人辟谷单纯为了减肥，忽视了道教修炼中最重要的修心部

① 萧志才：《“辟谷”与“服水”——读孙思邈〈千金翼方〉札记》，《气功杂志》1995年第6期，第247页。

分，只把形体减下去了，心态依旧。而真正的辟谷禅修，不但塑形，塑性，更塑心。在排毒养身的过程中，水发挥了至关重要的作用。

综上所述，道教水崇拜有着自己独特的内涵，以水拟道、以海譬道、以气论道是道教水崇拜的内在理论基础，炼气化神、气孕众神和符水疗疾是道教水崇拜的外在表现形式，贯彻在道教仪式与活动的全过程中。除此之外，道教水崇拜的内涵极大丰富，不可详述，但是反映在道教的思想观念、教理教义、仪式活动中动辄与水有密不可分的联系。如道教思想中“天、地”常合称，但是“水”却常常单称，在神明崇拜中虽然合称“三官”或“三元”，但是却常将天地水三官分开礼敬，甚至单独供奉水神，武当山供奉的真武大帝就是水神，全国各地的水神庙也很多，而且香火鼎盛，这些都是道教水崇拜投射在民俗传统中的印记。

第二章

海洋文化与道教起源

鲁迅先生曾经说过："中国根柢全在道教……。以此读史，有多种问题可以迎刃而解。"[①] 道教是深植于中国本土文化土壤中的宗教，与中国的历史、社会有着千丝万缕的联系，而作为一种宗教的产生，道教的起源与东部沿海有着密切的联系。

在东汉顺、桓帝时期，张陵在巴蜀地区草创五斗米教；灵帝时，张角创太平道，标志着道教的产生。道教创始时主要流行于民间，并且曾经同当时的农民起义相结合。汉灵帝时，奉事黄老道的张角，创立太平道，以《太平清领书》即《太平经》为主要经典，自称大贤良师，以跪拜首过、符水咒语为人治病，"以善道教化天下"。《后汉书·襄楷传》说："初，顺帝时，琅琊宫崇旨阙，上其师于吉于曲阳泉水上所得神书百七十卷，皆缥白素朱介，青首朱目，号《太平青领书》，其言以阴阳五行为家而多巫觋杂语。有司奏崇所上妖妄不经，乃收藏之。后张角颇有其书焉。"[②] 可知，太平道产生的区域大致在沿海一带，后来，太平道教徒数十万，遍布青、徐、幽、冀、荆、扬、兖、豫八州，于中平元年发动起义，因起义者皆头戴黄巾为标志，故人称"黄巾军"。它和五斗米道相呼应，成为当时农民起义的旗帜。起义失败后，太平道被封建统治者残酷镇压，逐渐衰微。但是不得不说道教的起源与东部沿海关系非常密切，东晋五斗米道道士和起义军首领孙恩甚至数次以海岛为根据地组织对抗朝廷之事。

事实上，在中国历史上，滨海地区一直就是宗教的发源地与传播

---

① 鲁迅：《鲁迅书信集》上卷，人民文学出版社1976年版，第18页。

② （南朝宋）范晔撰，（唐）李贤等注：《后汉书》，中华书局1965年版，第1084页。

地，夏商时已经出现了海神崇拜的迹象，也有了祭海的宗教仪式。战国时，燕齐濒海地区的方士活动非常活跃，他们宣扬海上有仙境，刺激了秦皇汉武的求仙问道活动。魏晋以后，一部分道教徒受封建统治者的扶植、利用，使道教逐渐上层化并与纲常名教观念相结合，制度化的道教组织开始在渤海黄海区域兴起，在有些朝代还卷入了宫廷政治，继而向东海、南海地区传播。直至今日，道教仍然在东部沿海地区广泛流传，故道教中海洋文化因子的影响一直都存在。

究其原因，海洋浩瀚而变化无常，濒海居民更容易产生对海洋的崇信，对海洋自然力量的原始崇拜应运而生，民众甚至以丰富的想象力将海洋人格化，形成人格神。在人类与海洋的抗争中，人们或者以宗教仪式的方式取悦大自然，或者以巫术的方式命令和控制大自然。道教形成后，道教的宗教创造与人们的迫切需求紧密结合，其所宣扬的各种对自然力的控制方式对民众很有吸引力，使得在海上讨生活的人们有了更多的希望和慰藉，让他们在面对难以驾驭和控制的海洋时，有了更多的自信，因此，海洋文化对坚定沿海民众的道教信仰起了至关重要的作用。

第一节　海洋是催生宗教信仰的土壤

古时人们不了解海洋的规律，面对海洋的无常变化常心生畏惧，当时的生产力水平也无法与海洋带来的自然灾害相抗衡，浩瀚的海洋仿佛一个巨大的谜团，民间自然而然地产生了海洋信仰。这些海洋信仰的内容十分庞杂，大部分是古代先民出于某种物质愿望或者精神诉求而创造出来的海洋神灵。古人所设想的神仙生活既是当时人们生活状态的反映，也是古人的追求和幻想的折射。如《山海经》中多处写到“乘两龙”“践两蛇”的行为方式就是古人当时使用独木舟或木筏往来海上的写照，历史上，古越族就是一个“以舟为车，以楫为马”的航海民族，他们生活在东南以及南部沿海一带，对他们来说乘船有“践蛇乘龙”的感觉。又如，《山海经》中多写近海一带与海外水土风物，其中鱼类和蛇占有相当比重，人物也多半裸跣足，这些都与滨海民众生存状况相符，反映了近海生活环境与劳作方式的独特性。

海洋原始自然崇拜在很大程度上是对海洋生物的崇拜。海洋生物种类繁多，外形奇特，常常被民众视为神灵，尤其是海洋中的大鱼更是被认为具有神奇的法力。例如，生活在东南沿海的古越族人就认为大海中有一种“鱼虬”，它能喷浪降雨，后来这种说法流传到内陆，内陆人民就在建筑物上增设了“鸱吻”这个装置以防止火灾。“海有鱼虬，尾似鸱，用以喷浪则降雨。汉柏梁台灾，越王上压胜之法，乃大起建章宫，遂设鸱鱼之像于屋脊，以压火灾，即今世之鸱吻是也。”[①] 古人甚至已经开始向神明祈求航行的平安顺利，说明当时人们对海洋神灵的信仰已经形成。考古工作者在广东珠江三角洲发现的反映古代越人航海前祈祷神灵保佑海上航行平安的情景的岩画——《古越人平安海航祈祷图》[②]，就是极好的例证。

除了海中生物崇拜，沿海地区也有鬼神仙佛的民间信仰及崇拜。世界上每个国家和民族都有与海洋相关的传说故事，《山海经》是中国早期海洋文化的代表，故事的背景是山与海。故事的人物是人神两栖，人兽并存，既有人的世系，又有神的世系，还有半人半神或半人半兽的人物，如黄帝、颛顼、蚩尤、夸父、西王母、夏侯启等，后来民间流传的各种海洋传说故事也都离不开海洋文化的大背景。1987 年中国出版了《中国海洋民间故事》一书，收录了各地的海洋传说，山东有《埸东京》《龙王三女盗神鞭》《扇贝姑娘》《东海鳌鱼变鳌山》《石老人》《马祖庙的传说》等，浙江有《海宁潮的由来》《八仙闹东海》《大蚌伏龙》《观音泼水淹蓬莱》《龙王输棋》《虾兵蟹将》《杨枝观音碑》等，南沙有《妖婆娘的风袋》，西沙有《白鲣鸟和海鸥》，福建有《高辛和龙王》《姑嫂塔》《洛阳桥》等，海南有《丹雅公主》，台湾有《猫鼻、鹅銮与澎湖列岛》等，但是实际上民间海洋故事远超这些。值得注意的是这些故事都以朴实的语言，感人的情节生

---

① （宋）吴处厚：《青箱杂记》卷 8，中华书局 1985 年版，第 85 页。

② 姜永兴：《古越人平安海航祈祷图——宝镜湾摩崖石刻探秘之一》，《中南民族学院学报》1995 年第 5 期。

动地刻画了性情古怪的海龙王、善良的救苦救难的观世音、勇敢机智的海渔郎，以及龟臣鳖相、虾兵蟹将、蛇婆龙女、海螺公主、飞鱼姑娘等形象。这些民间传说和故事在很大程度上是民众自己想象出来的，是赋予自然界万物人格化后的拟人行为的结果。比较深入人心的是精卫填海、八仙过海、龙女牧羊、哪吒闹海、麻姑航海、徐福求仙、南海观世音等形象，这些人物身上都体现了勇于斗争、不畏强权的斗争精神，这种斗争精神实际上是滨海民众在与海洋进行艰难抗争精神的延续。

在古老的神话传说中体现的斗争精神反映了远古生活的艰辛，当时坚定海洋信仰是应对未知事物与不可预测海洋的法宝。相对于内陆民族和农业生产方式，海上生产与生活的风险性大，不稳定性高，船毁人亡的事情时有发生，海岛人所处的海洋环境及其变幻莫测的海上风云比之大陆内地具有更大的神秘性和不可预知性。因此，民间海洋信仰多出于人们祈求航海安全、渔业丰收的功利性目标，民众不仅赋予大海中的海水、岛礁、海中生物以拟人化的形象，并加以膜拜讨好，祈求海洋给他们带来财富。以浙江地区的舟山群岛为例，岛岛有庙，处处有神，其神灵信仰之程度远比内陆强盛和狂热得多，民众海洋信仰的功利性显而易见。

道教认识到了民众的精神信仰需求，以宽容的姿态对民间信仰加以接纳，精心改造，取其精华，保留其中与民众的生活息息相关的部分，融合民众换取实惠抑或避免灾祸的浅层意识形态，结合官方祭祀的仪式规范，在操作上更加平易近人，以保证沿海民众生产与生活的安全，获得了沿海民众的认可。例如，道教产生后，不仅将民间信仰收罗殆尽，还新造了南海观音、四海龙王等专门的海洋神祇，甚至推动宋朝出现的妈祖信仰得到国家政权的认可，并且沿着海陆两路传遍世界，成为世界性的海上保护神。可见，世界范围内对海上平安的祈求是共通的，民众所祈求的无非是海上生产与生活的安全。有了民众的宗教需求和信仰基础，宗教的产生才具有了前提，是海洋文化催生了道教海洋信仰的发展。

此外，道教在沿海地区起源也有其群众基础。沿海地区即古代的江南地区素来为南蛮之地，《史记·货殖列传》说："江南卑湿，丈夫早夭。"[①] 此地日照水蒸，潮湿温热，疫病丛生，民众要和恶劣的自然环境做斗争，求医问药的需求很迫切。道教传道之初，以"治病救人"为己任，基本上道士都会或多或少地掌握一些医药知识，道教认为，"凡学仙者，皆当知医"，"医不近仙者不能为医"，因此道教借治病救人来传播教义就非常合乎时宜。道教在创教初期就提出了"去乱世，致太平""身国同治"的主张，对能够解除大众疾苦的医术十分重视，再加上道教自身修炼的需要，医术成为道教救世、救人、救己的一种必备的技能，药王孙思邈就是道士。道教经典中也有《素问》《七步尘技》等医学著作，道教丹经之祖魏伯阳也撰《周易参同契》，首创的气功养生学一直影响至今。绍兴博物馆展出的古越砭石、唐代瓷枕等出土文物都与医药相关。《吴越春秋》卷十载："士有疾病，不能随军从兵者，吾予以医药，给与糜粥，与之同食。"[②] 可知，早在春秋战国时期，越人就有医药实践，迄今尚存的"禹余粮""采药径"等名称折射出当时医学发展的情景。实际上，道教治病救人的传统，和以医传教的宗教活动，都加强了道士对生命、健康和疾病的认识和体悟，形成了一系列独特的医术和方法，给民众留下了深刻的印象，如"符道门""咒道门""诀道门""禁道门""气道门""法道门""术道门"等，都是在追求长生成仙的修炼过程中产生的治病救人的方法。

综上所述，海洋是催生宗教信仰的土壤，制度化的道教产生之前，滨海地区已经形成了特定的民间海洋信仰与需求。道教产生之后，将其兼容并蓄，整合凝练，提炼出一套具有宗教色彩或民俗文化性质的心身医学体系，既安抚了沿海民众之心神，同时也以精湛的医术赢得了民众的信任。针对民众的医药需求日益凸显的现实，道教传教弘道，治病救人，广纳信众，同时还将巫术掺杂在海洋信仰当中，共同促成了后来道教海洋信仰的蔚为大观。

---

① （西汉）司马迁：《史记》，中华书局 1959 年版，第 3268 页。

② 周生春：《吴越春秋辑校汇考》，上海古籍出版社 1997 年版，第 165 页。

第二节　海洋促成沿海尚鬼好祀氛围

恩格斯指出："宗教是在最原始的时代，从人们关于自己本身的自然和周围的外部的自然的错误的最原始的观念中产生的。"[①] 沿海地区民众属于混沌初开时期，较富有冒险和探索精神的人群，向险恶的海洋讨生活，他们所处的外部环境却远比内陆居民险恶和复杂得多。处在原始时代，科学文化水平低下，认知能力有限，他们对海上出现的灾害性事件无法认知其原因和规律，也无法对这些现象作出科学合理的解释。自然而然的，民众将其归因为人类本身无法达到的超自然神力所致，普遍认同冥冥之中有神灵在操控一切，因此自古以来东南沿海地区多有淫祀的文化风俗。如《汉书·地理志》记载，江南"信巫鬼，重淫祀"[②]。《史记·封禅书》载："越人俗信鬼，而其祠皆见鬼，数有效，昔东瓯王敬鬼，寿至百六十岁。"[③]《淮南子》载："荆人鬼，越人机。"[④]"机"在《说文》中解释为："机，鬼俗也，从鬼几声。"[⑤] 春秋时期，越王勾践利用巫作法术，覆祸吴人船。汉武帝时，曾令武巫立越祝祠。"祠天神上帝百鬼，而以鸡卜。上信之，越祠鸡卜始用"。《隋书·地理志》中把渔猎和鬼神联在一起，《四明图经》风俗载，按《隋书》"江南之俗，火耕水耨，食鱼与稻，以渔猎为业，虽无蓄积之资，然亦无饥馁之患。信鬼神，好淫祀……川泽沃衍，有海陆之饶，珍异所聚，故蕃汉商贾并凑，君子尚礼，庸庶敦庞，故风俗澄清，而道教隆洽盖其风气所尚也。"[⑥]《宋史·地理志》

---

① 《马克思恩格斯选集》第4卷，人民出版社1972年版，第250页。

② （东汉）班固：《汉书》，中华书局1962年版，第1666页。

③ （西汉）司马迁：《史记》，中华书局1959年版，第1339—1340页。

④ 何宁：《淮南子集释》卷18，《新编诸子集成》，中华书局1998年版，第1243页。

⑤ 同上。

⑥ 俞福海：《宁波市志外编》上册，中华书局1998年版，第3页。

则说，福建“其俗信鬼尚祀，重浮屠之教，与江南、二浙略同”①。凡此种种，无不说明“信鬼神，好淫祀”是沿海地区民俗的一个重要特征。

可见，道教之所以在东部沿海地区产生，除了滨海民众有祈求海上平安的需求之外，也与东部沿海地区浓厚的尚鬼好祀传统有关。唐宋以后，沿海地区的淫祀之风未曾断绝。其祀典之淫，以舟山黄龙岛为例。从正月初一拜“菩萨岁”起，到年底祀灶、送年、祀祖宗止，一年中祀典活动达八十余次。俗话说“贪嘴媳妇做勤力羹饭”，光祭祖宗、祭鬼的祀典活动就达三十余次。几乎年年月月有“羹饭”，时时处处祭游魂。生病求“香灰”，出海卜吉兆，开捕谢洋供菩萨，生子娶妻谢鬼神，祀典之淫远胜内陆，其他沿海地区也大致如此。沿海民众的淫祀反映出普通大众生活艰辛，终岁操劳，平日盼望的无非是健康、平安、富裕，恐惧的莫过于疾病、灾祸、贫穷。民众希望通过虔诚的供奉祭祀来取悦鬼神，获得福报、避免灾祸，这就是尚鬼好祀的深层根源。

民间信仰的天帝、阴王、财神、门神、灶神以及八仙等民间神灵，与芸芸众生的旦夕祸福息息相关，还能够体现百姓信仰的直接性和现实性，淫祀又不像官方祭祀那样繁文缛节，礼法森严，因而淫祀盛行也在情理之中。但是民间淫祀劳民伤财也自不待言，故自古以来一些江南的地方官员曾经尝试取缔淫祠。如嘉靖《昆山县志》载弘治元年担任昆山知县的杨子器，“表彰先贤祠墓，撤毁淫祠百区，悉取土木像投诸水火，禁绝僧道巫祝游民及四月十五日山神会，尚鬼之俗为之一变”②。不过，州县官员的自发禁止行为，也是治标不治本，影响地域和实施效果均十分有限，一旦离任，公开的祭祀活动往往迅速死灰复燃，大行其道。清初，据时人钮琇《觚賸》云：“吾吴上方山，尤极淫侈。娶妇贷钱，妖诡百出。吴人惊信若狂，箫鼓画船，报赛者相属于道。巫觋牲牢，阒委杂陈。计一日之费，不下数百金，岁无虚

① （元）脱脱：《宋史》卷89《地理志五》，中华书局1977年版，第2210页。

② 《昆山县志》卷9《名宦》，《天一阁明代方志选刊》，上海古籍出版社1963年版，第408—409页。

日也。”[①] 可知，浙江沿海地区的宗教祭祀活动非常活跃，有着坚实的民间基础。

《汉书》卷三十《艺文志》谈及神仙之弊时说，“神仙者，所以保性命之真，而游求于其外者也，聊以荡意平心，同死生之域，而无怵惕于胸中。然而或者专以为务，则诞欺怪迂之文弥以益多，非圣王之所以教也”[②]。虽然是非先王之教，但是沿海地区人民对于奇迹的发生充满期待，也能接受一些怪异之事，并且乐于传播，道教上承黄老道家，兼容并蓄众多民间教派，为民众海洋神灵观念产生和盛行提供了条件。道教在东部沿海地区兴起也就是水到渠成的事情了。如今，沿海地区仍旧有着独特的神灵信仰民俗，其神奇的祭祀仪式很多为内陆地区所未有，这一方面是海岛的封闭性所致，另一方面也在很大程度上保留了道教最初的神明信仰内容，是了解中国海洋宗教文化和原始信仰民俗的一个重要渠道。

第三节　渔业巫卜为道教法术的来源

海洋生产与生活促进了巫术占卜的广泛使用，各种巫术的发展为道教后来继承巫术提供了丰富的资源。“海洋社会作为一种独特的社会文化类型，包括他们的生产方式、组织制度、行为方式、经济模式、家庭结构、亲属关系、心理性格、技术工具、宗教艺术等，都有其不同于陆地社会的运作逻辑和文化规范。”[③] 其中一个非常明显的方面，就是巫术占卜在沿海地区较为盛行。

原始民族对于事物的发展缺乏足够的认识，因而借由自然界的征兆来指示行动。但自然征兆并不常见，必须以人为的方式加以考验，

① 《孤賸》卷1，《古今说部丛书》第3册，上海文艺出版社1991年版，第291—292页。

② （东汉）班固：《汉书》中册，中华书局2005年版，第1397页。

③ 王利宾：《海洋人类学的文化生态视角》，《中国海洋大学学报》2014年第3期，第25—26页。

占卜的方法便随之应运而生。古人常用龟壳、铜钱、竹签、纸牌或星象等手段和征兆来推断未来的吉凶祸福。海洋捕捞是人类最早的经济活动与产业之一，但却具有很大的偶然性，时而满舱而返，时而空载而归，给人一种在冥冥之中有神灵支配的感觉，故巫术和占卜活动几乎贯穿着海洋渔业生产的始终。

我国沿海渔民在先秦时期就已远航深海捕鱼，他们通过占卜来窥测神意来决断鱼汛的首航日。文献记载也表明，古人与海洋、航海有关的任何重大举动都讲究先占卜而后动，以免风涛之险，不得卜断则不敢轻易发船。越过钱塘江进入今浙西和苏南的丘陵区的于越族居民，过着“水行而山处，以船为车，以楫为马”的生活方式，属于滨海文化模式，与其相邻的是句吴族。句吴族与于越族属于一个部族的两个分支，谭其骧也认为，句吴和于越是一族两国[①]，乐祖谋认为“内越”和“外越”是卷转虫海侵时期迁居山地和海岛的两个相互有着密切联系的越族分支。[②]《越绝书》曾经两次提到它们“为邻同俗”“同气共俗”的事实。此处所指的共同的民俗大约是指句吴族与于越族都崇奉巫术，有非常浓厚的巫术占卜风气这一点。

吴越族人根据其图腾信仰还产生了特有的鸟占鸡卜的卜筮方式。《史记·孝武本纪》曰：“是时（元封二年初），既灭南越，越人勇之乃言：‘越人俗信鬼，而其祠皆见鬼，数有效。昔东瓯王敬鬼，寿至百六十岁。后世谩怠，故衰耗’。乃令越巫立越祝祠，安台无坛，亦祠天神上帝百鬼，而以鸡卜。上信之。越祠鸡卜始用焉。”[③] 其下张守节《正义》释之曰：“鸡卜法，用鸡一，狗一，生祝愿讫，即杀鸡狗，煮熟又祭，独取鸡两眼骨，上自有孔，似人物形则吉，不足则凶。今岭南犹此法。”[④] 可知，吴越人的鸟占鸡卜方法还延绵到后世，唐宋时多有人记载。柳宗元《柳州峒氓》诗曰：“郡城南下接通津，异服殊音不可亲；青箬裹盐归峒客，绿荷包饭趁虚人。鹅毛御腊缝山罽，鸡

① 邹逸麟：《谭其骧论地名学》，《地名知识》1982年第2期。

② 乐祖谋：《历史时期宁绍平原城市的起源》，《中国历史地理论丛》1985年第2期。

③ （西汉）司马迁：《史记》，中华书局1959年版，第478页。

④ 同上。

骨占年拜水神；愁向公庭问重译，欲投章甫作文身。”[①] 诗中生动地描写了柳州少数民族的风俗习惯，居住在山洞中的峒民们赶集时候带来用新鲜荷叶包着的饭食，集市结束后把箬竹叶裹着的食盐带回家中。祭祀水神的时候用鸡骨头来占卜年成的好坏，在身上有刺花文身。苏东坡对扶乩卜筮多有记载，其被贬谪海南岛，见冼夫人庙，咏诗曰：“犦牲菌鸡卜，我尝一访之。铜鼓葫芦笙，歌此迎送诗。”[②] 这首诗刻于高州市曹江镇高凉岭冼太庙内。宋人范成大在《桂海虞衡志》中更是详细记载了当时南人的这种鸟占鸡卜的方法，其曰：“鸡卜，南人占法。以雄鸡雏执其两足，焚香祷所占，扑鸡杀之。拔两股骨，净洗，线束之，以竹筵插束处，使两骨相背于筳端，执竹再祝。左骨为侬，侬，我。右骨为人，人，所占事也。视两骨之侧所有细窍，以细竹筳长寸余遍插之，斜直偏正，各随窍之自然，以定吉凶。法有十八变，大抵直而正、或近骨者多，吉；曲而斜、或远骨者多，凶。亦有用鸡卵卜者，据卵以卜，书墨于壳，记其四维；煮熟横截，视当墨处，辨壳中白之厚薄之定侬、人吉凶。”[③]

鸡卜、鸟卜、鸟占是吴越民间特有的，道教占卜主要采用《周易》为理论依据，以近取诸身远取诸物为法则，结合天、地、气候、万物等物象来推演未来，如创始于北宋庆历年间邵雍的梅花易数依先天八卦数理，即乾一，兑二，离三，震四，巽五，坎六，艮七，坤八，随时随地皆可起卦，取卦方式多种多样，较为流行。不过后世道教仪式中也多有用到鸡、鸡血的地方，或许与此有一定关系。

巫术与海洋生活也有密切联系。巫术是企图借助超自然的神秘力量对某些人、事物施加影响或给予控制的方术。海洋是不以人类意志为转移的巨大客观存在，通常人们或者以宗教仪式的方式取悦大自

① （唐）柳宗元著，曹明纲标点：《柳宗元全集》，上海古籍出版社 1997 年版，第 362 页。

② （宋）苏轼：《题高凉冼庙诗》，李之亮笺注《苏轼文集编年笺注》，巴蜀书社 2011 年版，第 601 页。

③ （宋）范成大：《岭外代答》卷 10，胡起望、覃光广校注《桂海虞衡志辑佚校注》，四川民族出版社 1986 年版，第 229 页。

然，或者以巫术的方式命令控制大自然，以此来建立自己应对海洋的信心。在海洋社会中渔业祭祀与巫术非常普遍，这是人类以自己的意志来揣摩海洋的意志的做法，试图用一定方式祈求自然力或鬼神来帮助自己实现某种目的。在海洋生活中使用巫术很多时候是为了应对已经或者未知的危险。“马林诺夫斯基在自己的研究中曾经提到，特洛布里恩人在泻湖作业时通常不会使用巫术，因为这里没有什么太大危险，但是一旦到了深海作业，他们就会使用各种巫术仪式来确保安全和渔业丰收……约翰逊（Willard. I. Twig Johnson）在研究葡萄牙渔业时就发现，在动力机械船出现之前，葡萄牙渔民的生产和生活中到处都充满了巫术。普林斯（A. H. J. Prins）和渡边仁（Hitoshi Watanabe）对肯尼亚和日本阿伊努人（Ainu）的调查同样也发现，渔民在应对危险时会采用各种仪式。”① 同样，中国渔民也会用巫术的方法应对海洋中的突发情况。例如江浙闽粤台等滨海地区，渔民中间至今流传着“划水仙”的习俗。每当船遇到大风大浪困于水中时，就通过“划水仙”向水仙尊王求救。届时船员们要众口一起喊叫，模仿锣鼓声，每人手拿羹匙和筷子作划桨状，仿佛端午龙舟竞赛一般。不可思议的是，通常船就会以仿佛龙舟竞赛的速度一般顺利靠岸，仿佛水仙尊王们真的显灵了一般。这种“划水仙”仪式就是一种原始的模拟巫术。

道教的起源与流传也与东部沿海地区的巫术祭祀氛围有一定的关系，《越绝书》卷二《外传·记吴地传第三》载：“近门外欐溪椟中连乡大丘者，吴故神巫所葬也，去县十五里。”② “虞山者，巫咸所出也。虞故神出奇怪，去县百五里。”③ 可见，巫在吴人观念中是有相当地位的，吴国的阖闾城就有“巫门”。《越绝书》卷十《外传·记吴王占梦第十二》曰：“吴王劳曰：‘越公弟子公孙圣也，寡人昼卧姑胥之台，梦入章明之宫。入门，见两鬲炊而不蒸；见两黑犬嗥以北，嗥以南；见两铧倚吾宫堂；见流水汤汤，越吾宫墙；见前园横索生树

① 王利宾：《海洋人类学的文化生态视角》，《中国海洋大学学报》2014 年第 3 期，第 28 页。

② （东汉）袁康、吴平辑录：《越绝书》，上海古籍出版社 1985 年版，第 12 页。

③ 同上书，第 14 页。

桐；见后房锻者扶挟鼓小震。子为寡人精占之，吉则言吉，凶则言凶，无谀寡人心所从。’公孙圣伏地，有顷而起，仰天叹曰：‘悲哉！夫好船者溺，好骑者堕，君子各以所好为祸。谀谗申者，师道不明。正言切谏，身死无功。伏地而泣者，非自惜，因悲大王。夫章者，战不胜，走偉偉；明者，去昭昭，就冥冥。见两鬲炊而不蒸者，王且不得火食。见两黑犬嗥以北，嗥以南者，大王身死，魂魄惑也。见两铧倚吾宫堂者，越人入吴邦，伐宗庙，掘社稷也。见流水汤汤，越吾宫墙者，大王宫堂虚也。前园横索生树桐者，桐不为器用，但为甬，当与人俱葬。后房锻者鼓小震者，大息也。王毋自行，使臣下可矣。’”[①] 此处，吴王之梦就是著名的“两铧倚吴宫”之梦，为吴王解梦的是吴国东掖门的公孙圣，他是夫差时代一个著名的巫人。吴族与于越族，两族都崇奉巫术，不过，两族奉祀的巫神不同，吴国所尊奉的巫神是巫咸。《吕氏春秋·勿躬》：“巫彭作医，巫咸作筮。”[②] 在古代，巫是一个很崇高的职业，黄帝要出战时，还要请巫咸作筮，战国时有托名星占著作《巫咸占》，相传巫峡的名称就来源于巫师巫咸，说明巫咸擅长的是占卜预测。吴地的巫术占卜被后世道教所吸收，形成了道教中的特定派别。“巫咸派重于梦境之游，属于游仙派的巫，后来是发展为道教游仙派。唐玄宗曾请临邛道士鸿都观张通幽寻找杨贵妃的灵魂，道士张通幽或即属这一派别。”[③]

越国的巫神则可能是无杜，《越绝书》卷八《外传·记地传第十》曰：“巫里，句践所徙巫为一里，去县二十五里。其亭祠今为和公群社稷墟。巫山者，越神巫之官也，死葬其上，去县十三里许。江东中巫葬者，越神巫无杜子孙也。死，句践于中江而葬之。巫神，欲使覆祸吴人船。去县三十里。”[④] 可知此处，巫神擅长蛊诅，是巫教中的事鬼派，后来或演变为民间方术，诸如凤阳府江湖法术及《万法归宗》

① （东汉）袁康、吴平辑录：《越绝书》，上海古籍出版社1985年版，第74—75页。

② （秦）吕不韦：《吕氏春秋》卷17，上海扫叶山房1926年版，第44页。

③ 杨成鉴：《吴越文化的分野》，《宁波大学学报》（人文社科版）1995年第4期，第8—16页。

④ （东汉）袁康、吴平辑录：《越绝书》，上海古籍出版社1985年版，第62—63页。

法术等。无论吴与越信仰的巫教派别有何不同，我们可以看出，其都与后世的道教流派有关。由于同是越族人，内陆的越族与外海的越族，仍然互有往来，外海越族的海洋文化特色也渐渐影响到整个越族的信仰底色，道教法术也与海洋文化有了联系。

总之，海洋巫术和占卜是为了适应海洋生活而产生的，对渔民的海洋生产和生活主要起到了精神慰藉的作用。道教的方术、占卜、斋醮、符箓、禁咒等，都带有明显的巫术特征，其驱鬼避邪，捉妖治蛊，呼风唤雨，招魂送亡等，大部分是对原始巫术的革新和再造，巫术某种程度上“就是道教的‘正宗’、‘嫡系’”①。因此从这个意义上来说，沿海地区的海洋巫术文化是道教法术的源头。

第四节　东部沿海地区出现早期道派

中国东部沿海地区大部分属于古代的吴越地区（今浙江地区）。这一地区曾经海陆变迁，在1.5万年前，东海海平面约是现在的－136米，今舟山群岛以东约360公里都是陆地，这片广阔的平原是古代于越族人的聚居地。这时钱塘江口约在今河口以东300公里，当时的平原面积约是现在浙江的两倍，是于越族人繁衍生息的乐土。但是随着海平面上升，到距今1.2万年前后，海岸到达现在的－110米的位置上，到1.1万年前后，上升到－60米的位置；到了距今8000年前，海面更上升到－5米的位置；最后一次海侵在7000—6000年前达到最高峰，海平面超过了现在的海面高度，东海海域内伸到今杭嘉湖平原西部和宁绍平原南部，浙江大地除山地和丘陵外，都成为一片浅海。我们的祖先于越族人开始了长达数千年的迁移，“迁移的路线估计有三条：他们中的一部分，越过钱塘江进入今浙西和苏南的丘陵区；另一部分随着宁绍平原自然环境自北向南的恶化过程，逐渐向南部丘陵区转移；还有一部分则向外迁移，主要居住地在今三

① 葛兆光：《道教与中国文化》，上海人民出版社1987年版，第203页。

北半岛南缘和南沙半岛南缘的丘陵地带，最终随着海平面的上升，与舟山群岛的越族居民一样成为岛民”[①]。

道教的产生与海侵带来的迁移也有关系。道教在东部地区最有影响的派别是太平道，太平道为早期道教的一支，它的理论基础直接来源于《太平经》，张角是太平道的创始人。《后汉书·皇甫嵩传》说：“初钜鹿张角自称大贤良师，奉事‘黄老道，蓄养弟子’跪拜首过；符水呪说以疗病，病者甚愈，百姓信向之。角派遣弟子八人使于四方，以善道教化天下，转相诳惑，十余年间，众徒数十万，连结郡国，自青、徐、幽、冀、荆、扬、兖、豫八州之人无不毕应。”[②]《三国志·张鲁传》注引《典略》说：“张角为太平道。太平道：师持九节杖为符祝，教病人叩头思过，因以符水饮之，病或自愈者，则云此人信道；其或不愈，则云不信道。”[③]《后汉书·襄楷传》说：“初，顺帝时，琅琊宫崇旨阙，上其师于吉于曲阳泉水上所得神书百七十卷，皆缥白素朱介，青首朱目，号《太平青领书》，其言以阴阳五行为家而多巫觋杂语。有司奏崇所上妖妄不经，乃收藏之。后张角颇有其书焉。”[④] 可知，“太平道”的开始，缘起于事奉“黄老道”，它的主要经典则是《太平经》；《太平经》的出现便与琅琊于吉、宫崇有关，后世葛玄、葛洪，天师道之孙秀、孙泰、孙恩均是琅琊人，而琅琊王氏亦世代奉道。

陈寅恪先生在《天师道与滨海地域之关系》一文，其中详述了“琅琊”一地与道教的紧密关系。陈寅恪曰：“案，琅琊为于吉、宫崇之本土，实天师道之发源地。”[⑤] 此处的“天师道”与后世通用的“天师道”内涵不同，其本意为五斗米道。五斗米道，亦称“米道”

---

① 陈桥驿：《越族的发展和流散》，《吴越文化论丛》，中华书局 1999 年版，第 40—57 页。

② （南朝宋）范晔：《后汉书》，中华书局 1965 年版，第 2299 页。

③ （西晋）陈寿撰，（南朝宋）裴松之注：《三国志》第 1 册，中华书局 1959 年版，第 264 页。

④ （南朝宋）范晔：《后汉书》，中华书局 1965 年版，第 1084 页。

⑤ 陈寅恪：《天师道与滨海地域之关系》，《金明馆丛稿初编》，上海古籍出版社 1980 年版，第 4 页。

“鬼道”，是中国早期道教派别之一。五斗米道由张修在汉中创建，据《三国志·魏书·张鲁传》注引《典略》记载：“熹平中，妖贼大起，三辅有骆曜。光和中，东方有张角，汉中有张修。骆曜教民缅匿法，角为太平道，修为五斗米道。太平道者，师持九节杖为符祝，教病人叩头思过，因以符水饮之，得病或日浅而愈者，则云此人信道，其或不愈修法略与角同，加施静室，使病者处其中思过。又使人为奸令祭酒，祭酒主以老子五千文，使都习，号为奸令。为鬼吏，主为病者请祷。请祷之法，书病人姓名，说服罪之意。作三通，其一上之天，著山上，其一埋之地，其一沉之水，谓之三官手书。使病者家出米五斗以为常，故号曰五斗米师。实无益于治病，但为淫妄，然小人昏愚，竞共事之。后角被诛，修亦亡。”[①] 张鲁杀张修，取得了教权，并且编造出“三张”传说和天师崇拜，才树立起张天师的教主形象。张修的前期五斗米道是下层民众的宗教，性质同于太平道。

陈寅恪先生所言之“天师道”与我们现在认可的以张陵一系的天师道或不同，其含义是“天师道”并非只有西部天师道一个，刘屹认为：“陈先生所言的‘天师道’，与今之一般学者认为的‘天师道’不同。他既承认天师道与张陵祖孙的传道有关，又认为天师道本起源于东方滨海地域，后来才由张陵传入巴蜀地区。”[②] 因此，学界在对道教起源的考察中，也要适当关注道教在东部地区的起源问题。我们“不应该否认或忽视在东方滨海地域还可能存在着不晚于汉末三张的早期道教的‘东部传统’”[③]。魏晋时代江南地区的所谓天师道或都是具有东部传统的道派组织，并非都是由蜀地传来的三张天师道。“从《玄妙内篇》到《三天内解经》和《大道家令戒》，天师道对《太平经》的传统都是一种虽然不喜欢，但是又不能不提及的态度。这是因为《太平经》是东部道教传统的标志，来自西部的五斗米道——天师

① （西晋）陈寿撰，（南朝宋）裴松之注：《三国志》，天津古籍出版社2009年版，第153页。

② 刘屹：《神格与地域：汉唐间道教信仰世界研究》，上海人民出版社2011年版，第190—191页。

③ 同上。

道在发展过程中，不能对此传统的存在置若罔闻。”[①]

在东部道教兴起的发展过程中，琅琊是一个关键地点。春秋时期的齐国有琅琊邑，在今山东省胶南市琅琊台，陈寅恪把近于齐地的琅琊作为齐国的土地，认为道教的起源与齐文化有关，“若王吉、贡禹、甘忠可等者，可谓上承齐学有渊源”[②]。但是周元王三年（前473）越国迁都琅琊，所以浙江大学学者韩松涛认为，以琅琊为越国都一百二十四年来看，琅琊之地的文化主要应该是以吴、越、徐、郯人所共有的以凤鸟崇拜为其象征的夷文化。“琅琊之地，一开始似就非齐国所有，后又为越国国都一百余年，则琅琊之地的文化渊源应该以越文化为主，以其地近齐，故又可能受齐文化之影响，但是仅可能是受到一些影响而已。”[③] 这就在某种程度上可以说明琅琊之地的滨海文化。上述海侵之后造成的大迁移之后，于越一族就有了内越和外越之分，留在宁绍平原的居民，不断向南部的高地迁移，最后进入会稽四明山区，《越绝书》称之为“内越”；居住在三北群岛、舟山群岛甚至更远岛屿上的居民，《越绝书》称之为“外越”，外越是居住在海岛中的居民。孙恩（？—402）字灵秀，祖籍琅琊，为东晋五斗米道道士和起义军首领，家族世奉五斗米道，是永嘉南渡世族。399年起兵反晋，余众由孙恩妹夫卢循领导，世称“孙恩卢循之乱”。其起事后，失利往往退入海外，然后再集合兵力进攻内陆，其基地当在海外之海岛上，这说明居于海外之外越，其宗教信仰与“天师道”有共通之处，或其信仰即是与原始《太平经》有相同基础的原始宗教。琅琊为《太平经》的起源地，吴地先为帛家道的信仰地，后又为上清派的起源地，越地为杜子恭教团之所在地，孙恩叔父孙泰师事钱塘（今浙江杭州）人杜子恭，并且习有秘术，后继子恭为五斗米道教主，教徒广布于南方，曾经为会稽王司马道子做事，孙恩亦是琅琊人。东晋隆安

---

① 刘屹：《神格与地域：汉唐间道教信仰世界研究》，上海人民出版社2011年版，第231—232页。

② 陈寅恪：《天师道与滨海地域之关系》，《金明馆丛稿初编》，上海古籍出版社1980年版，第18页。

③ 孔令宏、韩松涛、王巧玲：《浙江古代道教史》（草稿）。

二年（398），爆发王恭之乱，孙泰以为晋祚将尽，孙恩此时逃入海岛（或许是今天的舟山群岛），孙泰余众当时认为孙泰是“蝉蜕登仙”，到海岛中支持孙恩，孙恩于是聚集了百多人，伺机复仇。元兴元年（402）三月，孙恩进攻临海失败，跳海自杀，数百名他的妓妾和信奉他的部众皆随之而死，孙恩更被其信众称为“水仙”。以此观之，由于生活在海岛上的人往往是一无所有的无产者，他们受地理环境、历史传统与思想仪式的制约与影响较少，对现政权的离心反抗倾向较为强烈，官方的统治组织又很难在如此边远的地区建立，自东汉开始至孙恩以前，沿海岛屿不断有所谓“海贼”的记载，而孙恩等反对者也是借助了宗教的影响力扩大势力，失败后又退回海岛，这可能是道教东部起源发展的又一个有利条件。不过，后世东部滨海之地的道教都在古越国的地区内，道教的“东部影响”与吴越文化的关系是一目了然的。

总而言之，道教的起源与发展与东部沿海地区有密切的联系。陈寅恪的《天师道与滨海地域之关系》就已经提出了这个问题，其后学者们进行了一定的探讨，如任继愈认为“道教的主要源头，与古代荆楚文化、燕齐文化靠得更近一些，道家与神仙家这两大源泉主要存在于此两大文化区域中”①。张从军认为道教起源于黄河下游“山东地区的龟灵崇拜、祖先鬼魂崇拜和河北地区的水、蛇崇拜，为道教的产生提供了深厚的物质和精神基础，而北方缺水的地理因素，是道教吸引和扩大信徒教团的重要手段”②。吴成国认为“从道教思想渊源中的鬼神崇拜、神仙信仰、黄老学说三个方面追溯道教的起源，这三方面或源自齐地，或与齐文化紧密相关，古代山东的齐国可以说是道教的发源地”③。吴成国的《荆楚巫术与武当道教文化》中也论述了

① 任继愈主编：《中国道教史》，上海人民出版社1990年版，第16页。

② 张从军：《玄武与道教起源》，《齐鲁文化研究》2002年第1期，第139页。

③ 吴成国：《齐鲁文化与道教起源论略》，《昆嵛山与全真道——全真道与齐鲁文化国际学术研讨会论文集》，2005年，第15页。

"荆楚巫术文化是武当道教的一大源头，也是道教的主要源头之一"①。由上可知，学者们所论述的道教的源头大多位于东部沿海地区，"道教"作为一种本土宗教，它的形成和发展可能并不是由张陵一人所独创的，而是由多个点同时发展的，"所谓'天师'、'祭酒'和'静室'、'治'等通常被认为是西部米道专有的概念，汉末以降的东部道教传统也在使用"②。原始道教的形成，可能包括了张角的太平道、帛家道、李家道、于君道等各种原始道教的种类，或还包括张角太平道以前的孕育《太平经》的民间信仰，以及社会心理基础中体现出来的原始道教基因等，这些不同的道教的点的逐步扩大，最终促进了制度化道教的形成。

① 吴成国：《荆楚巫术与武当道教文化》，《湖北大学学报》2009年第6期，第36页。

② 刘屹：《神格与地域：汉唐间道教信仰世界研究》，上海人民出版社2011年版，第189页。

第三章

海洋文化与神仙

在中国传统信仰中，神仙占有一个特殊的地位，而神仙信仰的形成与海洋有着密切的关系。苍茫浩渺的大海最容易激发人们对神秘世界的想象，海上水汽氤氲，偶尔又有海市蜃楼的奇特景观，故在沿海地区较早产生了神仙信仰，成为中国神仙信仰的起源地之一。顾颉刚认为："中国古代流传下来的神话中，有两个很重要的大系统：一个是昆仑神话系统；一个是蓬莱神话系统。昆仑的神话发源于西部高原地区，它那种神奇瑰丽的故事，流传到东方以后，又跟苍莽窈冥的大海这一自然条件结合起来，在燕、吴、齐、越沿海地区形成了蓬莱神话系统。此后，这两大神话系统各自在流传中发展，到了战国中后期，在新的历史条件下，又被人结合起来，形成一个新的统一的神话世界。"[①] 因此，在中国传说中，神仙就与海洋有了密切的联系，先秦时期的文学作品中记录的神仙，其起源大多语焉不详，但是大多生活在缥缈的大海之中、人迹罕至之处，这些神仙不食人间烟火，摆脱了生死的困扰，达到长生不死的境地，海洋是神仙们生活的场所，海岛组成了道教的海上仙境。

第一节　海洋是神仙生活的场所

宗教一般都有其崇拜的神，民间信仰也强调"万物有灵"，故很

---

① 顾颉刚：《〈庄子〉和〈楚辞〉中昆仑和蓬莱两个神话系统的融合》，顾颉刚《古史辨自序》，河北教育出版社 2000 年版，第 776—777 页。

早就出现了“神”的观念。古代“神”多指天神，《说文》云：“神，天神，引出万物者也，从示申声。”[①] 按二七字形声兼会意，金文中，“神”的本字“申”像一闪电，意味有关种神事、祭祀，引申而有变幻莫测之义。“仙”的观念比较后出，《释名·释长幼》说：“老而不死曰仙。”[②]“仙”的意蕴主要是长生不死，神仙思想是道教区别于其他宗教最重要的特征，英国学者李约瑟曾精辟地指出：“道教思想从一开始就迷恋于这样一种观念，即认为长生不死是可能的。我们不知道在世界上任何其他一个地方有与此近似的观念。”[③] 事实上，李约瑟所说的情况可能只是针对世界上其他宗教而言，在中国，长生不死和仙人的概念在道教产生之前就已经存在了。

《山海经》中就已经出现不死国、不死民、不死山、不死树、不死药等描述，如《海内西经》载：“开明北有视肉、珠树、文玉树、玗琪树、不死树……开明东有巫彭、巫抵、巫阳、巫履、巫凡、巫相，夹窫窳之尸，皆操不死之药以距之。”[④] 说明“不死”的概念早已经出现。长生不死是神仙信仰的核心概念，虽然关于神仙信仰的起源，学术界仍旧有诸多争论，比较公认的观点是认为神仙观念或许与古人的昆仑观有关。顾颉刚先生在研究昆仑文化时发现，昆仑“是一个有特殊地位的神话中心，也是一个民族宗教的中心，在宗教史上有它永恒的价值。……昆仑的全部事物笼罩在‘不死’观念的下面”[⑤]。因此神仙信仰先是由昆仑地区产生并向四周传播，并在东部沿海地区盛行发展，从而形成了在东部沿海地区广泛盛行的仙人、蓬莱仙岛、蓬莱仙境传说。陈寅恪先生曾提出过神仙思想的起源跟滨海地域有关

---

① （汉）许慎：《说文解字注》，上海古籍出版社1981年版，第12页。

② （东汉）刘熙撰，（清）毕沅疏证：《释名疏证·释长幼第十》，商务印书馆1936年影印版，第150页。

③ ［英］李约瑟：《中国科学技术史》第2卷，科学出版社、上海古籍出版社1990年版，第154页。

④ （西汉）刘歆编，方韬译注：《山海经》，中华书局2009年版，第213页。

⑤ 顾颉刚：《山海经中的昆仑区》，顾颉刚《古史辨自序》，河北教育出版社2000年版，第734、759页。

的猜想[①]，认为东方文化区是中国古代神仙思想最重要的发源地，李晟则对昆仑一元说的观点持有异议，认为神仙信仰存在多元中心的可能，提出“作为人类的求生本能，长生不死思想的发源地完全有多元中心的可能性”[②]，认为“战国以后盛行的神仙信仰，是以发源于东夷文化区的神仙思想为主干，同时融合吸收了其他区域的此类思想后，形成的一种覆盖了当时中国大多数地区的全新的宗教思想”[③]。

因此，神仙观念的产生、传播与海洋有着密切的联系，古代先民面对浩渺无际的大海，发现海洋虽然是一览无余的，但是又是难以逾越的，滔天的巨浪阻隔了人们的前行，使得海中的世界与陆地的世界形成了截然不同的存在。与此同时，海洋中还有特定的空间形态如岛屿、海岬等，它们由于海洋的环绕而成为一个清楚界定的区域，看起来与陆地生存环境非常类似，但是由于当时生产力的限定，人类却很难到达这些地方，更不能生活在这些海岛上，这使得人们特别容易把海中岛屿想象成世外仙境，把海岛上的生活当成乐园一般的生活，对它们产生无限的想象。其中最主要的想象就是认为海中岛屿是神仙岛，岛上生活着神仙。《列子·汤问篇》载：“渤海之东不知几亿万里，有大壑焉，实惟无底之谷，其下无底，名曰归墟。八纮九野之水，天汉之流，莫不注之，而无增无减焉。其中有五山焉：一曰岱舆，二曰员峤，三曰方壶，四曰瀛洲，五曰蓬莱。其山高下周旋三万里，其顶平处九千里。山之中间相去七万里，以为邻居焉。其上台观皆金玉，其上禽兽皆纯缟。珠玕之树皆丛生，华实皆有滋味，食之皆不老不死。所居之人皆仙圣之种，一日一夕飞相往来者，不可数焉。”[④] 这里提到的五座神山位于汪洋恣肆的东海之中，与陆地并无道路交通，只有神仙才能来往。可知，早在先秦时期，滨海地区就已经出现了海上不死仙乡的传说，《山海经》中谈到的“列姑射在海河州

① 陈寅恪：《天师道与滨海地域之关系》，《金明馆丛稿初编》，生活·读书·新知三联书店2001年版，第1—2页。

② 李晟：《论神仙思想的起源地》，《宗教学研究》2007年第1期，第153页。

③ 同上。

④ 《列子·汤问》，杨伯峻《列子集释》，中华书局1979年版，第151—152页。

中”“蓬莱山在海中”里的列姑射山、蓬莱山，就是海上仙境最早的雏形，郭璞在注“蓬莱山在海中”时直接就把它指认为仙境，说“上有仙人宫室，皆以金玉为之，鸟兽尽白，望之如云，在渤海中也”[①]。再加上《山海经》中记载的其他关于不死之山、不死之国、不死之树、不死之民、不死之药的描述，说明相信世界上存在不死仙乡的思想早在道教形成之前就已经产生。《山海经》里的“姑射”群岛或“射姑国”，或许是道教“蓬莱仙人”“仙境”之说的滥觞。

道教的神仙一开始还未能摆脱图腾或者巫师的原始形象，如《大荒东经》：“东海之渚中，有神，人面鸟身，珥两黄蛇，践两黄蛇，名曰禺。”[②]《大荒南经》：“南海渚中，有神，人面，珥两青蛇，践两赤蛇，曰不廷胡余。”[③]《大荒北经》：“北海之渚中，有神，人面鸟身，珥两青蛇，践两赤蛇，名曰禺强。”[④] 但是很快就与人类形象越来越接近，如《庄子·逍遥游》中对藐姑射山的仙人进行了想象，“藐姑射之山，有神人居焉，肌肤若冰雪，绰约如处子，不食五谷，吸风饮露；乘云气，御飞龙，而游乎四海之外。其神凝，使物不疵疠而年谷熟”[⑤]。《列子·黄帝》对列姑射山的神仙也进行了完善，“列姑射山在海河洲中，山上有神人焉，吸风饮露，不食五谷；心如渊泉，形如处女；不偎不爱，仙圣为之臣；不畏不怒，愿悫为之使；不施不惠，而物自足；不聚不敛，而已无愆”[⑥]。由此可知，道教的神仙是异于凡人的存在，他们具有长生不死的特质，他们行为举止也与常人迥然不同，甚至居住的地方也远离凡尘，一切都彰显了一种“非世俗”的特质，他们最吸引人的就是那超长的寿命，甚至是长生不死的能力。

《广汉魏丛书》本《神仙传》中卷三《王远传》和卷七《麻姑

---

① 袁珂：《山海经校注》，上海古籍出版社 1980 年版，第 321 页。

② （西汉）刘歆编，方韬译注：《山海经》，中华书局 2009 年版，第 231 页。

③ 同上书，第 241 页。

④ 同上书，第 263 页。

⑤ 《庄子·逍遥游》，陈鼓应《庄子今注今译》（最新修订重排本），中华书局 2009 年版，第 25 页。

⑥ 《列子·黄帝》，杨伯峻《列子集释》，中华书局 1979 年版，第 44—45 页。

传》中记载了见证沧海桑田的仙人们的谈笑故事：

> “须臾，引见经父母兄弟，因遣人召麻姑相问，亦莫知麻姑是何神也。言：‘方平敬报，久不在民间，今集在此，想姑能暂来语否？’有顷，信还，但闻其语，不见所使人也。答言：‘麻姑再拜，比不相见，忽已五百余年，尊卑有序，修敬无阶，思念久烦信，承来在彼，登当倾倒，而先被记，当案行蓬莱，今便暂往，如是当还，还便亲觐，愿未即去。’如此两时间，麻姑来，来时亦先闻人马之声，既至，从官当半于方平也。麻姑至，蔡经亦举家见之。是好女子，年十八九许，于顶中作髻，余髮散垂至腰，其衣有文章，而非锦绮，光彩耀日，不可名字，皆世所无有也。入拜方平，方平为之起立。坐定，召进行厨，皆金玉杯盘无限也，肴膳多是诸花果，而香气达于内外，擘脯而行之松栢炙，云是麟脯也。麻姑自说：‘接待以来，已见东海三为桑田，向到蓬莱，水又浅于往昔，会时略半也，岂将复还为陵陆乎。’方平笑曰：‘圣人皆言，海中行复扬尘也。’”①

沧海桑田是地球地质变迁的自然现象，道教利用这一自然现象，将其演变成显示年寿的特定手段。道教徒中高寿者不乏其人，凡人也通常以鹤发童颜、道骨仙风等因素证明某人得道。沧海桑田的历史变迁非凡人所能经历，道教就借助这种变幻莫测的自然现象，辅之以其他海洋神秘现象，结合民间原有的海洋信仰，渲染了“长生不死”的主旨。

与神仙信仰相适应，仙境信仰也是道教最重要的信仰之一。仙境作为一种宗教化的理想世界，是神仙生活的地方。道教的神仙人数众多，行为超凡，所以居住的地方也势必与众不同。正如《神仙传》所总结的那样，“仙人者，或竦身入云，无翅而飞，或驾龙乘云，上造天阶；或化为鸟兽，游浮青云；或潜行江海，翱翔名山；或食元气，

---

① （东晋）葛洪撰，钱卫语释：《神仙传》，学苑出版社1998年版，第60页。

或茹芝草；或出入人间而人不识；或隐其身而莫之见，面生异骨，体有奇毛，率好深僻，不交俗流”①。因此，道教为神仙们设立了仙境以供神仙居住和生活。总的来说，道教的仙境主要分为天上仙境和地上仙境两种，神仙所居住的天宫等属于天上仙境，神仙们在陆地上和海中的生活场所则分别为陆上仙境和海上仙境。陆地上的仙境有二十四治、三十六洞天、七十二福地等名山大川为主的仙境，海上仙境则有十洲三岛等海岛仙境。

在道教构拟的各种仙境体系中，以海中岛屿为代表的海上仙山是非常重要的一种仙境模式，最初有蓬莱神仙、三神山传说，其后以列子的《渤海五山》、东方朔的《海内十洲记》等为代表，道教将海洋中的海岛进行了有机的融合，形成了一个庞大的神仙岛群。正如李晟所指出的那样，“道教产生后，民间原生态的仙境信仰得到了整理和进一步发展，过去那些散漫无序、杂乱无章的仙境被道教重新整合，逐渐形成了一套井然有序的仙境体系”②。如《十洲记》借东方朔之口向汉武帝讲述八方巨海之中的灵洲仙岛，作者依次描述了海上仙岛的景观物象，把海上仙境整饬得井然有序，俨然是一个体系完备的仙境系统，“仙岛的方位、仙人、仙药、仙界物象等要素无一遗漏，正是这些仙界要素表明了海上洲岛的仙境特征，并为洲岛仙境增添了无尽的奇幻气息”③。虽然《十洲记》旧题是东方朔所撰，但是李剑国先生认为是六朝道徒所作④，李丰楙先生则进一步考证出是六朝上清派道士王灵期等人所作。⑤《道藏》和《云笈七签》均收录该书，《云笈七签》本题作《十洲三岛》，可知道教借助博物记异这类题材来传播仙境观念，书中所列洲岛的方位以中国为地理坐标中心，十洲三岛实际上是一个围绕着中国的仙境体系，这是道教海洋观念的体现。

---

① （宋）李昉：《太平广记》，《笔记小说大观》第3册，江苏广陵古籍刻印社1983年版，第13页。

② 李晟：《道教信仰中的地上仙境体系》，《宗教学研究》2012年第2期。

③ 同上。

④ 李剑国：《唐前志怪小说史》，南开大学出版社1984年版，第167—171页。

⑤ 李丰楙：《六朝隋唐仙道类小说研究》，台湾学生书局1986年版，第144页。

综上，在道教产生之前，以《山海经》为代表的海洋文献已经体现了古人对海洋的思索，其中开创了“神仙—岛屿”的对应关系，并表现了古人对于长生不死、神的看法。道教吸收了这些观点，将海中的岛屿组成了庞大的神仙群落，将其中的神人发展为“神仙”，并且丰富了神仙形象，扩充了神仙的队伍。道教的神仙吸收了民间信仰中的神明，为神灵编制了谱系，故在后世的系统中则往往能找到神仙的来源，他们或者是古人想象中的神仙神明，能够操控自然界，能够带来祸福，因而被奉为神明；或者有些神明来自凡人，他们或者是通过修炼掌握了异能成为神仙，或者是有功于民而被民众尊奉为神，但是其中“长生不死”的主旨却保留下来。

与神仙信仰相适应，道教还整合了仙境观念，形成了仙境体系，“大体可分为十洲三岛仙境、二十四治仙境和洞天仙境三种类型，前者属于海上仙境体系，后两类属于陆上仙境体系。十洲三岛是道教整合上古时期海上仙境信仰的产物，二十四治仙境是道教教区经过改造后产生的新型仙境，洞天仙境是对道教推崇的名山仙境的总结”①。其中，以十洲三岛为代表的灵洲仙岛是道教海上仙境的仙境模式，为神仙们生活的海洋提供了一个理论依据。因此，后世小说题材中也将海岛与道教神仙、仙境紧密联系在一起，如《神异经·鹄国》、晋王嘉《拾遗记》中的“宛渠国”、宋张君望《缙绅脞说》中“巨浸中楼台参差”的岛屿和从岛中而来的“二童”，清蒲松龄《聊斋志异》中的《安期岛》《仙人岛》等都是属于一种“神仙岛”叙事系列，都体现了道教的这种“海岛—神仙”思维的影响。

第二节　海洋是仙境奇遇的背景

海洋的博大和神秘不仅催生了人们对海上仙境的神往，入海求仙，以求长生不老和过上神仙般的生活，已经被很多人由精神追求转

① 李晟：《仙境信仰研究》，四川大学博士学位论文，2008年，第3页。

化为实际行动。从神仙信仰产生伊始，就有人不断地进行寻找，力图接近仙人、进入仙境、过上神仙生活，而这一切都离不开海洋文化背景。

第一，统治者派人出海求仙，希望找到长生不死药。从春秋战国时期开始，随着航海技术的发展和航海经验的丰富，人类越来越敢于尝试寻找仙境。当时在燕齐滨海地域流行三神山传说，统治者曾经不断派人出海寻找，但结果不是无功而返，就是葬身海底，然而三神山信仰的传播使得人们坚定地相信海外仙境的存在，蓬莱的信仰也深入人心。《史记·封禅书》载称：

> “此三神山者，其传在渤海中，去人不远，患且至则船风引而去。盖尝有至者，诸仙人及不死之药皆在焉，其物禽兽尽白，而黄金银为宫阙。未至，望之如云；及到，三神山反居水下。临之，风辄引去，终莫能至云。世主莫不甘心焉。及至秦始皇并天下，至海上，则方士言之不可胜数。始皇自以为至海上而恐不及矣，使人乃赍童男女入海求之。船交海中，皆以风为解，曰未能至，望见之焉。其明年，始皇复游海上，至琅琊，过恒山，从上党归。后三年，游碣石，考入海方士，从上郡归。届五年，始皇南至湘山，遂登会稽，并海上，冀遇海中三神山之奇药。不得，还至沙丘崩。”①

可知蓬莱等三神山不仅景色秀丽，还盛产各种鲜美的果实。传说食用这些仙果之后，人即可长生不老、万寿无疆：其上台观皆金玉，其上禽兽皆纯缟，珠玕之树皆丛生，华实皆有滋味，食之皆不老不死，所居之人，皆仙圣之种，一日一夕，飞相往来者，不可数焉。不过，如此乐园般的所在非凡人所能企及，只有本领高超的神仙才能逍遥其间。李商隐的“蓬莱此去无多路”的诗句表明古人一直认为蓬莱

---

① （西汉）司马迁：《史记》卷28《封禅书》，中华书局1959年版，第1369—1370页。

位于海中而非陆上，海洋彼岸的岛屿就是仙境的最佳载体。

第二，道教修炼者也会入海求仙，或者在海岛隐居修炼。道教的前身是被称为“方仙道”的神仙家，早期道教即东汉的“黄老道”也承袭长生不死的神仙信仰，认为道士可以修炼成神仙，“圣人学不止，知天道门户，入道不止，成不死之事，更仙。仙不止入真，成真不止入神，神不止，乃与皇天同形”[①]。不过，修炼的地点也有选择，道教认为沿海岛屿上盛产各种仙草，可以帮助道教修炼。《抱朴子内篇》卷四《金丹》载：“海中大岛屿，亦可合药。若会稽之东翁洲、亶洲、纻屿、及徐州之莘莒洲、泰光洲、郁洲，皆其次也。”[②] 海岛被道教徒视为除名山之外的第二等宗教修炼圣地。

第三，凡人在海上发生遇仙或者进入仙境的奇遇。由于道教宣扬修炼成仙，凡人也有得道成仙的可能，魏晋以后，文献中频繁出现的凡人进入仙乡的奇遇，就是道教神仙思想的又一体现。在这些人仙交往的传奇中，有一些固定的模式，一个凡人，由于异人的引领或者一个偶然的机会，通过一段艰险通道（或洞穴，或桥梁，或溪流，或高山）得以进入洞天或者壶天仙境，从而形成了所谓仙境奇遇和仙乡淹留的故事。在这些传说中，道教仙境从地理位置上来讲，都是隔绝的封闭的空间，人类无法逾越，成为仙凡之间的屏障。凡人只能凭借仙人的带领在一种偶然的情况下进入仙境之中，或者误入其中，因此遇仙与否全凭机缘，对古人来说仍旧是无法掌控的。从时间系统上来讲，仙境时间悠长，仙境一刻相当于人世百年，所以偶然踏入仙乡的人再回到人世间，通常发现已经沧海桑田。从自然环境而言，仙境有着温和的气候，五谷丰登。从人民的生活来讲，仙境中的个体生命不病不夭，长寿长生。

到了唐朝，随着航海能力的提升，凡人偶然进入仙境的途径，又增加了遭遇海上风暴或者是其他海洋险象，甚至有海上漂流的传说，远航的艰险程度增加，在此过程中也有偶遇海上仙境的可能，衬托了

① 王明：《太平经合校》，中华书局1980年版，第221—222页。

② 《抱朴子内篇》卷4《金丹》，《道藏》第28册，第188页。

仙境的神秘，海上漂流也成为通往仙乡之路，从而形成了一系列海上漂流故事，也称为海上乌托邦小说。究其原型皆与海上仙境想象相关，众多海上仙境传说是濒海民众结合自身海上历险，对道教传说故事进行的无限增衍，形成了新的故事改编，这些故事虽然是想象的，但是却给人非常真实的感觉，古人在不着边际的幻想中尽情地领略着宇宙自然的奇美与壮观，体现了道教思维在海洋文学观念上的影响。

在现实生活中，浙江地区由于地处华东及东南沿海最东端，四明山自古便是道家名山，古人出于对神奇缥缈的海上仙山的向往寻求，历史上的求仙、访道者均认为这里是离海中仙山最近的地方，晋孙绰有《游天台山赋》云："涉海则有方丈、蓬莱，登陆则有四明、天台。皆玄圣之所游化，灵仙之所宅窟。夫其峻极之状，嘉祥之美，穷山海之瑰富，尽人神之壮丽矣！"① 不过，道教虽然以海上仙境为神仙的居所，但是对普通民众来说，海洋仍旧是巨大的阻隔，唐末五代时期的道士杜光庭在《洞天福地岳渎名山记》中对海上仙境的总结就显示了道教的这种看法："十洲三岛、五岳诸山皆在昆仑之四方、巨海之中，神仙所居，五帝所理，非世人之所到也。"② 海中仙境只可以远观而不可以亵玩，很多人只是在人生不得意的时候才会想到"乘桴游于海"，海洋只是一个遥远的寄托。

总之，古人由于知识的局限而虚构了遥远的人间仙境，这是古人由于渴望了解海洋而将海洋进行了神秘化，道教将这些民间信仰因素有意识地予以吸收，赋予这些现象以新的宗教特征和结构系统，形成道教的仙境理论，从而宣称仙境等是神明活动的场所，这些仙境或者在天上，或者在海上，仙境中生活着各种各样的神明，他们各司其职，赐予祸福。这些理论将神仙信仰与仙境理论巧妙地结合起来，结合海洋仙境环境，融合各种海洋类神明，形成道教海洋神明的体系，体现了滨海地区的海洋文化对道教的影响力。

---

① （东晋）孙绰：《游天台山赋》，梁萧统编《文选》，上海古籍出版社 1998 年版，第 75 页。

② 《洞天福地岳渎名山记》，《道藏》第 11 册，第 56 页。

第三节　海洋生物是精怪的雏形

海洋神灵信仰的产生是一个漫长的历史过程，滨海民众在风口浪尖上讨生活，生命都维系在大自然手中，他们对大海虚无缥缈的幻想使得他们期盼有神明的出现，来保佑渔人的安康，古人虔诚的祈求神明的保佑，最先出现的是与海洋有关的自然崇拜，接着出现了鱼龙图腾，继而向神灵崇拜深化，直至海洋神灵信仰体系的形成。

在道教海洋神明体系中，有众多海洋生物类神明。这类神明有些源于古代传说，如《国语·晋语》载："雀入于海为蛤，雉入于淮为蜃。鼋鼍鱼鳖。莫不能化。"[①] 这说明古时人们不了解海洋生物，认为海中"大蜃"即"大蛤"的吐羼气造"市"为"楼"所致。事实上，没有人能说清楚海洋中的生物到底有多少，据科学统计的有文字记录的海洋生物有 50 万种之多。在古人看来，海洋生物奇形怪状、色彩斑斓，生活习性与内陆生物截然不同，因此敬而远之，畏而神之。

古人发现常以海物为食者多长寿，这与海洋生物营养丰富，能够提供人体所需的优质蛋白质有关，这种看法为追求长生不死的道教所吸收，他们也相信海物有神奇的功效，再结合古代的传说，道教也信奉海中的蚌是通神的，海物能"化"而飞升，神力无边，非人力所及。在此基础上纵情想象，从而产生了光怪陆离的神仙世界与精怪世界。

海洋在空间和容量上的无限阔大，海上生物的无限多样性，都使人们在表现和想象海洋时常常用超出常规的"巨大"事物予以体现，如《庄子·逍遥游》中的鲲鹏形象，《庄子·外物》中任公子所钓的巨鱼，《列子·汤问》中龙伯之国的大人，《神异经·北荒经》所描绘的北海大鸟，《玄中记》所列的北海之蟹等，这些巨大意象与广袤的海洋所孕育的巨大的海洋生物有关。

---

① （东汉）韦昭：《国语附校刊札记》，商务印书馆 1937 年版，第 178 页。

海中巨鱼，《名人说部》已言不详矣。予闻潮洲澄海县，有泛海贸易，姓金名镛者，驾洋艘出樟林镇口，放大洋。浪高风急，水如飞立，横冲直击，左倾右侧，舟中人颠仆头眩，呕逆不绝。忽见水若蓝色，突起一山，横于舟前，约长千丈，乍沉乍浮，至夜始消。又一日，满海无风，而船浮水面，胶滞不前。倏而水面高百余丈，咂水有声，舟如横侧入深洞中，昏黑不测。舟子曰："入鱼腹矣！"相聚而泣。忽闻大潮声起，将船涌出水上，高十余丈，飞至山前沙滩而坠。舟子曰："吾生矣。此乃巨鱼喷水，带舟而出也。"遂与舟子上岸。行至山下，见有居民，问曰："此伊蓝埠也，地属琉球，去闽广万余里矣。"遂易薪米，将船修补而归。夫天下之大而莫测者，莫如海；而物之大而莫测者，莫如鱼。庄子曰："北溟有鱼，其名为鲲。鲲之大者，不知其几千里也。"千里之鱼，而遇数丈之舟，吸而入，喷而出，鱼亦何尝知也。噫！世之人自夸为大者，盖亦井底窥天也。①

此处，大鱼给人们的感觉是惊惧，然后就是欣羡和崇敬，人们津津乐道，广为传颂，可见海洋中的巨大生物对沿海民众具有无限的吸引力。鲸鱼是海洋中生物体型相对最大者，道教借题发挥，赋予鲸鱼以神灵属性，称其所发出来的声音为"鲸音"，并且将钟磬的敲击器具做成鲸鱼的形状，武当山南岩"天乙真庆宫"内就保存着古代的一件鲸鱼长木鱼，"全长106厘米，厚19厘米，高16厘米。鲸鱼嘴巴张开呈袭击撕咬蒲牢状；嘴唇短平；眼、鳃、鳍、尾完备，整件鲸鱼雕制工艺简练，刻画了'发鲸鱼铿华钟'的生动形象，是一件极为稀少的古文化物"②。而鲸鱼与钟的渊源又可以追溯到三国时期，三国时吴人薛综《西京赋·注》载："海中有大鱼曰鲸，海边又有兽名蒲牢。蒲牢素畏鲸，鲸鱼击蒲牢、（蒲牢）辄大鸣。（今）凡钟令声大者，

① （清）慵讷居士：《咫闻录》，重庆出版社1999年版，第80页。

② 杨泽善、韩昌俊：《漫话鲸鱼、蒲牢和钟》，《中国道教》1993年第1期。

故作蒲牢于上，所以，撞之者为鲸鱼。”[①] 可知，鲸鱼是海中巨大的生物，蒲牢是海中之兽，蒲牢能发出巨大的声音，因此古人将其借鉴在钟磬设计上也就顺理成章了。后来，巨大的鲸鱼也常常成为道教仙人的坐骑。

海中巨物具有美学上的“雄伟”意味，使人们心生敬畏；海中生物的奇特属性也更使它们增添了无限的神秘色彩。大海上常有一些神奇的自然现象，航行在黑夜的海上或伫立在黑夜的海滩，有时会突然发觉海面上有光亮闪烁，好像点点灯火，沿海渔民就称其为“海火”或“鬼火”，这是一种海发光现象。海发光现象在中国沿海有着广泛的分布，细分起来有火花型（闪耀型）、弥漫型和闪光型（巨大生物型）等，实际上是海洋中一些会发光的微小浮游生物受到扰动而发光所致，但是却被沿海民众敬若神明。又如“海市蜃楼”原本是海水表面对陆地、山川、城郭、景物在特殊物理光射条件下的反映现象，但是在心生敬畏的沿海民众看来，这些就是传说中可望而不可即的海中仙境，是另外一个世界，是神明世界的偶然显现。

总之，沿海地区广泛流传的各种海洋精怪的传说与海洋生物不无关系，道教借题发挥，从而创造了更为丰富的想象世界，这些想象力丰富的精怪故事被喜欢道听途说的民众广泛传扬，增加了海洋的神秘色彩，而众多由海洋生物演化而来的精怪世界就成为道教神灵体系中光怪陆离的一部分。对道教传播来说，这也未尝不是一种炫耀道教法术神奇与张扬神明世界的有效方法，其中流传最广泛的是海龙王及其家族。道教认为，龙王掌管着大海，由于海域异常辽阔，所以有东西南北四位龙王，东海龙王为首，龙王的亲属也都赋予管理海洋的特定职能。海洋中出产丰富的物产与宝物也都属于龙王的财富，要从海洋中获得收获，必须付出艰辛的劳作，还要获得掌管海洋的龙王家族的许可，“取”与“得”之间产生了无数的民间传说和故事，从而使道教的海洋精怪世界深深地扎根在民众心底。

---

① 陈宏天、赵福海、陈复兴主编：《昭明文选译注》第 1 卷，吉林文史出版社 1988 年版，第 74 页。

第四节 海洋物产是法宝的渊薮

民众将海洋视为取之不尽用之不竭的宝库，不仅期望能够从中取得渔产品，还想从中得到珍宝财物，如珍珠、珊瑚、砗磲、贝壳等本身就是无价的珍宝，他们是生长在海洋中，自然属于海龙王的财富。龙王是海中的皇帝，人们自然而然的认为海中财富都属于龙王所有，浩瀚海洋中的无限珍宝使得任何君主积累的财富相形见绌，甚至在《西游记》中，孙悟空也需要向龙王来借宝。当然要从海龙王手里得到宝物并非易事，普通民众甚至要付出生命的代价。流传在人间或者传说中的很多宝贝都是来自海洋的，一些天马行空、闻所未闻的宝物，也都借道教仙人法宝的名义出现在各种传说故事中。在这些故事中任何宝贝的获得都需要一些道教法物的辅助，也需要神仙或者道教人士的协助，才能顺利到手。概而言之，能够降妖伏魔的法宝往往来自大海，而会使用法宝的人往往都是神仙和道教人士，故丰富的海洋物产是各类神仙法宝的渊薮。

首先，道教神仙的很多宝物实际上都来自于海洋。

海洋被古人看作是有无数的珠宝财富的场所，如珍珠是海洋中的贝类的自然产物，它具有瑰丽色彩和高雅气质，象征着健康、纯洁、富有和幸福，人们不仅用它作为装饰，而且还是名贵的药材。珍珠最典型的是圆形和梨形，通常是白色或浅色，有着不同程度的光泽，但是在野史故事中常见很多神奇的宝珠，如径寸珠、青泥珠等，每一枚都被赋予了神秘的色彩。如《青泥珠》载：

> 则天时，西国献毗娄博义天王下颔骨及辟支佛舌，并青泥珠一枚。则天悬额及舌，以示百姓。额大如胡床，舌青色，大如牛舌。珠类拇指，微青。后不知贵，以施西明寺僧，布金刚额中。后有讲席，胡人来听讲。见珠纵视，目不暂舍。如是积十余日，但于珠下谛视，而意不在讲。僧知其故，因问：“故欲买珠耶？”

胡云："必若见卖，当致重价。"僧初索千贯，渐至万贯，胡悉不酬，遂定至十万贯，卖之。胡得珠，纳腿肉中，还西国。僧寻闻奏，则天敕求此胡，数日得之。使者问珠所在，胡云以吞入腹。使者欲刳其腹，胡不得已，于腿中取出。则天召问："贵价市此，焉所用之？"胡云："西国有青泥泊，多珠珍宝，但苦泥深不可得。若以此珠投泊中，泥悉成水，其宝可得。"则天国宝持之，至玄宗时犹在。①

此处青泥珠的神奇功效在于能够化泥成水，非常神奇。但是遗憾的是，此种宝物常常是被胡人鉴定后，国人才得知其神异之处，在此之前则被忽视，无人能识。这是古代传说中常见的"胡人鉴宝"母题，反映出古人认为胡人见多识广、能识宝物的一种群体特征。不过，胡商费尽心思将宝珠藏在手臂或者大腿的肉中，但是往往宝物不能如愿带往国外，还须忍痛还珠。如《广异记·径寸珠》载海神守护着宝物，不让它离开中原：

近世有波斯胡人，至扶风逆旅，见方石在主人门外，盘桓数日。主人问其故，胡云："我欲石捣帛。"因以钱二千求买，主人得钱甚悦，以石与之。胡载石出，对众剖得径寸珠一枚。以刀破臂腋，藏其内，便还本国。随船泛海，行十余日，船忽欲没。舟人知是海神求宝，乃遍索之，无宝与神，因欲溺胡。胡惧，剖腋取珠。舟人咒云："若求此珠，当有所领。"海神便出一手，甚大多毛，捧珠而去。②

上述两个故事都是识宝型故事，宝贝被当成寻常物件湮灭无闻，由于外国识宝者的慧眼而被证明是一件罕见的宝物，这才得到众人的重视。此处海神并没有勾勒出全貌，我们的印象只局限于他长着非常

① （宋）李昉等编：《太平广记》卷402《广异记·青泥珠》，中华书局1961年版，第3237页。

② 同上。

大而多毛的手。在通常的理解中，海神主要是统领管理海洋之神，他不仅保护人民的安全，也保护海洋的珍宝不被带走和掠夺，这种情节处理是爱国之情的体现，也有夷狄之分的局限性，认为中国的珍宝不能被夷狄胡人得到，而当时的夷狄之人也可能是汉民族之外的其他少数民族而已。

第二，道教神仙或者高人常常帮助人们获得海洋中的宝藏。

通常来说，海中珍宝对人们的诱惑力极大，在文学作品中常常有几种特定的模式来获得这些宝物，如报恩型故事，主人公出于一个偶然的机会为动物疗疾，动物赠以宝物作为酬谢，这类宝物可以是海洋宝物也可以是陆地宝物，甚至是幻想出来的宝物。第二种故事类型是伏（海）龙型故事，即通过符箓、法术、禁咒等种种手段逼迫海神就范，从而取得宝物。在唐人小说《梁四公记·震泽龙女传》中载东海龙王之女掌管龙王宝珠，而梁武帝通过以烧燕等物献给龙女，通过制龙石、龙脑香制服水族，最终龙女报之以各种珠宝的故事：

震泽中，洞庭山南有洞穴，深百余尺。有长城乃仰公睐误堕洞中，旁行，升降五十余里，至一龙宫。周围四五里，下有青泥至膝，有宫室门阙。龙以气辟水，霏如轻雾，昼夜光明。遇守门小蛟龙，张鳞奋爪拒之，不得入。公睐在洞百有余日，食青泥，味若粳米。忽仿佛说得归路，寻出之。为吴郡守时，乃具事闻梁武帝。帝问杰公。公曰："此洞穴有四枝：一通洞庭湖西岸，一通蜀道青衣浦北岸，一通罗浮两山间穴溪，一通枯桑岛东岸。益东海龙王第七女掌龙王珠藏，小龙千数卫护此珠。龙畏蜡，爱美玉及空青而嗜燕。若遣使信，可得宝珠。"帝闻大嘉。乃诏有能使者，厚赏之。有会稽郡鄮县白水乡郎庾毗罗请行。杰公曰："汝五世祖烧杀鄮县东海谭之龙百余头，还为龙所害。汝龙门之宄也，可行乎？"毗罗伏实，乃止。于是合浦郡洛黎县瓯越罗子春兄弟二人，上书自言："家代于陵水罗水龙为婚，远祖矜能化恶龙。晋简文帝以臣祖和化毒龙。今龙化县，即是臣祖住宅也。象郡石龙，刚猛难化，臣祖化之。化石龙县是也。东海南天台湘川彭蠡铜鼓石头等诸水大龙，皆识臣宗祖，亦知臣是其子孙。请通帝命。”杰公曰：“汝家制龙石尚在否?”答曰：“在在。谨赍至都，试取观之。”公曰：“汝石但能制微风雨召戎虏之龙，不能制海王珠藏之龙。”又问曰：“汝有西海龙脑香否?”曰：“无。”公曰：“奈之何御龙?”帝曰：“事不谐矣。”公曰：“西海大船，求龙脑香可得。昔桐柏真人数扬道义，许谧、茅容乘龙，各赠制龙石十斤。今亦应在，请访之。”帝敕命求之。于茅山华龙隐居陶弘景得石两片。公曰：“是矣。”帝敕百工，以于阗舒河中美玉，造小函二，以桐木灰发其光，取宣州空青，汰其甚精者，用海鱼胶之，成二缶。火烧之，龙脑香寻亦继至。杰公曰：“以蜡涂子春等身及衣佩。”又乃赍烧燕五百枚入洞穴。

至龙宫，守门小蛟闻蜡气，俯伏不敢动。乃以烧燕百事赂之，令其通问。以其上上者献龙女，龙女食之大嘉。又上玉函青缶，具陈帝旨。洞中有千岁龙能变化，出入人间，有善译时俗之言。龙女知帝礼之，以大珠三、小珠七、杂珠一石，以报帝。命子春乘龙，载珠还国，食顷之间便至。龙辞去，子春荐珠。帝大喜。得聘通灵异，获天人之宝。以珠示杰公。杰公曰：“三珠，其一是天帝如意珠之下者，其二是骊龙珠之中者。七珠，二是虫珠，五是海蚌珠，人间之上者。杂珠是蚌蛤等珠，不如大珠之贵。”帝遍示百僚，朝廷咸谓杰公虚诞，莫不诘之。杰公曰：“如意珠上上者，夜光照四十余里；中者十里；下者一里。光之所及，无风雨雷电水火刀兵诸毒厉。骊珠上者，夜光百步；中者十步；下者一室。光之所及，无蛇虺豸之毒。虫珠，七色而多赤，六足二目，当其凹处，有臼如铁鼻。蚌珠五色。皆有夜光，及数尺。无瑕者为之上，有瑕者为下。珠蚌五，于时与月盈亏。蛇珠所致，隋侯晗参，即其事也。”又问蛇鹤之异。对曰：“使其自适。”帝命杰公记蛇鹤二珠。斗余杂珠，散于殿前。取大黄蛇玄鹤各十数，处布珠中间。于是鹤衔其珠，鸣舞徘徊；蛇衔其珠，盘曲宛转。群臣观者，莫不叹服。帝复出如意龙虫等珠，光之远近，七九八数，皆如杰公之言。

子春在龙宫得食，如花如药。如青如饴，食之香美。赍食至京师，得人间风日，乃坚如石，不可咀咽。帝令秘府藏之。拜子春为奉车都尉，二弟为奉朝请，赐布帛各千匹。追访公暕往不为龙害之由，为用麻油和蜡，以作照鱼衣，乃身有蜡气故也。[1]

上述故事体现了人们对于龙宫和龙王家族的想象。古人认为，龙宫中有辉煌的宫殿，有宫室门阙，有侍卫森严，龙宫的主人也似人间君主一样，掌管着大批珍宝，若是要取得海中的宝物，必须征求龙王的同意。这样，龙宫珍宝所带来的诱惑，与获取珍宝的高度困难，两者之间形成了高度的矛盾张力。为了化解这种冲突，道教设想了无数制服龙王家族所需要的宝物，如制龙石、龙脑香、玉函青缶、烧燕等，这些宝物有的起禁咒作用，如制龙石、龙脑香；有的起取悦作用，如玉函青缶、烧燕等，宝物的功能有一定的区分。此外，文中将龙区分为“微风雨召戎虏之龙”与“海王珠藏之龙”两种，这说明当时人们已经将龙分为两类天上之龙和海中之龙，而海中之龙的主要作用是保护海中的宝藏。

有保护宝藏的行为，就有针对宝藏的斗智斗勇，在这斗智斗勇的过程中，道教人士发挥了重要的作用。文中制龙石是桐柏真人与茅山道士所赠，瓯越罗家世代所有，是道教世家的重要法物，文中的桐柏真人、许谧、茅容、陶弘景等人都是道教著名人物，他们不仅是道教的仙人，故事还设想他们拥有各种乘龙制龙的技能，为了造福后人还制造了“制龙石”十斤。

可见，在民间众多海洋故事中，龙宫宝物的取得，或者对龙神的制服，都离不开道教力量的参与，虽然这些故事中的内容都出于古人的想象，但是不可否认其中结合了非常多的道教因素。文中帝王与龙女礼尚往来，各取所需，但是这种情况离不开“用麻油和蜡以作照鱼衣”来震慑水族的想象，和道教法物所创造的神秘氛围，延续了传统

① （宋）李昉等编：《太平广记》卷418《梁四公记·震泽洞》，中华书局1961年版，第3404—3405页。

的道教法物辟邪驱祟的原理。

第三，神仙或者道士具有化凡物为宝物的能力。

海洋珍宝的有限性与难获得性，促使道教进一步思考宝物与凡物之间的关系。凡物有实用功能，宝物有神奇功能，这两者之间有神秘的转换关系，尤其是当它们与神仙、道教人士发生关系之后，普通的凡物也有可能变为宝物，或者是通常意义上的法物、灵物。例如，在传说故事张生煮海中，仙姑使得普通的勺子、锅变得具有煮干大海的法力，从而帮助人们降服海龙王，非常神奇。《张生煮海》全名《沙门岛张生煮海》，原是流传民间的故事，后来在元代被改编为杂剧作品，剧中写潮州儒生张羽寓居石佛寺，清夜抚琴，招来东海龙王三女琼莲，两人产生爱慕之情，约定中秋之夜相会。至期，因为龙王阻挠，琼莲无法赴约，张羽便用仙姑所赠宝物银锅煮海水，令大海翻腾，龙王不得已将张羽召至龙宫，与琼莲婚配。文中如下说道：

(仙姑云）这鲛绡手帕，果是龙宫之物。眼见的那个女子看的你中意了。只是龙神慄暴，怎生容易将爱女送你为妻？秀才，我如今圆就你这事，与你三件法物，降伏着他，不怕不送出女儿嫁你。

(张生做跪科，云）愿见上仙法宝。

(仙姑取砌末科，云）与你银锅一只，金钱一文，铁杓一把。

(张生接科，云）法宝便领了，愿上仙指教，怎生样用他才好？

(仙姑云）将海水用这杓儿舀在锅儿里，放金钱在水内。煎一分，此海水去十丈；煎二分去二十丈，若煎干了锅儿，海水见底。那龙神怎么还存坐的住。必然令人来请，招你为婿也。

(张生云）多谢上仙指教！但不知此处离海岸远近若何？

(仙姑云）向前数十里，便是沙门岛海岸了也。(唱)【黄钟煞尾】这宝呵，出在那瑶台紫府清虚界，碧落苍空天上来。任熬煎，任布划，可从心，可称怀，不求亲，不纳财，做行媒，做娇客，连理枝，并蒂开，凤鸾交，鱼水谐，休将他，觑小哉，信神

仙，妙手策。也是那前生福有安排，直着你沸汤般煎干了这大洋海。（下）

（张生云）小生有缘，得受上仙法宝。直到沙门岛煎海水去来。（诗云）任他东海滚波涛，取水将来锅内熬。此是神仙真妙法，不愁无分见多娇。（下）①

此处作品的主旨是反映了古代劳动人民征服大自然的幻想，这一近似神话故事的剧作，为世代所传诵，改编成各种地方戏，盛演不绝。清初，李渔又据以改编为传奇《蜃中楼》。起初张生煮海的目的是为了索宝，后来在文人的创作改编之后，煮海的目标改为追求坚贞不屈的爱情，表现了青年男女勇于反对封建势力、争取美满爱情的斗争精神。但是不论如何，“煮海”的手段没有变化，“煮海”的工具也很普通，但是就是因为“煮海”使用的是道教仙姑教给的仙法，所以就取得了神奇的效果。这是道教法术与海洋发生关系的又一体现。客观上来说，“煮海”或许映射了当时制盐业所采用的熬煮方法，但是演变为道教法术后，为作品增添了神秘的色彩。

事实上，这种化凡物为宝物的神奇现象，与原始的万物崇拜有一定关系。原始人由于对自然现象缺乏理解，以为许多物体如石块、木片、树枝、弓箭等具有灵性，并且赋予神秘的、超自然的性质，以及支配人的命运的力量，形成拜物教。随着时代的发展，一些事物被附会上超自然神力，成为吉凶祥瑞的体现，如龙、凤、麟、龟、喜鹊等吉祥物，是显示瑞应、招祥纳福之物，故特别受到人们的欢迎。一些事物被人们认为具有带来祯祥、辟除灾厄的神奇功效，如茱萸、菖蒲、艾蒿、雄黄酒、石敢当等驱邪消灾之物，这些被称为辟邪物。道教吸收了这种拜物观，并使之有所发展，使得辟邪物深入到民众生活的方方面面。如春节用的春联、压岁钱、鞭炮等；清明节插在门上或戴在头上的柳枝；端午节的菖蒲、艾草、榴花、雄黄等；重阳节佩插的茱萸、食用的菊花酒、重阳糕等，都是道教结合特定岁时节庆而产

① 张月中、王钢主编：《全元曲下》，中州古籍出版社 1996 年版，第 820 页。

生的辟邪物。又如诞生礼俗的长命锁、银项圈；婚俗中的铜镜、弓箭、谷豆、烛、红盖头；丧俗中的寿衣、饭含、柏树、玉石、兵器等；衣饰和佩饰中的虎头帽、虎头鞋、玉佩、香囊等都是辟邪物。后来，很多道教活动中常用到的法物，如铜镜、剑、桃木、铃铛等渐渐也具有了辟邪的作用，称为人们生活中的法宝。如道教铜镜可以使一切魑魅魍魉现出原形，不能作祟，俗称照妖镜是也，因此旧时嫁妆中必有此物，以保婚姻幸福、新人平安。平时家中也常挂铜镜，用来镇宅辟邪，以保人畜无恙。又如桃木在道教文化中是具有压邪气、制百鬼的灵物，旧时有挂桃符于门以驱邪的习俗。

事实上，道教创造法宝的思维方式很多时候依据的是相似率，凡相类似而可互为象征的事物，能够在冥冥之中互相影响，只需模仿真的事物，便能得到真的结果。这是模拟巫术的常见做法，由于这种模拟巫术已经渗透在民众的观念中，道教借鉴并发展了这种思维方式，道教仙人们都有所谓的法宝，而这些法宝之间又有相生相克的关系，借此创造了更为神奇的法术法物世界。渐渐地，诸如桃木剑、铜镜、铃铛、八卦等物，日益融入人们的日常生活中，人们只关注它们的平安吉祥象征意蕴，却很少联系到它的道教来源了。

第四，道教还设想出了许多超前的奇珍异宝。

道教对宝物的想象也激发了民众的想象力，民众增强了借助道教法物向海洋取宝的信心，也开始设想提高开发海洋水平的各种方法。在民众征服大海的想象中，除了想象中的法宝和由道教辟邪物演变而来的法宝之外，民众还设想出了一些特定用途的法宝，这些法宝都是与海洋相关的，它们具有的功能在当时人看来只能在故事中存在，有很多超出当时的科技发展水平，不仅体现了古人的发明创造意识，也因为神奇的宝物常常借助道教的外衣来展现，说明道教科技水平对整个社会科技水平的影响力，如照海镜就是道教照妖镜与海洋文化结合的产物。清袁枚《续子不语》卷九：

> 宜兴西北乡新芳桥邸，农耕地得一物，圆如罗盘，二尺余团围，外圈绀色，似玉非玉；中镶白色石一块，透底空明，似晶非

> 晶，突立若盖。卖于镇东药店，得价八百文。塘栖客某过之，赠以十千。至崇明卖之，得银一千七百两。海贾曰："此照海镜也，海水沉黑，照之可见怪鱼及一切礁石，百里外可豫避也。"①

此处的照海镜非常神奇，让人能够透过漆黑的海水看到其中的怪鱼和礁石，从而使得船只及时避让，预防危险的发生。这种照海镜与道教的照妖镜非常类似，道教的照妖镜也是能够透过纷繁复杂的幻象，看到事物的本质，让妖怪们无所遁形。照海镜是古代人民想要窥探大海内部情景而编造出来的神话，也是在一定程度上受到了道教照妖镜的影响，今天这种想象通过潜望镜已经得到了实现。虽然有道教影响的因素，但是这些法宝的设计不是为了降妖伏魔，而是为了更好地满足航海民众的需求，这是道教海洋文化得以发展的根本动力，也使得道教与海洋文化之间的关系更加密切。

古代海舶在惊涛骇浪中漂洋过海，其艰巨性、复杂性和神秘性无不体现出人类为扩大生存空间而产生的壮举和冒险精神，但是有关航海过程中的一系列问题，如淡水供应、海难救护、疾病防治等，几乎都是待解之谜，都需要进行研究，但是毫无疑问，在古代这些问题都已经得到了一定程度上的解决，据慧皎《高僧传》卷三载，中天竺僧求那跋陀罗，于刘宋元嘉十二年（435），从斯里兰卡"随舶汎海"来广州弘法，"中途风止，淡水复竭，举船忧惶"②，海水的平均咸度为千分之三十五，咸苦不能下咽。任何舟师海客，一旦淡水枯竭，就会死难临头，倘若幸遇"信风暴至，密云降雨，一舶蒙济"③，真是幸运之至。但是，靠雨得水的概率很少，人们不能把希望寄托在这些可遇不可求的偶然性上，针对海洋生活，民众充分发挥了他们的想象力，创造出一些法宝，能够解决海洋生活中的实际问题，很多类似的想象都记载在野史小说中，如民众设想了能够淡化海水的装置"海

---

① （清）袁枚：《续子不语》卷9，河北人民出版社1987年版，第588页。

② 苏晋仁等点校：《出三藏记集》卷14《求那跋陀罗传》，中华书局1995年版，第547—548页。

③ 同上。

井”，说明了古人在航海途中对淡水供应问题的思考：

> 华亭县市中有小常卖铺，适有一物，如小桶而无底，非竹，非木，非金，非石，既不知其名，亦不知何用。如此者凡数年，未有过而睨之者。一日，有海舶老商见之，骇愕，且有喜色，抚弄不已。叩其所直，其人亦驵黠，意必有所用，漫索五百缗。商嘻笑偿以三百，即取钱付驵。因叩曰：“此物我实不识，今已成交得钱，决无悔理，幸以告我。”商曰：“此至宝也，其名曰海井。寻常航海必须载淡水自随，今但以大器满贮海水，置此井于水中，汲之皆甘泉也。平生闻其名于番贾，而未尝遇，今幸得之，吾事济矣。”①

这种能够淡化海水的器具“海井”与杂货混在一起，普通市井之民根本不知其何质、何名和何用，等到识货的“海舶老商”作出鉴定，这才真相大白。“海井”反映出人们在大海上航行对淡水的需求，也折射出海洋经济的发展。华亭县位于松江下游，其西北的青龙镇，商业繁盛，为南宋时期蛮商舶贾所聚之地，这是老海商能够见而辨之的前提，文中赋予海井奇特的材质，“非竹、非木、非金、非石”，可见纯属想象。其实关于海井的想象有很多，段成式《酉阳杂俎》前集卷十七记：“井鱼，脑有穴，每翕水辄于脑穴蹙出，如飞泉散落海中，舟人竞以空器贮之。海水咸苦，经鱼脑穴出，反淡如泉水焉。”② 可知这井鱼的脑穴，具有化咸为淡的功能，成为过滤海水的一种方式。南宋的范成大认为：“海中大鱼，脑有窍，吸海水喷从窍出，则皆淡。疑海井即此鱼脑骨也。”③ 至于海井是不是大鱼脑骨，还有待商榷，或许是民众对鲸鱼喷水想象的一种附会。但是不管海井用什么原理淡化海水，有关海井的故事在《江南通志》《物理小识》《钱通》《玉芝堂谈荟》《格致镜原》等近十种古籍中被反复引用，说明民众对此类海

---

① （宋）周密撰，吴企明点校：《癸辛杂识》，中华书局1988年版，第125页。

② （唐）段成式撰，方南生点校：《酉阳杂俎》，中华书局1981年版，第163页。

③ （宋）周密撰，吴企明点校：《癸辛杂识》，中华书局1988年版，第125页。

水淡化装置的向往。又如清代董含《莼乡赘笔》中说：

京师穷市有古铁条，垂三尺许，阔二寸有奇，中虚而外锈涩，两面鼓钉隐起，不甚可辨，欲易钱数十文，无顾问者。有高丽使旁睨良久，问价几何，诡对五十金，如数畀之，先令一人负之急驰去。时观者渐问此何名。使曰："此名定水带。昔神禹治水，得此带以定九区，此特其一。我国航海，每苦海水咸不可饮，一投水带，立化甘泉，可无病汲，此至宝也。"好事者随至高丽馆试之。命贮苦水数斛，搅之以盐，投以带，沸作鱼眼，少顷，甘洌无比，遂各惊叹。①

此处"定水带"也能够淡化海水，说明民众对淡化海水工作原理的丰富想象，可见民众想象中淡化海水的装置是各种各样的。

甚至有人认为，道教的一些想象力甚至具有超前的意识，例如王嘉的《拾遗记》还被看作是古人对不明飞行物的记载。文中的"巨查"可能是一艘空水两用飞船（浮于西海），飞船上还有电器照明设备（查上有光，夜明昼灭），还可以调节照明亮度（海人望其光，乍大乍小），可以在四海做环球旅行，十二年绕一圈，好像外星人来地球游玩（查常浮绕四海，十二年一周天）。这船可以行驶在星月之间（名曰贯月查，亦谓挂星查），船上有一些穿着航天羽绒服的人（羽人栖息其上），外星人每天都要刷牙（群仙含露以漱），后来太空船没有再来（虞夏之季，不复记其出没），但是人们一直传说着它（游海之人，犹传其神伟也）。这也不失为一种看法，至今仍有拥趸，如网络小说《卫斯理》中就有一则持这种观点，认为古人传说中的"仙人"是以前曾经来过地球的外星人，所以他们会飞升，是因为他们的宇航服能产生动力，他们比地球人有更先进的文明与科技，能够指点古时的人一些方法，很多古代科学技术也都传自他们之手。

① （清）周家楣、缪荃孙等编：《光绪顺天府志》，北京古籍出版社 1987 年版，第 2522 页。

综上所述，道教作为中国土生土长的宗教，对海洋神明的形成起到了潜移默化的影响。海洋神明的产生经历了一个漫长而复杂的过程，其中有地域环境、社会经济发展状况等因素，也有道教思想的整合因素，道教通过神仙信仰与海洋发生了密切的联系。道教赋予海洋世界以拟人化的特质，在道教的神仙世界解释中，所有的海洋生物都是有生命的，都有一定的神性，他们不仅具有动物性，也具有人性，这种看法使人在与海洋、海洋神明、海洋生物等交往之时，既可以采用对待神仙的敬畏方式，也可以采取对待人类的威胁恐吓、奉承讨好等方式，让陌生神秘的海洋也变得可敬可亲起来。

随着海洋经济的发展，以捕鱼捉虾来养家糊口的人们，在获取海洋财富的同时，往往通过特定的技能和手段，如祭祀、法术、禁咒等，来向海神传递自己的心愿，伴随着道教海洋世界的建构，这些都成为可能。民众对于海洋中的种种神奇现象也可以见怪不怪，坦然处之，甚至有时可以利用道教法术来制服龙神、逼迫海神就范。道教人士提供了制服龙神特有的宝物、法术，同时又体现了海洋文化的影响，如制龙石是桐柏真人与茅山道士所赠，瓯越罗家世代所有，显然为中国传统法物；而龙脑香则来自西海大船，乃外来之宝，通过中西结合的禁咒之术，软硬兼施的通神手段，使得龙女赠珠回报。道教法宝催生了后世对于宝物的无限想象，道教的法物也与后世辟邪物的传承有着密切的联系，一些被认为具有辟除灾厄、邪恶功能的器物都是受到道教思维影响的所附会产生的，应用范围也很广。道教丰富了海洋文化中有关取得宝物的手段与途径，也启发了海洋文化中有关航海科技的思考，虽然很多海外奇谈是借番僧胡商之口道出，但是不可否认其深处所蕴含的道教文化内涵。

总之，道教关于海洋中世界的想象，使得神秘的海洋世界变得更加神秘，道教海洋神明信仰以拟人化的形式对待海洋神明，削减了人们征服大海的心理压力，使神秘的海洋世界变得不那么神秘。海洋中的种种奇特现象在道教的想象世界中都获得了相应的阐述与解释，虽然这些解释可能与事实相差甚远。很多情况下，道教对于海洋世界的阐述出于宣扬教义、自神其术的目的，但是在科学技术不够发达的古代，有了道教神仙性的解释，民众就能够以更为坦然的心态面对海洋，迎接冥冥中不可预知的命运。道教所创造的海洋神明世界，不仅伴随着渔业生产的发展而传播，同时也成为后世许多海洋文化习俗存在的深层文化背景，深入人心。

第四章

道教与旧有水神崇拜

远古时代人类便会按照自己的形象和希冀，幻想出神明，衍生出各种神话，神明信仰由此产生。最初的宗教大都以自然作为对象、作为客观基础，但是如果没有人的想象力的参与，没有人把自己的一部分本质异化，也就不可能有自然神、自然宗教，所以任何文化的发展都经历了“从神话到神”的创造过程。不过远古的神大多与自然崇拜有关，古人对世界观察得很仔细，不放过天上或地下的任何一种自然现象，这其中水引起了他们的关注。

水占据了地球大部分地表面积，分为地表水和地下水两种形式。地表水主要表现为江河、湖泊、井、泉、潮汐、港湾、海洋等形态，其中河流与人类的关系尤为密切，几大文明的发源无不与河流有关。古人逐水而居，水是生命之源，水提供给人类以舟楫之便利，水中还生长着可供人类享用的无数动物和植物，水的灌溉促进农作物、植物的生长，形成了古老灿烂的农业文明。农业文明中对水的依赖很深，人们把水人格化和神灵化，水神信仰就应运而生。

宗教信仰的产生与传播的主要途径是“人造神”，费尔巴哈认为：“人站在自然宗教观点上崇拜太阳，因为他看见一切都是依赖太阳的，但是，倘若他没有将太阳想象做一个实体，自愿在天上运行着，像人一般，倘若他没有将太阳的影响想象做是太阳出于纯粹好意而自愿送给地球的礼物，那他就不会去崇拜太阳、向太阳祈祷。倘若人用着我们看自然界时所用的眼睛，恰如其实地去看自然界，那么宗教崇拜的一切动因都要丧失无存了，驱使人去崇拜某个对象的那种感情，显然是以这个观念为前提，即人认为对象并不是对这种崇拜无动于衷的，它有感性，它有一颗心，而且有一颗能感知人类事务的人心。”[1] 古人对日月星辰、风雨雷电、江河湖海、土地、作物、灾异、祥瑞等自然现象就如是看待，很多情况下是把它们形象化、人格化，并赋予它们神灵性。水养育了人类及其他物种，使他们在大地上生存繁衍，民众对水的神秘力量是又敬又畏，水既养育了人类，同时也带给人类不计其数的灾难，人们对水的感情渐渐掺杂了包括依赖、恐惧、敬畏和神化在内的种种因素，甚至逐步转变成了一种宗教信仰心理，从而认为水与人同“性”，水也具有与人相同或相似的思想、感情、意欲、行为等，世界各地都有水崇拜，水神是传承最广、影响最大的神祇。

在中国，水神信仰的形成与演变经历了一个较长时期的发展过程，在中国古文化的神话系统中，古人认为江河海湖，甚至水井、水潭中都有水神专司其职。

第一节　继承上古水神崇拜

河流是地球上水文循环的重要路途，宛如血管中的血液一般流淌在大地上。人类发展的历史，就是一部认识江河、顺应江河和治理开发江河，从而推进文明进步的历史。

最早的水神应该是共工，他是西北的洪水之神，为中国古代神话中的天神之一。《山海经·海内经》载：“炎帝之妻，赤水之子，听訞生炎居，炎居生节并，节并生戏器，戏器生祝融，祝融降处于江水，生共工。”[2] 他形象凶恶，人面蛇身而红发，性情愚蠢而凶暴，野心勃勃，是黄帝系部族长期的对手。他与黄帝族的颛顼发生战争，不胜，怒而头触不周山，使天地为之倾斜，后为颛顼所诛灭。《淮南子·天文训》载：“昔者共工与颛顼争为帝，怒而触不周之山，天柱折，地

---

① ［德］费尔巴哈著，荣震华、王太庆、刘磊译：《费尔巴哈哲学著作选集》下卷，生活·读书·新知三联书店1962年版，第679页。

② （西汉）刘歆编，方韬译注：《山海经·海内经》，中华书局2009年版，第280页。

维绝。天倾西北，故日月星辰移焉；地不满东南，故水潦尘埃归焉。"[①] 此外还有一说，共工是尧的大臣，与驩兜、三苗、鲧并称"四凶"，被尧流放于幽州。《尚书·尧典》载："流共工于幽州，放驩兜于崇山，窜三苗于三危，殛鲧于羽山，四罪而天下咸服。"[②]

除了共工外，中国古代传说和信仰中还有一些特定的水神，如玄冥、罔象、庆忌、天吴、水精、谷神等，这些水神不像后世水神那样有明确的职责权限范围，而是水神的泛称，它们是后世水神信仰的源头，也是道教水神形象塑造的原型。

第一位是作为上古水官的玄冥。

玄冥，相传为少皞之子，名修或熙，是上古水官。据传说，玄冥曾被授予管辖开筑运河、引流溉田之职。《左传·昭公二十九年》："水正曰玄冥。"[③]《国语·鲁语》："冥勤其官而水死。"[④] 冥即玄冥，死职为水官。据说，少皞之叔叔修和熙两人也曾被委任此职，他们死后被追谥为水神。《礼记·月令》中四时迎气于郊，皆有所配，冬月水德所祭颛顼帝，便以玄冥神为配祀。

玄冥是中原地区常祭的水神。《汉书·扬雄传》"以终始颛顼、玄冥之统"[⑤] 注引应劭曰："颛顼、玄冥，皆北方之神，主杀戮也。"[⑥] 此北方是指五行中水德尚黑的北方。《史记·郑世家》中郑国子产至晋问晋平公疾，平公问诸神之来历，子产说："昔金天氏有裔子曰昧，为玄冥师，生允格、台骀。台骀能业其官，宣汾、洮，障大泽，以处太原。帝用嘉之，国之汾川。沈、姒、蓐、黄实守其祀。今晋主汾川而灭之。由是观之，则台骀，汾、洮神也。然是二者不害君身。山川之神，则水旱之菑禜之。"[⑦] 这里《集解》引服虔曰："金天，少皞

---

① 何宁：《淮南子集释》，《新编诸子集成》，中华书局1998年版，第167—168页。

② （清）孙星衍：《尚书今古文注疏》，中华书局1986年版，第56—57页。

③ 杨伯峻：《春秋左传注》，中华书局1981年版，第1052页。

④ 《国语》卷14《鲁语上》，商务印书馆1958年版，第56页。

⑤ （东汉）班固：《汉书》卷87上《杨雄传》，中华书局1962年版，第3543页。

⑥ 同上书，第3544页。

⑦ （西汉）司马迁：《史记·郑世家》，中华书局1959年版，第1772页。

也。玄冥，水官也。师，长也。昧为水官之长。"[①] 可知玄冥的后代台骀是汾、洮之水神，那玄冥自然也是水神，这些都是玄冥神所辖的水域。

玄冥作为水神之名已经见于文学作品之中，《楚辞》诸篇中也多次提到玄冥，例如《远游》载："历玄冥以邪径兮，乘间维以反顾。"[②] 指作者游仙过程中道访玄冥之神。《大招》载："冥凌浃行，魂无逃只。"[③] 王逸《楚辞章句》载："冥，玄冥，北方之神也。……玄冥之神，遍行凌驰于天地之间。"[④] 从这些文辞中隐约可见楚人祷祀北方玄冥水神的情形，说明当时在楚国地区已经有较为明确的水神信仰。

第二位是上古水神是水精罔象。

《淮南子·氾论训》："水生罔象。"[⑤] 高注："罔象，水之精也。"[⑥]《鲁语》曰："木石之怪曰夔蝄蜽，水之精曰龙网象。"[⑦] 均指同一种水怪。据载，"罔象"是个动作敏捷、感觉超常的"水行"之精灵，常以浅黑色的小儿身体，红红的双眼，大耳以及长长的脚爪这样的面目出现。《左传·宣公三年》载，楚王伐陆浑之戎，至于雒水，观兵周疆，问鼎之大小轻重，周王室派王孙满出对楚王，王孙满说："民入山泽川泽、山林，不逢不若，魑魅罔两，莫能逢之，用能协上下，以承天休。"[⑧] 郑注："罔两，水神。"[⑨]《说文》谓罔两为"山川之精物"[⑩]。魑魅是山林之神，罔两是川泽之神。罔两又名罔象。《国

---

① （西汉）司马迁：《史记·郑世家》，中华书局 1959 年版，第 1773 页。

② 林家骊注：《楚辞》，中华书局 2010 年版，第 178 页。

③ 同上书，第 227 页。

④ 王逸：《楚辞章句》，岳麓书社 1989 年版，第 211 页。

⑤ 何宁：《淮南子全集》卷 13《氾论训》，中华书局 1998 年版，第 981 页。

⑥ 同上。

⑦ 《国语》卷 4《鲁语下》，商务印书馆 1958 年版，第 69 页。

⑧ （清）洪亮吉：《春秋左传诂》，中华书局 1987 年版，第 401 页。

⑨ 同上。

⑩ 《国语》卷 4《鲁语下》，商务印书馆 1958 年版，第 69 页。

语·鲁语》载孔子语："水之怪曰龙、罔象。"① 韦注云："龙，神兽也。或曰罔象食人，一曰沐肿。"可知，此水神称呼很多，"冈象""罔象""罔两"等经常混用。

第三位上古水神是庆忌。

《管子·水地》记载："涸泽数百岁，谷之不徒、水之不绝者，生庆忌。庆忌者，其状若人，其长四寸，衣黄衣，冠黄冠，戴黄盖，乘小马，好急驰。以其名呼之，可使千里一日反报。此涸泽之精也。"②可知庆忌的形状像人，他的身长只有四寸，穿着黄衣，戴着黄帽，打着黄色的华盖，骑着小马，喜欢快跑，要是叫着它的名字，可以使它跑千里之外而一天往返，这是涸泽之中的精怪。

还有一种伴生的精怪是蚋，"涸川之精者，生于蚋。蚋者，一头而两身，其形若蛇，其长八尺，以其名呼之，可以取鱼鳖。此涸川水之精也"③。蚋是一头两身，它的形状像蛇，身长八尺，要是叫着它的名字，可以使它捉取鱼鳖，这是涸川里面的一种水精。此外，《事物异名录》载庆忌常被祈求替人入水捉鱼，庆忌出行时乘用战车，日行千里。

第四位上古水神是天吴。

《山海经·海外东经》载："朝阳之谷，神曰天吴，是为水伯。其为兽也，人面八首八足八尾，背青黄。"④ 可知水神天吴吐云雾，司水。水神天吴是吴人崇拜的一种似虎的动物，有可能是剑齿虎，这种古动物在先秦时就已经变得稀少，近乎绝迹了。《山海经》中天吴又被称为谷神，意为山谷之神，老虎为百兽之王，也在山谷中活动。吴人的生活环境是茂密的原始森林，他们以狩猎为生，以虞为图腾。"天吴"的原型即是虞，有虎的色彩，又是人的面孔，虎身却生有九

① 《国语》卷4《鲁语下》，商务印书馆1958年版，第69页。

② 黎翔凤撰，梁运华整理：《管子校注》中册，《新编诸子集成》，中华书局2004年版，第827页。

③ 同上。

④ （西汉）刘歆编，方韬译注：《山海经·海外东经》，中华书局2009年版，第200页。

头，八只手爪和八尾，也有人将其画成十条尾巴。天吴身上所体现的“兽”与“人”的结合，说明从人到神的转化历程。

虎为百兽之王，生活在丛林中，人面虎身的“天吴”是古吴人的保护神，随着炎帝族系和黄帝部族的向东扩展，吴人也被迫大规模东迁，到尧舜之世，吴人已经有许多支系都迁徙到东南海滨长江三角洲一带。吴人的生活环境由森林变为海洋，开始征服波涛滚滚的大海。原来保佑子孙狩猎时多有所获的族神“天吴”，这个时候变成保护吴人子孙在与江湖大海打交道时平安、丰收的“水伯”了。“天吴”的属性也就由陆地神变为海神。

总之，上古水神是古人自然崇拜宗教信仰的体现，表现为对水的神秘力量的崇拜。这种人格化的水神是后世水神信仰的前提条件，也是道教幻化创造后世司水神灵和水神家族的雏形。

第二节　充实江河水府崇拜

在地球的各类水体中，由一定区域内地表水和地下水补给，经常或间歇地沿着狭长凹地流动的水流，称为河流或河川，它在人们的生活中占据着重要的地位。从人类诞生的那一天起，人类就与江河息息相关，人类对河流的崇拜也起源很早。

河流崇拜的地域性很强，通常是在河流流经之地的流传，大面积范围内起初没有统一的河神或水神。河流流经的区域越广，其影响力越大，在中国，长江、黄河、淮河、济水四条河流是重要的大河，古称“四渎”，因为它们都最终流入大海，《尔雅·释水》载：“江、河、淮、济为四渎。四渎者，发源注海者也。”[1] 当然，历史上四渎曾全都流向大海，现在淮河和济水已经不复流向海洋了，但是并不妨碍“四渎”继续作为中国民间信仰中河流神的代表。

---

① （东晋）郭璞：《尔雅注·释水》，《四部备要汉魏古注十三经》，中华书局1998年版，第71页。

古人认为，凡能出云为风雨见怪物的都是神，河流给人们丰富的水源，有可供给人们食用的各种鱼类，人们赋予河流以灵性、神性和超自然的力量，这种源于自然崇拜的河流信仰渐渐发展成为固定的祭祀。从周朝开始，四渎神就作为河川神的代表，由君王来祭祀。《礼记·祭法》载天子祭天下名山大川，五岳视三公，四渎视诸侯，并在全国各地修庙祭祀，对四渎的信仰得到确立，道教水神体系中也自然将四渎包括在内，并且结合这些水神的浪漫传说及神话故事使之更深入人心。

一 长江水神

长江是世界第三大河，亚洲第一大河，它波澜壮阔，自西而东横贯中国中部，约占中国陆地总面积的五分之一，人们对长江的崇拜之情滔滔不绝，既有地方性的长江神崇拜，也有整体性的长江神崇拜。地方性的崇拜只是信仰长江的某一段，长江有不同的流域分段，如山高岸险、终年积雪数十米深的起源之地沱沱河段，曲口以下至青海玉树县境内的巴圹河口的通天河段，巴圹河口至四川宜宾的岷江口的金沙江段，宜宾的岷江至长江的吴淞口的长江主流，江苏以下的扬子江段等。在这些分段地区，经常形成了地方性的长江神信仰，在史料中经常记载为“某段自某江神主之”，通常是一些有功于当地的地方官员成为长江神，这与深受道教文化熏陶的民间造神现象有关，地方性江神经常能够得到皇帝的封号和赐庙，同样受到帝王的重视。

整体性的长江神崇拜自秦统一六国以后，《史记·封禅书》称秦统一天下后，“江水，祠蜀”[①]。将江神列入国家祀典，从而使长江神崇拜逐渐转变成整体性。《正义》引《括地志》亦云：“江滨祠在益州成都县南八里，秦并天下，江水祠蜀。”[②] 可知，当时蜀地祭祠象征祭祀整条长江之神。

长江之神只是泛称，由于宗教信仰的推动，人们按拟人化的倾向

---

① 《史记》卷28《封禅书六》，中华书局1959年版，第1372页。

② 同上书，第1373—1374页。

给江神拟定名号，设想出形象，编纂出江神的神迹故事，从而使得江神祭祀有了针对性。比较有代表性的整体性长江水神有奇相、江南伯、三水府等。

首先，是奇相作为整体性长江水神。《索隐》引李善注《广雅》云："江神谓之奇相。"[①] 晋郭璞《江赋》载："奇相得道而宅神，乃协爽于湘娥。"[②]《茶香室四钞》引宋张唐英《蜀杌》云："时大霖雨，祷于奇相之祠。唐英按右史，震蒙氏之女窃黄帝玄珠，沈江而死，化为此神，今江渎庙是也。"[③] 可知，此处认为江神的前世是震蒙氏之女，她成为江神的原因是窃黄帝玄珠，沈江而死而成为江神。《轩辕本纪》及《庄子·天地篇》都记载了"黄帝失玄珠"的故事，大致勾勒出事情的经过：当时黄帝带着素女与随从从赤水经过，素女一不小心把黄帝一颗最珍爱的又黑又亮的宝珠丢失在赤水的近旁了。黄帝原本准备把这颗宝珠赏赐给新婚妻子嫘祖，让她缀在凤冠上，如今却丢失了，自然心里非常着急。黄帝马上派了一个聪明绝顶的天神名叫"知"的，去替他寻找这颗宝珠，"知"去寻找了一遍，全无踪影，只得空手而归，向黄帝报告寻找的结果。黄帝又派"离朱"去寻找宝珠，"离朱"在昆仑山服常树上躺着，看守琅环树，天神"离朱"虽然长着三个脑袋，六只眼睛，而且每只眼睛都明亮得出奇，可是他去找了一遍，还是踪影全无。黄帝只得又派一个能言善辩的天神"契诟"去寻找这颗珠子，他寻找了一遍，在这件细致的工作中，也没有能够用上他的辩才，终于还是失望地回来。黄帝没办法了，最后只得派那个神国闻名的粗心大意的天神象罔去寻找。象罔领了旨命，飘飘洒洒，漫不经心地走到赤水岸上，用他那恍兮惚兮的眼睛约略向周围一瞧，谁知"踏破铁鞋无觅处，得来全不费工夫"，那颗黑而放光的宝珠，正不声不响地躺在草丛里呢。象罔便略弯了弯腰身，从草丛里拾起宝珠，仍旧飘飘洒洒，回来把宝珠交还给黄帝。这段故事记载在《庄子·天地》里："黄帝游乎赤水之北，登乎昆仑之丘而南望。还

① 《史记》卷28《封禅书六》，中华书局1959年版，第1373页。

② 陈宏天主编：《昭明文选译注》，吉林文史出版社1987年版，第662页。

③ 宗力、刘群：《中国民间诸神》，河北人民出版社1986年版，第332页。

归，遗其玄珠。使知索之而不得，使离朱索之而不得，使吃诟索之而不得也。乃使象罔，象罔得之。黄帝曰：异哉，象罔乃可以得之乎？”[1] 黄帝看见这个粗心大意的天神，一去就把宝珠寻找了回来，不禁大为惊叹：“唉，别人找不到，象罔一去就找到，这真是奇怪啊！”于是，黄帝便把他这颗最心爱的宝珠交给了粗心大意的象罔保管着。谁知，这个“能干会办事”的象罔，拿着这颗宝珠，仍旧漫不经心地朝他那大袖子里一放，回到都城后，每天照样飘飘洒洒，无所事事地东游西荡，后来终于给震蒙氏的一个女儿奇相知道了，只略用了点点计策，便把这颗宝珠从象罔身上偷了去。据说，有一天震蒙氏的女儿来看望象罔，只见那象罔赤裸着上身，用双手不断的在身上乱抓，震蒙氏的女儿走上前，见他的背上抓出了许多的血痕，她用她那素手来为他揉揉、摸摸，还从他手中拿过了衣服，双眼仔细地为他寻找什么东西，一只手却把他藏在衣服中的玄珠取走了，还说：“你这衣服上什么都没有，怎么会痒呢？”她便把衣服重新为他披上。象罔只顾得身上痒，全然忘记了黄帝的玄珠。他身上发痒的根源就是震蒙氏的女儿奇相的捉弄：她头一天趁象罔把衣服晾在圆顶房前面，便把一种叫“美人脱衣”的棘果中的纤维撒在了他的衣领上，这种纤维很细小，一旦与肌肤接触，就会奇痒难忍。象罔不得不把丢失玄珠的事报告给了黄帝，黄帝在懊恼之余，把事情调查清楚，便派遣天神去追捕震蒙氏的女儿奇相，震蒙氏的女儿害怕受罚，便把宝珠吞进肚里，跳进汶川江即岷江，在今四川省境里，变做了一个马头龙身的怪物，名“奇相”，从此以后，她就做了汶川的水神。也有一说认为震蒙氏之女醉象罔，夺珠。帝监象罔，逐女至汶川。入水化兽，名奇相。至于是“醉象罔”还是“痒象罔”已经无关紧要，但是奇相是位女神，并且是马头龙身的怪物，据说后来她为了谢罪，还帮过黄帝很大的忙。这样一个长江之神的产生过程就清晰可见，其神的形象跃然纸上，其由人变神的历程也非常符合中国民众的接受心理，以至于后世《铸鼎余闻》卷二引《轩辕黄帝传》仍旧记载：“蒙氏女奇相，女窃其元珠，

---

① 陈鼓应注：《庄子今注今译》，中华书局2009年版，第327—328页。

沈海去为神。上应镇宿，旁及牛宿。”①

不过江神也有其他人选，《华阳国志》云：“蜀守李冰于彭门阙立江神祠三所。”②《茶香室四钞》卷20称江渎之神，唐封广源公，宋封广源王，元封广源顺济王。秦始皇任命李冰为四川蜀太守。李冰打通了山，给洪水引路，这一创举激怒了江神。江神先是化作一牛，又突然消失了。李冰同江神展开激战，将其斩首，李冰遂成江南伯神。

湘君、湘夫人也是长江神之一，其所辖只在湘江，是地方性长江水神。湘君神信仰甚早，据《山海经·中山经》称：“洞庭之山，帝之二女居之，是常游于江渊。”③晋郭璞注云：“天帝之二女而处江为神也。”④汪绂注曰：“帝之二女，谓尧之二女以妻舜者娥皇女英也。相传舜南巡，崩于苍梧，二妃奔哭之，陨于湘江，遂为湘水之神，屈原《九歌》所称湘君、湘夫人是也。”⑤《索隐》引《江记》亦云：“帝女也，卒为江神。”⑥后王逸《楚辞》注曰：“尧二女，坠湘水之中，因为湘夫人也。”⑦

长江三水府是南京以下长江下游河段的区域性水神，又称为洋子江三水府。从唐代开始，就有洋子江的三个辖区水府的区分，三水府位于不同地区，有三座庙。三水府祖庙位于马当山（安徽近江西边界处）。马当山位处镇河之要冲。中庙位于采石矶（安徽太平府南），牛渚踢马刺，这也是军事要地。在宋代，这庙所祭祀之神被赋予“洋子江君王抚慰者”之称。下庙位于镇江（江苏之都）金山寺。过往船只进庙供奉祀品和绸缎，祈求带来兴旺的航运。还有些化缘者，到处征募基金，以作此庙每年春祭之用。

三水府之神也分别有封号，《文献通考·郊社考》卷二三称：“三

---

① 宗力、刘群：《中国民间诸神》，河北人民出版社1986年版，第332页。

② 《史记》卷28《封禅书六》，中华书局1959年版，第1372页。

③ 宗力、刘群：《中国民间诸神》，河北人民出版社1986年版，第333页。

④ 同上。

⑤ 同上。

⑥ 《史记》卷28《封禅书六》，中华书局1959年版，第1372页。

⑦ 宗力、刘群：《中国民间诸神》，河北人民出版社1986年版，第332页。

水府神者，伪唐保大中，封马当上水府为广祐宁江王，采石中水府为济远定江王，金山下水府为灵肃镇江王。”[1]《宋史·礼志五》又称：“（宋真宗）诏封江州马当上水府福善安江王，太平州采石中水府顺圣平江王，润州金山下水府昭信泰江王。”[2] 明田艺蘅《留青日札》又云：“今称三水府官者，起于唐保大中，上水府马当，中水府采石，下水府金山，皆有王号。宋因加封爵祭告。”[3]

屈原是明代以后扬子江地区信仰的江神，楚国位于扬子江的中下游地区，人们出于对屈原的怀念而祀之，故屈原为扬子江神。晋《拾遗记》卷十云“屈原以忠见斥，隐于沅湘。……被王逼逐，乃赴清冷之水。楚之思慕，谓之水仙”[4]，为他立祠。《月令广义·岁令一》中载江神即楚大夫屈原。《三教源流搜神大全》亦曰：“江渎，楚屈原大夫也。唐始封二字公，宋加封四字公，圣朝加封四字王，号广源顺济王。”[5] 屈原是由人变神的范例。

长江神也有其他情况，如金龙大王柳毅本为唐代小说中的人物，因其在唐景龙三年（709）为洞庭龙女传书，被奉为水仙。《历代神仙通鉴》卷一五云：“长江，金龙大王柳毅。”[6] 柳毅为水神的情况既不同于自然水神，也不是由人变神，体现出道教创造神明的随意性与广泛性，只要有可以利用的条件，就将其列入仙班。

实际上，长江作为中国的母亲河，流经沿途各地都有民间的长江神产生，而在道教文化的熏陶下，这些长江神就融合为一个系统的整体，据《历代神仙通鉴》载长江神有“顺圣王采石君、昭信王金山君、致胜王鄱阳君、分胜王灵青草君、金龙大王柳毅、怀德夫人龙女、景阳大王洞庭君、忠孝潮神伍员、忠谋汐神文种、张威水神阳

---

① 马端临：《文献通考》卷90《郊祀考》卷23，商务印书馆1986年版，第823页。

② （元）脱脱：《宋史》，中华书局1977年版，第2486页。

③ 宗力、刘群：《中国民间诸神》，河北人民出版社1986年版，第335页。

④ （东晋）王嘉：《拾遗记》，中华书局1981年版，第235页。

⑤ 《三教源流搜神大全》卷2，长沙中国古书刊印社1935年版，第18页。

⑥ 徐道、程毓奇：《历代神仙通鉴》，辽宁古籍出版社1995年版，第848页。

侯、忧漫海神海若、长流尊神川后、督威涛神波臣、上中下三水府吏兵”①，从名单上可以看出，这里的神明有很多是湖泊之神，或则民间的人格神，也都被作为长江神明而崇拜，这在某种程度上说明，长江神有时候与地方保护神是重合的。

二　黄河水神

黄河水神是中国古代崇拜较早、最具影响的自然神，与长江水神一样，由于地域等原因，仍然具有多元性的特征。从殷王朝开始，国家就对河神极为重视，每岁祭祀，并且立庙祀之，到春秋战国时，这种现象异常活跃。秦汉以后河神被抽象为河渎，而人神色彩进一步强化。《史记·封禅书》云“及秦并天下，令祠官所常奉天地名山大川鬼神可得而序也”②，“水曰河，祠临晋”③。《汉书·郊祀志下》称汉宣帝神爵元年（前61）河于临晋，使者持节侍于祠，唯泰山与河岁五祠。《旧唐书·礼仪志四》称唐玄宗天宝六年（747）封渎为“灵源公”。《宋志·礼志八》称宋二宗康定元年（1040）诏封河渎为“显圣灵源王”。《元史·顺帝纪》称元至正十一年（1351）加封河渎神号“灵源神佑宏济王”。

河伯是对河神比较统一的称呼，其记载最初见于《楚辞》《庄子》《山海经》等书中，为中国南北地区普遍信仰的河神，流传极其广泛。当时人们信仰的对象一般为白龙、大鱼或人面兽身的自然神，后来河伯进一步演化为人格神。《庄子》《韩非子》等称其为冯夷，李善注《文选》称其为川后，《三教源流搜神大全》则称其为禺强。

魏晋以后，道教将民间信仰的水神吸收到自己的神谱中去，道书《重修纬书集》卷六《龙鱼河图》曰：“河姓公名子，夫人姓冯名夷君。河伯姓吕名公子，夫人姓冯名夷。上古圣贤所记曰：冯夷者，弘

---

① 徐道、程毓奇：《历代神仙通鉴》，辽宁古籍出版社1995年版，第848页。

② 《史记》卷28《封禅书六》，中华书局1959年版，第1371页。

③ 同上书，第1372页；宗力、刘群：《中国民间诸神》，河北人民出版社1986年版，第335页。

农华阴人也，在潼关提道里住，服八石，得水仙，为河伯。”[①]《神异经·西荒经》曰：“西海水上有人乘白马，朱鬣白衣玄冠，从十余童子，驰马西海水上，如飞如风，名曰河伯使者。”[②]《真灵位业图》将河伯列为太清右位，称“河伯是得道之人所补”[③]的一个神职。《酉阳杂俎·前集》描绘河伯的形象称河伯“人面，乘两龙，一曰冰夷一曰冯夷，又曰人面鱼身。《金匮》言，一名冯循（作修），《河图》言，姓品名夷，《穆天子传》言无夷，《淮南子》言冯迟，《圣贤记》言其服八石，得水仙，《抱朴子》则称其八月上庚日溺河”[④]。《搜神记》亦有此说。《搜神记》记载：“宋时弘农冯夷，华阴潼乡隄首人也。以八月上庚日渡河，溺死。天帝署为河伯。”[⑤]现在河南民间仍有关于河伯冯夷的传说，他们说，有个叫冯夷的人，被黄河水淹死，一肚子怨恨，就到天帝那里去告黄河的状。天帝听说黄河危害百姓，就封冯夷为黄河水神，称为河伯，治理黄河。《历代神仙通鉴》卷二载：“冰夷一名冯夷，人面蛇身，潼乡隄首人，尝入华阴服八石，得凌波泛水之道。北居阳污陵门之山，与蜚廉互相讲术。初探从极之渊，深入三面仞，师玄冥大人学混沌之法。起而见有神鸟吸水洒空，施化为雨水。冰夷乃置食水滨，时时招引，习熟为伴，可置怀袖，名曰商羊，是鸟生于有巢氏时，采雨露之精，能大自小，吸则渤海可枯，施则高原可没。”[⑥]相传其曾助黄帝与蚩尤作战。《历代神仙通鉴》卷一五称河伯为澄清尊神，可知道教经书中基本上定河伯为冯夷，有一定特异之处，为“得道之人所补”。

在中国古代神话中，有羿射河伯（河神）之举。《楚辞·天问》载：“帝降夷羿，革孽夏民，胡射夫河伯而妻彼雒嫔？”[⑦]《山海经·

---

① ［日］安居香山、中村璋八：《纬书集成》下册，上海古籍出版社1994年版，第1152页。

② 《神异记枕中记拾遗记》，《丛书集成初编》，中华书局1991年版，第21页。

③ 陶弘景：《洞玄灵宝真灵位业图》，《道藏》第3册，第277页。

④ （唐）段成式：《酉阳杂俎》卷14，中华书局1981年版，第128页。

⑤ （东晋）干宝：《搜神记》，商务印书馆1957年版，第29页。

⑥ 徐道、程毓奇：《历代神仙通鉴》卷2，辽宁古籍出版社1995年版，第71页。

⑦ （宋）洪兴祖：《楚辞集注》，中华书局1983年版，第99页。

海内经》载："帝俊赐羿彤弓素矰，以扶下国。"[1] 王逸注《天问》关于羿射河伯之事时，引用了这样一则民间传说："河伯化为白龙，游于水旁，羿见射之，眇其左目。河伯上述天帝曰：'为我杀羿。'天帝曰：'尔何故得见射？'河伯曰：'我时化白龙出游。'天帝曰：'使汝守神灵，羿何从得犯汝。今为虫兽，为人所射，固其宜也，羿何罪欤？"[2] 河神之所以打不赢这场官司，因为这本来就是帝俊的旨意。羿征服了河神，射河神的结果是"眇其左目"，并且夺去了河神的妻子雒嫔，可知河神有一个阶段是以白龙的状态展现在世人面前的，而且左眼被人用箭射瞎过。

古人将黄河神称之为河神巨灵，认为巨灵用巨掌劈开河道。巨，大也。古人认为巨灵为大神。《搜神记》卷一三称河神巨灵以手臂其上，以足蹈离其下，中分为两，以利河流。薛综注张衡《西京赋》曰："巨灵，河神也。古语云，此本一山，当河水过之而曲行。河之神以手臂开其上，踏离其下，中分为二，以通河流。手足尚在。"[3] 李善注《遁甲开山图》曰："有巨灵胡者，遍得坤元之道，能造山川，出江河。"[4]《遁甲开山图》则称巨灵偏得元神之道，故与元气一时生混沌。《三教感通录》云：巨灵名秦洪海，已经将巨灵赋予姓名，这是道教的常用手法。

河侯是自人鬼祀为河神的开始，《古今图书集成·神异典》卷二七引《滑县志》称河侯祠在县南一里，汉东郡河决，太守王尊以身填之，水乃却。及卒，民为立河侯祠祀之。道经《真灵位业图》将其列为太清右位。

河阴圣后为地方性河神，金世宗大定二十七年（1187）正月时，加郑州河阴县黄河号曰昭应顺济圣后，赐庙额灵德善利。当时尚书省奏言："郑州河阴县圣后庙，前代河水为患，屡祷有应，尝加封号庙

① （西汉）刘歆编，方韬译注：《山海经》，中华书局2009年版，第280页。
② （宋）洪兴祖撰，白化文点校：《楚辞补注》，中华书局2004年版，第99页。
③ 袁珂：《中国神话资料萃编》，四川省社会科学院出版社1985年版，第5页。
④ 同上。

额。今因祷祈，河遂安流，乞加褒赠。”[①] 帝从其请，特加号赐额，岁委本县长官春秋致祭。可知此是屡有显应的地方性河神之名。

据《月令广义·岁令一》称汉相国陈平为河神。陈平（？—前178），阳武（今河南原阳）人，西汉王朝的开国功臣之一。在楚汉相争时，曾经多次出计策助刘邦。汉文帝时，曾任右丞相，后迁左丞相，先后受封户牖侯，曲逆侯（今河北顺平东），死后谥献侯。“反间计”“离间计”均出自其手。其人为何与河神扯上关系，还不清楚，但是陈平作为黄河神“事迹”不显，史无详载，民间不见有传说。只有《三教源流搜神大全》卷二亦称河渎为汉陈平，唐始封二字公，宋加四字公，圣朝加封四字王，号“灵源弘济王”。也有人认为是生活在汉代的陈胥，司辖黄河。到了唐代，陈胥已经被授予两个尊称，至宋代又增加了两个，直至明代将其归入王之范畴，称其为灵源宏济王。“陈平可能是陈胥之讹，两人之间有重合之处。”[②]

除上述提及的陈胥龙王、冯夷公子、无夷、冰夷、白龙等河神之名外，《历代神仙通鉴》卷一还记载有河神泰逢氏，“时有泰逢氏居于和山，是山曲回五重，实淮河之九都。泰逢好游，出驾文马，司于萯山之阳，出入有光，能动天地之气，致兴云雨。民称之曰吉神，一曰没为河神”[③]。另外，浙江地区还有金龙四大王的说法。金龙四大王为南宋末人，受封于明代，《续文献通考·群祀考三》称“明景帝景泰七年（1456）十二月建金龙四大王祠于沙湾，从左副都御史徐有贞请也”[④]。《清朝文献通考·群祀考二》亦称清顺治三年（1666）敕封显佑通济之神。众臣谨案曰：“《会典》记载神谢姓名绪，浙人，行四，读书金龙山。明景泰（1450—1457）间建庙沙湾。盖崇祀已久，至是加封。庙祀宿迁，从河臣请也。”[⑤] 可知此神为地方性河神。

---

① （元）脱脱：《金史》卷27，中华书局1977年版，第437页。

② ［法］禄是遒著，王惠庆译：《中国民间崇拜道教仙话》，上海科学技术文献出版社2009年版，第60页。

③ 徐道、程毓奇：《历代神仙通鉴》，辽宁古籍出版社1995年版，第10页。

④ 宗力、刘群：《中国民间诸神》，河北人民出版社1986年版，第368页。

⑤ 同上书，第369页。

同样，真正为黄河岸边人们所崇信的河神、明清以来主要是官封民信的大王、将军，还有下层百姓根据自己的想象所创造的其他民间神，如《敕封大王将军纪略》成书于清光绪七年（1881）由当时的河督使者李鹤年作序。光绪十五年（1889）再版，由朱寿镛作序。民国4年（1915）重印，由河南河防局局长吕耀卿作序。书中记载了黄河上共有6位大王和65位将军，他们各自管理黄河的一段，保佑当地百姓的平安。①

这些大王与将军的出身，也各有秘密。就拿大王来说，或为天赋异禀者，如黄大王黄守财，是位生于河南偃师的孤儿，一岁时不慎掉入井内后，竟能嬉笑坐于水面不沉；成年后被李闯王挟持，威胁他要决黄河淹没开封，河水绕城而过，闯王将其劫持到别处，才将开封淹毁。另一类大王如朱大王、栗大王、宋大王等都是实有其人的治河都督。而将军中除了个别为天赋异禀者，大多为下层治河河官。可见，在泛滥的黄河面前，饱受灾难的人们心态复杂，不断制造出镇压黄河泛滥的神物和管理黄河的神明。"他们有的是由治河的官员转化而来，有的依民间传说而成立，有的像是当年官方出于政治需要编造的故事，后来流入民间进一步神化而来。值得注意的是，这些神大多在明清之际兴起，而其时京杭大运河是南北漕运的通道，运河与黄河关系密切，所以黄河水神也常常就是运河的水神。"② 可以推知，由民众根据某种特定信仰而创造出来的地方性河神非常多，《历代神仙通鉴》载黄河神有："澄静尊神河伯、弘济公陈平、灵驭大使金休、游奕大王镐池君、协灵大王具区君、彭泽大王青洪君、无违夫人如愿、通神夫人洛汭君、威严大王泾阳君、八河都总管司两大龙神、发源大王八泉龙神。"③ 从这些神名上来看，大部分是地方神，相关记载不多见，大多未见纳入史料记载。通常，官方记载中龙王是黄河神，无处不在，但是它究竟不能算是黄河的专神。

---

① 宗力、刘群：《中国民间诸神》，河北人民出版社1986年版，第368页。

② 山曼：《流动的传统：一条大河的文化印迹》，浙江人民出版社1999年版，第205页。

③ 徐道、程毓奇：《历代神仙通鉴》，辽宁古籍出版社1995年版，第847页。

三 淮河水神

秦以后将淮水列入国家祀典，《史记·封禅书》云："及秦并天下，令祠官所常奉天地名山大川鬼神可得而序也，于是自崤以东名山五大川祠二水曰济、曰淮。"①《汉书·郡祀志下》淮于平氏，济于临邑界中，皆使者持节侍祠。《铸鼎余闻》卷二引《太平寰宇记》十六："河南道泗州淮涡神在龟山之下。"② 这被镇压在龟山之下的淮涡神是无支祁，他是淮河支流涡河之神，但是后世也常用它指代整个淮河水神。《铸鼎余闻》引《淮阳记》按《古岳渎经》曰：

> 禹治水，三至桐柏山，乃获涡水神名无支祁，喜应对言语，辨江淮之浅深，原远近，形若猕猴鼻高额，青驱白首，金月雪牙，头伸百尺，力逾九象，搏击腾踔，疾奔轻利，若倏忽之间，人观之不可久，禹授之童律，童律不能制，授之乌木田，乌木田不能制，授之庚辰，庚辰能制，颈脾柏，于是木魅水灵，火妖石怪，奔号丛绕以千数，庚辰以戟逐击，连颈锁大索，鼻穿金铃，徙淮泗阴，锁龟山之号，淮水乃安流注于海。③

从上文可知，大禹（相传公元前2205—前2197）曾三次去淮河的源头桐柏山，调节淮河的流向。不过，大禹治理淮河因地球一次变化而中断。当时河神刮起惊天大风，雷电交作，使得山在呼号，林在呻吟，所以大禹也生气了，便设法抓了淮河神，及淮河支流涡河神。涡河神名曰无支祁，生来就口齿伶俐，非常熟悉淮河和扬子江的深浅等底细，以及这两条江河间的精确间距等情况。无支祁相貌似猴，扁平的鼻子，高耸的前额，灰色的毛发，双眼闪着金黄色的幽光映照在蛋白色的头上，有雪白的牙齿，超过百尺长的脖颈，其力量足以胜过

① （西汉）司马迁：《史记》卷28《封禅书六》，中华书局1959年版，第1372页。

② 宗力、刘群：《中国民间诸神》，河北人民出版社1986年版，第375页。

③ 鲁迅：《唐宋传奇集》，《鲁迅全集》第十卷《小说旧闻钞》，人民文学出版社1973年版，第255—256页。

九头大象。大禹将无支祁移交后稷，被后稷用衣领将其脖子团团围住，在其鼻子上挂上一个小金铃，然后将其放逐到龟山山麓。自那以后，淮河潮水在其河床里开始平静有序地涨落起来。此后，人们传说，龟山的东南是陡峭悬崖，下面是万丈深渊，其中有一个关押河神的地牢。其后的传奇故事越发多，如唐代宗永泰（765—766）年间，传说有个渔民在龟山脚下垂钓时，鱼钩钓着一个异物，因为水下很暗，渔民潜入水中，发现这个怪物被长长的铁链锁在龟山脚下。看上去似猴的怪物静静地蹲伏着，像个烂醉如泥的家伙，口中吐着一串串污秽的泡沫，令人恐惧。另如765年，山阳县（位于江苏）副县令李汤用链子拴着的50头公牛，合力拖拉着一只50尺高的猴子。突然，这猴子奋力往后挣扎，连同这所有的牛都跌落河中，这只猴子应该就是无支祁，后人根据这些记载，形成了《西游记》中孙悟空的艺术形象。

唐时淮河神是唐朝的一个名叫裴说的人，也称淮神为唐裴，他在唐宋以前就被授予尊贵名号。至明朝，裴说已经有了君王之称，即长源疾济王。《三教源流搜神大全》卷二："淮渎，唐裴说也，唐始封二字公，宋加四字公，圣朝加封四字王，号长源广济王。"[①] 可知，淮水之神有两个，一为秦汉之前上古神话传说中的淮神无支祁，一为秦汉以后作为淮河象征而受到人们祭祀的神灵裴说。

四　济河水神

济神为济水之神，亦为秦代列入国家祀典的自然神。《三教源流搜神大全》卷二载："济渎，楚伍大夫也。唐始封二字公，宋加四字公，圣朝加封四字王，号清源汉济王。"[②] 可知济水神就像扬子江神那样，也是楚国的大臣，至唐宋时期已经广泛地受到崇敬，也被称为清源龙王。君王之称在明朝已经现，他被称作清源汉济王。《酉阳杂俎》载：

---

① 佚名：《三教源流搜神大全》，长沙中国古书刊印社1935年影印本，第18页。

② 同上书，第18页上栏。

平原县西十里，旧有社林。南燕太上末，有邵敬伯者，家于长白山，有人寄敬伯一函，书言我吴江使也。令我通向于济伯。今须过长白，幸君为通之。乃教敬伯，但于杜林中取杜叶，投之于水，当有人出。敬伯从之，恍他见人引出。敬伯惧水，其人令敬伯闭目，似入水中。豁然官殿宏丽，见一翁年八九十，坐于精床，发函开书曰："裕兴超灭。"侍卫者皆圆，具甲胄。敬伯辞出，以一刀子赠敬伯曰："好去，但持此刀，当无水厄矣。"敬伯出，还至杜林中，如梦觉而衣裳初无沾湿。果其年来武帝灭燕。敬伯三年居两河间，夜中忽大水，举村皆没。唯敬伯坐一榻床，至晓著履，下者之床，乃是一大鼋也。①

上述故事中，吴江和济水形象都已经拟人化了，他们之间的信息沟通还需要借助人类帮忙传递，其中吴伯入水、出水的过程有着浓厚的魔幻色彩，"裕兴超灭"的论断有谶纬的意味，整个故事中有非常明显的道教因素。

总之，四渎在古代水崇拜中占据重要地位，《风俗通义·山泽》引《尚书大传》《礼三正记》载："渎者，通也，所以通中国垢浊，民陵居，殖五谷也。江者，贡也，珍物可贡献也。河者，播也，播为九流，出龙图也。淮者，均，均其务也。济者，齐，齐其度量也。"②人们傍水而居以得到汲水之便，对其产生依赖之心，同时河水泛滥造成家破人亡、妻离子散、饿殍遍野的情况也时有发生，人们对四渎的敬畏之情并存，并且延续到道教水崇拜之中。不过，在道教水崇拜体系中，已经改变为四海龙王管辖着四渎，广源龙王司辖扬子江；灵源龙王司辖黄河；长源龙王司辖淮河；清源龙王司辖济水。从这些龙王的封号也可以看出寄予了民众的企盼，广源为广阔或浩渺之源；灵源为灵通或神奇之源；长源为长远或永远之源；清源为清纯或甘醇之源。至此，四渎正式进入道教水神体系。

---

① （唐）段成式撰，金桑选译：《酉阳杂俎》，浙江古籍出版社1987年，第56页。

② 王利器：《风俗通义校注》，中华书局1981年版，第461页。

除四渎外，其他山川河流在各种水神祭拜活动中也占有重要地位。河流具有分布广、水量大、循环周期短、暴露在地表、取用方便等优点，是人类赖以生存的主要淡水资源；湖泊是陆地上洼地积水形成的、水域比较宽广、环流缓慢的水体，盛产丰富的鱼虾，对人类的生存与发展至关重要，因此全国的各条河流都有地方性乃至全国性的水神崇拜。这主要是因为江河湖海也具有桀骜不驯的性格，它们发起脾气来常常涌起大的洪水，造成江河决堤，人类赖以生存的田地家园瞬间崩塌，洪水猛兽吞噬大地，到处一片汪洋，人或沦为鱼鳖的口中食。先民们认为河水的柔顺与暴虐、涨起与回落等变化，都是由河神在操纵控制着。为了向河神求福消灾，趋利避害，人们心存敬畏，对江河之神顶礼膜拜，不仅有各种献祭，也不乏英勇的抗争。在民众依靠自己的智慧与河流进行百折不挠斗争的同时，受道教文化影响的民间信仰中流传着各种河湖之神的传说，将诸水神的名讳、身世、来历、神迹一一说明，从而让民众的水神信仰更加坚定。

第一是洛河水神崇拜。洛河古称雒水，黄河支流之一。发源于陕西省蓝田县华山南麓，流经洛南、卢氏、洛阳，于巩县境入黄河，古人有言："斯水之神，名曰宓妃。"[①] 洛神就是宓妃，宓妃原是伏羲氏的女儿，另据《七十二朝四书人物演义》说宓妃即为嫦娥，她因迷恋洛河两岸的美丽景色，降临人间，来到洛河岸边。那时，居住在洛河流域的是一个勤劳勇敢的民族——有洛氏，宓妃便加入有洛氏当中，并且教会有洛氏百姓结网捕鱼，还把从父亲那儿学来的狩猎、养畜、放牧的好方法也教给了有洛氏的人们，人们尊称她为洛神。也有传说宓妃又叫雒妃，本是伏羲的女儿，因为在洛水渡河不幸被淹死，后来便做了洛水的女神。她在生前以美丽闻名于世，因此蒙得后世诗人的极好赞誉。裴铏《传奇》中记载：三国时期魏明帝太和年间（227—233），有个隐士萧旷从洛阳出发沿洛水往东游玩，见天色渐暗，他就到洛水岸边的双美亭去歇息。晚上明月当空，清风习习。作为琵琶名

---

① （东汉）曹植：《洛神赋并序》，陈宏天主编《昭明文选译注》第2册，长春吉林文史出版社1988年版，第1050页。

家的萧旷取出乐器，倾心操琴，乐曲诉说着长夜空守闺阁的怨女凄苦之情。这时，突然从洛水上传来叹息之声，而且叹息声越来越近，到了近前，原来是一绝色佳丽，经问答后得知是洛神。

> 旷又问曰："或闻洛神即甄皇后，谢世，陈思王遇其魄于洛滨。遂为感甄赋，后觉事之不正，改为洛神赋，托意于宓妃，有之乎?"女曰："妾即甄后也，为慕陈思王之才调，文帝怒而幽死。后精魄遇王洛水之上，叙其冤抑，因感而赋之。觉事不典，易其题，乃不缪矣。"①

可知，民间通常认为，洛水的河神为甄后，她被认定是管理洛水的精灵。而裴铏的这篇《传奇》将洛神之名，广为传扬，体现了作为文学道士在道教文化传播过程中，借道教文学而造成广泛影响的神奇力量。裴铏道号谷神子，曾经修道于洪州钟灵郡之西山，著有《道生旨》一卷。他咸通中为静海军节度高骈掌书记，加侍御史内供奉。后官成都节度副使，加御史大夫，他一生以文学名世，为唐代小说的繁荣和发展做出过巨大贡献。他的作品题材广泛，文学水准高超，道教文化因子在他的文学创作中发挥了重要的作用。

第二是汉水水神崇拜。汉水是扬子江的重要支流，起源于陕西东南方的山脉中。汉水从西到东流经陕西后，进入湖北，成了汉口和汉阳间的主要河流。《诗经·周南·汉广》："汉有游女，不可求思。"②东汉马融《广成颂》"湘灵下，汉女游"③下，注谓："汉女，汉水之神《诗》云：汉有游女。"④所谓汉水之游女不可求者，是指她为水神，虽美而不可求，与《诗经》同篇中"南有乔木，不可休思"⑤，

---

① （唐）裴铏：《传奇·萧旷》，王汝涛等选注《太平广记选》下册，齐鲁书社1981年版，第346页。

② 袁梅：《诗经译注》，齐鲁书社1985年版，第92页。

③ （南朝宋）范晔：《后汉书》，中华书局1965年版，第1964页。

④ 同上书，第1966页。

⑤ 袁梅：《诗经译注》，齐鲁书社1985年版，第92页。

正可相对理解。《谷梁传·定公四年》载，蔡昭侯被楚人囚于南郢，“数年然后得归，归而用事乎汉，曰：苟诸侯有欲伐楚者，寡人请为前列焉”[①]。晋人范宁注谓：“用事者，祷汉水神。”[②] 可见汉水神乃是春秋时期蔡、楚的重要神祇。正因为汉水上有水神，所以西汉在汉中设祠专以祭之，《史记·封禅书》云：“沔，祠汉中”[③]。《索隐》引乐产云“汉女，汉神也”[④]。也有人认为汉水的守护女神是美丽的行者河姑。

第三是洞庭水神崇拜。湘君是洞庭水神，湘夫人是帝尧之二女。《楚辞·九歌·湘君》首句“君不行兮夷犹”[⑤] 下，王逸《章句》谓：“湘君所在，左沅湘，右大江，苞洞庭之波，延数百里，群鸟所集，鱼鳖所聚，土地肥饶，又有险阻，故其神常安，不肯游荡，既设祭祀，使巫请呼之，尚复犹豫也。”[⑥] “左沅湘，右大江”，显然是指洞庭湖，故王逸以湘君为洞庭湖之水神。不过历代对于湘君、湘夫人之说，莫辨其源，难有定论。洞庭和沅湘之有水神是肯定的，起初可能是自然神，后来才被人格化。汉唐时期关于汉女、湘女为水神之说已经很普遍，东汉马融的《广成颂》中有“湘灵下，汉女游”[⑦] 之句，唐人李贤注谓：“湘灵，舜妃，溺于湘水，为湘夫人也。见楚词。”[⑧] 不过，洞庭湖神有多位，“敬以钱马香酒茶果之奠，望洞庭、青草湖境上，敬祭于岳州境内洞庭昭灵王、青草安流王、渊德侯、顺济侯、忠洁侯、孝烈灵妃、孝感侯之神”[⑨]。从秦观的《祭洞庭湖神文》来

---

① （东晋）范宁注，（唐）杨士勋疏：《春秋谷梁传注疏》，山东画报出版社 2004 年版，第 353 页。

② 同上。

③ （西汉）司马迁：《史记》卷 28《封禅书六》，中华书局 1959 年版，第 1372 页。

④ 同上书，第 1373 页。

⑤ （汉）王逸：《楚辞章句补注》，吉林人民出版社 2005 年版，第 60 页。

⑥ 同上。

⑦ （南朝宋）范晔：《后汉书》，中华书局 1965 年版，第 1964 页。

⑧ 同上书，第 1966 页。

⑨ 周义敢、程自信、周雷编注：《秦观集编年校注》下册，人民文学出版社 2001 年版，第 740 页。

看，洞庭昭灵王、青草安流王、渊德侯、顺济侯、忠洁侯、孝烈灵妃、孝感侯之神等几位可能都分管洞庭湖。

第四是太湖水神崇拜。太湖古人称为震泽、具区、笠泽、五湖，这可能是因为近一万年前陨石撞击地球带给古人的印象，天体猛烈撞击而产生了一次较强大的地震破坏，故称为“震”，而地震造成的湖荡区就是“泽”，因此古人称太湖为“震泽”。今天的科学调查结果显示，太湖是一个海迹湖。不过，道教却为太湖编织了美丽的神话故事，为太湖蒙上了神秘的面纱。按道教说法，太湖是被孙悟空大闹天宫时一棒打翻到下界去的一个大银盆，里面有72颗特大的翡翠，还有千姿百态的各种五色玉石雕凿的飞禽走兽，这就是太湖地区众多岛屿与丰富动植物的来源。因为湖是从天上掉下来的，“天”字上面的一横落在下面就为一点，也就是“太”字，此湖就叫“太湖”。不过，太湖水神在道教经典中是与五湖大帝联系在一起的。道教五湖大帝分别指青草湖水神（洞庭湖）、太湖水神、丹阳湖水神、谢阳湖水神、彭蠡湖水神。

太湖的守护神据说是水平王。水平王为后稷一个妃子所生，因为他曾经帮助大禹制定排水系统和方案，也曾指导人民如何开凿运河等，故死后被人们追谥为湖神。司马迁《史记·夏本纪》中载大禹治水于吴通渠三江五湖的丰功伟绩，说明古人认为夏禹曾经在太湖治理水患，开凿了三条主要水道，分别是东江、娄江、吴淞江，这三条江将太湖与大海联系起来，从而将洪水疏导入海。

民间认为，还有一位太湖水神郁使。公元前194年至187年的汉惠帝年间，郁使被委任为陕西雍州太守。郁使在任时忠于职守，卸任后普受爱戴，死后被人们当神来祭祀。924年，即唐庄宗同光二年，郁使被追谥为“王”，其两个儿子被立杭州为都的吴越王钱镠封为上将军。据说郁使是江苏苏州人氏，作为水神有一定的民间群众信仰基础。

此外，古人认为，在湖泽中也有水神，称为古河床神崇拜。这种河神的原型是湖泊中生活的一种水蛇，被称为“蝼”或“蠋”，《康熙字典》解释为双首单身蛇，能吸干河水的出类拔萃之精怪。《正字通》："蝼蛇，泽鬼。大如毂，长如辕，紫衣朱冠，恶闻雷车之声。"①这种水蛇似战车轮盘那般粗大，似车轴般高大，身穿紫衣，头戴红帽，雷声隆隆时，它会惊慌地笔直站立，作双手抱头状。从字面上可知，它是以食鱼或食龟为生的。又有一种古湖泊河神被称为冕，这种湖泽神是一种双头五色蛇，名曰冕。《白泽图》："故泽之精名冕，状如蛇，一身两头，五采，以其名呼之，可使取金银。"② 冕是古代王公贵族所用的尊贵精致的"金属丝帽"，以此为名，不仅说明了此蛇的五彩色泽，也是民众祈求它的保佑尊崇和发财心理之体现。

除了一些大的江河水神成为祭祷的对象之外，一些小的河流和水泽井泉也有自己的水神，同样受到古人祭祷。《月令·仲冬之月》："天子命有司祈祀四海大川、名源、渊泽、井泉。"③ 可知渊泽、井泉等小的水域也在祭祷之列。周家台秦墓 M30《病方·无题》载："操杯米之池，东向，禹步三，投米，祝曰：皋！敢告曲池，某痈某破。禹步扌贲房（林米），令某痈数去。(简 338—339)"④

这条病方表明，巫师在施展疾病巫术时，把"曲池"当作祝由的对象，可见其对疾病的诱发或控制力量。这可与文献中的某些记载相印证，例如据《汉水记》记载："汉水有泉，方圆数十步，夏常沸腾，望见白气冲天，能瘥百病，常有数百人饮。"⑤ 周家台秦墓《病方》中的"曲池"，大概就是像这样一些具有某种神秘力量的湖泽、井池，在巫风盛行的楚地，可谓古今不乏。马王堆三号墓所出《五十二病方》中有两种除疣术，也是通过井泉池泽来实现其祝由巫术的：

以月晦日之丘井有水者，以敝帚扫疣二七，祝曰："今日月

① （清）厉荃：《事物异名录》第 28 卷《神鬼部》，岳麓书社 1991 年版，第 376 页。

② 同上。

③ （清）孙希旦撰，沈啸寰、王星贤点校：《礼记集释》，中华书局 1989 年版，第 496 页。

④ 湖北省荆州市周梁玉桥遗址博物馆：《关沮秦汉墓简牍》，中华书局 2001 年版，第 131 页。

⑤ 二十五史刊行委员会编集：《二十五史补编》，开明书店 1936 年影印本，第 4986 页下栏。

晦，扫疣北。”入帚井中。[①]

以朔日，葵茎磨疣二七，言曰：“今日朔，磨疣以葵戟。”又以杀本若道旁葥根二七，投泽若渊下，除日已望。[②]

这些井、泽、渊可能对某种疾病具有普遍的神力，因而成为祝由巫术的必要道具。道教的祝由之术也将这些法术继承了下来。不过，从文学作品中的记载来看，民众对池塘之神的敬畏心不够。刘义庆《幽冥录》载《淋涔君》：

晋孝武帝于殿北窗下清暑，忽见一人著白帢，黄练单衣，举身沾濡，自称“华林园池水中之神，名曰淋涔君。君若善见待，当相福佑”。时帝饮已醉，取所佩刀掷之，刀空过无碍。神忿曰：“不以佳士垂接，当令知所以居。”少时而暴崩。皆呼此灵为祸也。[③]

此处东晋孝武帝在寝宫遇到了华林池神，却没有对他恭敬对待，遭到了神明的报复，说明民众认为池塘中神属于邪神一类，能够给人带来灾祸。

最后，最值得我们注意的是井神崇拜。井神崇拜与道教文化之间有着非常密切的关系。井是人工挖成的能取出水的深洞，中国人使用井水历史悠久，最初取用井水是使用水桶，在水桶上面拴上绳子，把水桶吊入井中汲水，水桶汲满水后，用双手用力提绳，把装满水的水桶提出井口，后来为了省力发明了辘轳提水。道教认为，井水中也有神明，井神与道教有密切的关系，据《历世真仙体道通鉴》卷十八载，张道陵镇压了化身十二神女的土地阴灵，并且让她们作为井神，不仅不危害民众，而且还帮助人们开采井盐：

---

① 严健民：《五十二病方注译》，中医古籍出版社2005年，第62页。

② 同上书，第64页。

③ （南朝宋）刘义庆撰，郑晚晴辑注：《幽明录》，北京文化艺术出版社1988年版，第47页。

一日，领弟子遥见阳山白气属天，谓长、升曰："彼处必有妖怪，当往除之。"遂至其地，值十二神女于山前，姿态妖艳，因诘其由，神女答曰："妾等实土地阴灵也。"真人遂问："咸泉何在？"神女曰："前有大湫，毒龙处之。"真人以法召之不出，遂书一符，化为金翅凤，向湫上盘旋，毒龙惊惧，舍湫而走出，其湫即竭。遂得咸泉，煎之成盐。金翅凤泊于南山之上，后人呼为"凤凰台"，鸟雀至今不敢栖其上。十二神女各捧一玉环来献，曰："妾等愿事箕箒。"真人受其环，以手揖之，十二环合而为一，谓曰："吾投此环于井中，能得之者，应吾夙命也。"神女闻语，竟解衣而入，争取玉环，真人遂掩之。盟曰："令作井神，勿得复出，免为生人之患！"

真人方治咸泉，有一猎者至，真人戒其好杀，因授以煮盐之法。其井深五百四十尺，阔一丈，日得咸泉四十余函，其利甚博。真人遂指西北山上曰："此处可以筑城。"又指城南下曰："此处川岳相朝，可建福庭。"后人感真人之言，因而立祠，至今崇奉，祈祷不绝。

真人领升、长往阆中居。一日，思神之际，谓二子曰："吾向取神女衣，深虑神女复取之，出为人害。"遂再诣其所，取衣藏于高峰石室中，敕地神守护，即"熠阳洞"也。彼方之民，至今不罹神女之害，而获盐井之利。后以真人之讳，旌其事，今陵州是也。蜀中盐池，皆于其傍立清河府君之祠，"清河"乃张氏郡也。其山下无江及井，居人乏水，真人以神剑插地，因而成井，遣神卫之，使之不竭。真人谓升、长曰："此山多岩，人民居焉，虑山崖或坠落。"遂召其神誓之，使不伤人。

根据上面的记载，可知用咸井水熬盐的做法与张道陵有关，人们将其井尊称为"陵井"，在当地为他修了祀庙，并且将这个地方改称为陵州。从盐井中取水，煮沸蒸发后的残存物即为盐，煮盐发展成这个地方的支柱产业，十二女怪随玉环一起跳入井中，张道陵迅即将她们关入井内，并且立下咒语：从此她们将成为"水井之精"，不得出井。因此有关井神的说法也与道教有关。

综上所述，道教的水神崇拜是对山岳信仰的补充和完善，司马承祯及杜光庭完善了道教的洞天福地理论，道教有十大洞天、三十六小洞天，七十二福地，但是却没有没有涉及河流水域，这是很重要的空间区域。因此道教结合古代先民对天地水的自然崇拜，宣扬对江河湖海神明的敬奉，最初是河伯君以及东、西、南、北四海神，还有河神、河侯、河伯等一些非常具体的水神，他们生活在所居之处称为水府，位置都在水的深处。后来，北宋李思聪在其所撰《洞渊集》中开列出四海三山水府、十五水帝庙、河伯庙、五湖水神庙及十一溪神庙，并仿照司马承祯洞天福地谱录之成例，不仅指明诸水域水神、水帝庙之位置，而且还对各水府及江河淮济四水之治理者一一作了交代。这就将道教各类水域中的神圣空间囊括一处，弥补了司马承祯、杜光庭之缺憾，而且道教曾有专门的经书《水府记》以论述水府。据金王处一《西岳华山志》引《水府记》云："天下一十八处水府，华山车箱潭乃第七水府也"，从中可以看出，当时天下共有水府十八处，这十八水府也像洞天福地一样是有排序的：华山车箱潭列为第七。可惜此书今天佚失，因此我们无法得知十八水府之详情，但是由道书中断续的描述来看，其空间地理构造及环境体例与陆上的洞天福地相类似，应该可以纳入洞天福地的范畴。对水府神明的整理与发扬，是道教水崇拜文化的直接体现。

第三节 改造扩充雨神职能

雨神是掌管雨的神明，也是中国古代人们崇拜的自然神灵之一。从商代开始，中国经济以农业为主，雨情与收成密切相关，在生产力极其低下的条件下人们把自然界的雨奉为神灵。殷商时雨神是女神名媚，西周时称雨师，西汉之后，奉赤松子为雨师，求雨祭神，此外，还有龙、蛇、蛤蟆、金鱼等也常被认为是雨神。不过，民间信仰中较为公认的雨神是赤松子。东晋干宝的《搜神记》中载："赤松子者，神农时雨师也。服冰玉散，以教神农。能入火不烧。至昆仑山，常入西王母石室中，随风雨上下。炎帝少女追之，亦得仙，俱去。至高辛时，复为雨师，游人间。今之雨师本是焉。”① 此处传说中的雨神事迹已经有非常浓厚的道教色彩，其中“水玉散”指用水和着玄虫血渍玉的碎末，这是一种所谓吃了就可不死的药，见葛洪《抱朴子》。入火自烧也是道教传说，跳进火里自己焚烧是登仙的必经之路，人称“火化登仙”。不过，也有说赤松子是服气而成仙的，《淮南子·齐俗》载：“今夫王乔，赤诵（松）子，吹呕呼吸，吐故纳新，遗形去智，抱素反真，以游玄眇，上通云天。”② 不管赤松子以何种方式成仙，是道教进一步编造了赤松子修炼成仙的事迹，将其改造为道教仙人。《历代神仙通鉴》卷一载神农时，川竭山崩，皆成沙碛，连天亦几时不雨，禾黍各处枯槁。这时报宫外有一野人形容古怪，言语癫狂，上披草领，下系皮裙，蓬头跣足，指甲长如利爪，遍身黄毛覆盖，手执柳枝，狂歌跳舞。他自叙“予居白石山东之黄石山，因山多黄石，树尽赤松，故予号曰赤松子……予留王屋修炼多岁，始随赤真人南游衡岳。真人常化赤色神首飞龙往来其间，予亦化一赤虬追蹑其后，遇缘即度，逢迷即觉，既而随真人入天关，朝谒元始众圣，因予能随风雨上下，即命为雨师，主行霖雨。知子有忧民之心，故来施请雨之法”③。此处，赤松子有不羁的形象与个性，同时又爱民慈悲，雨师司雨水的神性与道教仙人形象进行了巧妙的结合。此后，在道教的修炼之中，雨神名号也经常被提及，如《云笈七签》卷十八载：“风伯神名吒君，号曰长育。雨师神名冯修，号曰树德。诸神常当存念之，令与司命君、司录君共削去某死籍，即为真人长生矣。不与相知存念之，即为疾风暴雨，雷电霹雳，持子远去，杀子之身。埋子深山，投子深渊；或为毒气所中，众鬼害人。子欲为道，宜致敬之。此神能害

① （东晋）干宝、陶潜：《搜神记》，浙江古籍出版社1999年版，第2页。
② 《淮南子·齐俗》，《道藏》第28册，第84页。
③ 徐道、程毓奇：《历代神仙通鉴》，辽宁古籍出版社1995年版，第53页。

人，王者之治，不可不知也。”[①] 可知，道教的赤松子已经不仅局限于司雨的职能，也能给人带来祸福。不过在民间，雨师仍旧是以司雨的职能为主。《事物异名录》载：“雨师名冯修，号曰树德，又名陈华夫。今俗又塑雨师像，乌髯壮汉，左手执盂，内盛一龙，右手若洒水状，称曰雨师陈天君。”[②] 可知后来雨神又名陈天君，形象也有了改变。通常人们用奏乐、歌舞、演唱的仪式来祭祀雨神，也有用柴燃烧供物的献祭。

除了雨神之外，远古初民一般都有崇拜风、云、雷的情况，因此，由原始信仰产生的风、雨、雷、电之神也通常与雨神并列，道教也对这类信仰进行了吸纳、改造与扩充。

一　风神

风神是掌管风的神明，中国古代的风神崇拜起源较早。早在几千年之前人们已经能够在海上泛舟航行，这时在茫茫的大海中航行，主要依靠风力的驱动。殷商时代人们已经能够识别四个方位的风向，西汉时期基本上掌握了季风的规律，可以利用季风进行航海。季风古称为信风，意为准时守信。应邵《风俗通义》载：“五月落梅风，江淮以为信风。”[③]《汉书》记载了三次远航，航海的日期、航向与季风的利用也有着密切的关系。三国以后，随着航海活动的增多，古代船员已经能够懂得利用海风，除了顶风之外的任何方向的海风，都可能驱动船舶的航行，《太平御览》卷七七一：“外徼人随舟大小式作四帆，前后沓载之。有卢头木，叶如牖，形长丈余，织以为帆。其四帆不正前向，皆使邪移相聚，以取风吹。风后者激而相射，亦并得风力。若急则随宜增减之，邪张相取风气，而无高危之虑。故行不避迅风激

---

① （宋）张君房：《云笈七签》卷18《三洞经教部》，中华书局2003年版，第427页。

② 武文主编：《中国民俗学古典文献辑论》，民族出版社2006年版，第246页。

③ （明）顾启元：《说略》第3册，《丛书集成续编》第8册《总类》，台湾新文丰出版公司1988年，第476页。

波，所以能疾。”[①] 唐人李肇《国史补》说：“江淮船溯流而上，待东北风，谓之信风。七八月有上信，三月有鸟信，五月有麦信。”[②] 可知，隋唐时期，中国人对季风变化规律的认识与应用也有了提高，北起日本海、南至南海的中国沿海水域的航行中都能够充分利用季风。宋元时期，季风在航海中的应用更加娴熟，宋朝王十朋曾经用“北风航海南风回，远物来输商贾乐”的诗句，描写了商人利用季风进行海上贸易的动人情景，利用西太平洋夏季吹东南到西南的偏南风，冬季刮东北到西北的偏北风，每遇冬汛北风发舶，夏汛南风回驶。去高丽皆乘夏至后南风，去日以南风，归日以北风；去日本是夏与初秋，利用东海的西南季风，返航则是仲秋与晚春，以避开冬季强大北风的横波冲击，并且利用较为温和的东北季风横越东海；去南洋以十一月、十二月发舶，就北风，来以五月、六月，就南风。

尽管人们在一定程度上掌握了风的规律与变化，在科学不发达的古代，人们还不可能知道季风的成因。人们既得益于季风，又不知道它的成因，为了保证出海远洋的平安，为祈求顺风和航海的安全，就将风进行神化，《周礼》的《大宗伯》篇称：“以槱燎祀司中、司命、风师、雨师。”[③] 郑玄注：“风师，箕也”，意思是“月离于箕，风扬沙，故知风师箕也”[④]。东汉蔡邕《独断》则称，“风伯神，箕星也。其象在天，能兴风”[⑤]。箕星是二十八宿中东方七宿之一，此当以星宿为风神。楚地亦有称风伯为飞廉的。屈原《离骚》有句称“前望舒使先驱兮，后飞廉使奔属”[⑥]。晋灼注飞廉曰“鹿身，头如雀，有角而

① 冯承钧：《中国南洋交通史》，商务印书馆2011年版，第16页。

② 华文轩编：《古典文学研究资料汇编》上编，中华书局1964年版，第703页。

③ 陈戍国点校：《周礼·逸逦·礼记》，岳麓书社1989年版，第53页。

④ 四库全书存目丛书编纂委员会编：《四库全书存目丛书》经部，第62册，齐鲁书社1997年版，第505页。

⑤（汉）蔡邕著，邓安生编：《蔡邕编年校注》上册，河北教育出版社2002年版，第236页。

⑥ 林家骊译注：《楚辞》，中华书局2010年版，第19页。

蛇尾豹文"[①]。高诱注蜚廉曰"兽名，长毛有翼"[②]。此当以动物为风神，飞廉亦作蜚廉，是中国神话中的神兽，文献称飞廉是鸟身鹿头或者鸟头鹿身，秦人的先祖之一为飞廉。唐宋以后，风神曾作"风姨""封姨"和"风后"，是一位女神。清褚人获《坚瓠二集》卷二："古称风神为孟婆。蒋捷词云：'春雨如丝，绣出花枝红袅，怎禁他孟婆合皂。'宋徽宗词云：'孟婆好做些方便，吹个沿儿倒转。'按北齐李騊駼聘陈，问陆士秀曰：'江南有孟婆，是何神也？'士秀曰：'《山海经》帝女游于江，出入必与风雨自随，以其帝女，故称孟婆。'《丹铅总录》：'江南七月间，有大风甚于舶绰，野人相传为孟婆发怒。'"[③]由此看来，宋明以后较为公认的风神是孟婆。顺风行船，对于出行非常关键，因此孟婆也是古代的船神。

由于风雨的流动性极大，不仅能够自由地穿越崇山峻岭、平原河谷，而且能够自由穿越江河大海，故风神具有陆神与海神的双重品格。内陆居民祭风神雨神是出于对自然伟力的崇拜，祈求风调雨顺；沿海居民崇奉风神雨神是将其作为海洋神明，祈求人船出入平安。为祈风而举行的典礼在宋朝颇为常见。当时祈风的仪式有两种，宋人林之奇说："夫祭有祈焉、有报焉。祈也者，所以先神而致其祷；报也者，所以后神而答其赐，祈不可以为报，而报不可以为祈，自古然也。而舶事之岁举，事祀典于神则异乎，是于夏之祈，有冬之报；于冬之祈，有夏之报。"[④]一年两次祈风分别为夏祈冬报，冬祈夏报。用酒，脯醢，报如常祀。[⑤]

祈风已经成为宋代的一种制度，是宋代市舶司主持的一种典礼，也是市舶司的职责之一，当时主要在泉州地区举行。在泉州，人们认

---

① 《汉书·武帝记》元封二年夏四月刘师古注引。

② 何宁：《淮南子集释》，中华书局1998年版，第128页。

③ （清）褚人珐：《坚瓠二集》卷2《孟婆》条，《笔记小说大观》第23编，第8册，台湾新兴书局1978年版，第4888页。

④ 林之奇：《拙斋文集》卷19《祈风舶司祭文》，转引自李玉昆《试论宋元时期的祈风与祭海》，《海交史研究》1983年总第5期，第67页。

⑤ 《宋史》卷102《礼志》五，转引自李玉昆《试论宋元时期的祈风与祭海》，《海交史研究》1983年总第5期，第67页。

为，季风是由一个名叫通远的仙翁管理的，为了航行的来回顺风，人们举行了祈风活动。唐朝就已经在泉州九日山给这个所谓通远仙翁建庙；宋朝的统治者为了鼓励航海，还把他封为通远王、善利王、广福显济王，把他的庙称作昭惠庙（祠）。当时祈风一般不由最高统治者来主持，而是由地方官吏来主持。“泉州祈风有较多的记载，林之奇、真德秀、王十朋、李邴均有诗文记载泉州祈风，泉州市舶司祈风地点在南安九日山延福寺通远王祠并留有祈风时刻，现尚留存十段。其他港口不见有官方祈风的记载。”① 因为“惟泉为州，所恃以足公私之用者，蕃舶也。舶之至时与不时者，风也。而能使风之从律而不愆者，神也。是以国有典祀，俾守土之臣，一岁而再祷焉”②。

除了官方行为之外，民间也有自发的祈风行为，各地大都有风神庙，风神的塑像孟婆大多为老媪，与道教神明信仰有关。为祈求顺风、航海平安，船员和商人在海南岛琼州贞利庙、广东澄海樟林港风伯庙、惠安大蚶庙、莆田祥应庙、莆田崎头乡罗仙庙、长乐演屿昭利庙、金门太武庙等举行民间祈风典礼，祈祷贞利侯、风神、罗隐、陈延晦、通远王等保佑。民间祈风相对较为灵活，其时节，或于夏冬，或于春冬；其地点，既有前往南安九日山通远王祠的，也有就近在本地海滨的庙宇进行的，如惠安的海商祈风，即在本邑附近海滨的大蚶庙。

另外，古代的海船主要是帆船，风的起灭顺逆关系到海船在海上航行的快慢，也维系着渔夫舟子的安危。在海上航行常常会遇上狂风巨浪，船翻人亡，遭到灭顶之灾，使渔船遇难的多是风大而烈的飓风，古代的航海者们将“飓风”冠以神名，如“关帝飓”“观音飓”等，反映了在古代人们眼里“飓风”是与神灵有密切关系的，而孟婆是所有风神的首领，则称为“飓母”。《南越志》载：“飓母即孟婆，

① 李玉昆：《试论宋元时期的祈风与祭海》，《海交史研究》1983 年总第 5 期，第 66 页。

② 《西山先生真文忠公文集》卷 5，转引自李玉昆《试论宋元时期的祈风与祭海》，《海交史研究》1983 年总第 5 期，第 65 页。

春夏向有晕如虹者是也。”[1] 故沿海地区风神通常是孟婆。船舶遇到大雾天也难出行，渔民中流行“神仙难撑雾天船”的口头语，雾天出海危险性相当大，这个时候风神孟婆会发挥其驱散迷雾的神力，渔民们认为，祭祀风神能够避免雾天海上行船的危险。有的地方称风神为“风师爷”[2]，认为奉祀风师爷可以避免台风。总之，船利在风，风力的大小也是由神主宰，民众虔诚地供奉风神，作为自然现象的“飓”也带上了神仙信仰的印记，使得风神与海洋文化也有了密切的联系，

二 雷神

雷神是雷电之神，雷神在世界各地都有，不过形象各不相同。有的雷神是兽形，如《山海经》载：“东海中有流波山，入海七千里。其上有兽，状如牛，苍身而无角，一足，出入水则必风雨，其光如日月，其声如雷。其名曰夔。黄帝得之，以其皮为鼓，撅以雷兽之骨，声闻五百里，以威天下。”[3] 由于滚滚雷声来自于空中，民间又认为，雷神是翱翔于天空的鸟类，也有鸟嘴、鸟爪和翅膀，因此中外都有鸟嘴的雷神形象。再后来，中国民间认为，雷神能化身为一只红色的大公鸡。总的说来，雷神的形象经历了一个兽形、半人半兽形、人形的转变，后来为了凸显其神明气质，人们赋予雷神以双翅。由于人们认为，雷神行雷时，会击雷鼓，造成雷声滚滚，所以设想雷神的性格是暴躁好战的，也给他配备了“楔”“斧”一类的武器，从而使得雷神的形象更趋丰满。清黄斐默《集说诠真》载：“今俗所塑之雷神，状若力士，裸胸坦腹，背插两翅，额具三目，脸赤如猴，下颏长而锐，足如鹰鹤，而爪更厉，左手执楔，右手持槌，作欲击状。自顶至傍，环悬连鼓五个，左足盘蹑一鼓，称曰雷公江天君。”[4] 可知，雷神的形

---

① （清）周亮工、（清）施鸿保撰，来新夏校点：《闽小纪》，福建人民出版社 1985 年版，第 7 页。

② ［日］窪德忠著，萧坤华译：《道教诸神》，四川人民出版社 1989 年版，第 26 页。

③ （西汉）刘歆编，方韬译注：《山海经·大荒东经》，中华书局 2009 年版，第 236 页。

④ 武文主编：《中国民俗学古典文献辑论》，民族出版社 2006 年版，第 246 页。

象已经基本定型，道教则对雷神进行了进一步改造。

早期雷神始终只有一个单独的雷神，道教沿着雷神人格化的思路，构造了以“九天应元雷声普化天尊”为主神的一系列雷神，称为“雷部诸神”，这其中有道教对民间雷神信仰的改造和吸收，更多的是道教思维的独特创造。雷法产生于北宋，兴盛于南宋、金、元，其影响延续至明清，是道教“呼风唤雨”特征的重要体现，至今仍然被视为具有强大效力的法术。在具体的雷法中，作为将班的雷神种类繁多，依法术的不同而有所差异，但是大致以传统的“干支”“元气”“阴阳”等理论为其构想雷神名讳、形象的理论支持，也是道教法术与传统文化间所具有的深刻渊源的体现。道教将雷神分为最高的天尊雷神与部将雷神，最高的天尊雷神封为九天应元雷神普化天尊。天尊雷神天尊雷神的部将，有三十六雷神、二十四位天君、五雷部将之分。“三十六雷神”的说法认为，天尊雷神行雷击雷鼓，三十六位雷神把本部雷鼓一齐击发，人世间隆隆的雷声便响成了一片。“二十四位天君”的说法认为，天尊雷神的部将为二十四位“催云助雨护法天君”，其中“天君”则是道教对神仙们的一种尊称，如电母秀天君、风伯方天君等都是道教虚拟的名目。还有一种说法认为，天尊雷神总司五雷，即天雷、地雷、水雷、神雷、社雷，或者是天雷、地雷、水雷、神雷、妖雷五雷。由于五位雷神相对于三十六雷神、二十四位天君来说易懂好记，所以道教的雷法就常常是驱使五雷，招雷致雨，这五位雷神也被称为“五雷部将”，也有道法的名称就是“五雷天心正法”。杜光庭《神仙感遇传》卷一《叶迁韶传》载，雷公有一次行雷雨时被树枝夹住，不能脱身。后为叶迁韶救出，雷公“愧谢之”，“以墨篆一卷与之曰：‘依此行之，可以致雷雨，祛疾苦、立功救人。我兄弟五人，要闻雷声，但唤雷大、雷二，即相应。’自是行符致雨，或有殊效”①。此处雷神自述“兄弟五人”说明是五雷雷神。

三 电神

电神是掌管闪电之神，虽然位于风雨雷电四神之列，但是相对来

① （唐）杜光庭：《神仙感遇传》卷1《叶迁韶传》，《道藏》第28册，第413页。

说，不受重视，通常与雷神并谈。因为闪电的亮光耀眼，电神在民间又称金光圣母，通常为女神，称“电母”。清黄斐默《集说诠真》载：“（雷神旁）又塑电母神像，其容如女，貌端雅，两手各执镜，号曰电母秀天君。庙中置此二像，乡民燃烛焚香，极其诚敬。”①

综上所述，雨水与古代人类社会生活最为密切相关，故在众多气象神中，民众最为崇拜的是雨神。《延祐四明志》记载，早在宋代“雨神”和“风神”就附祀于东海之神的神庙中。宋朝册封雨神为宁济侯，风神为宁顺侯。这实际上是官方对风神和雨神信仰的确认与提升。海洋社会中，人们普遍信奉雷公与风伯、雨师、电母，道教沿用了民间社会的人格化方式，构想了可供道士召遣役使的庞杂的雷部诸神系统，为诸神编订了封号与姓名身世，一则广布其影响，二则将道教法术神秘化。这种改编突破了原来民间的雷神形象，已经演变成了以“九天应元雷声普化天尊”为首，下辖雷部众神的庞大的神真系统，与原先单一的天神形象有了较大的区别。这一庞杂的神真系统，最终成为道教神霄雷法、清微雷法行法时所役使的将班。《清微元降大法》卷十六的《紫霄天一演庆部》中载风、雨、雷、电四神为：“雷公明令神君严东师，电姥见耀夫人章敬，雨师广映神君方烈，风伯冲玄神君刘元瑞。”②《清微元降大法》卷十三的《上清信元翼官运通五雷》中所召遣的雷公、电母、风伯、雨师则为：“雷公轰震大神江赫冲，电母耀光元君秀文英，风伯飞扬真君方道彰，雨师溥润真君陈华夫，雨师则被称为陈天君。”③道教将传统民间信仰中的风雨雷电崇拜进行整合，通过相应的名讳将风雨雷电四神熟练地运用到科仪法术中去，雷部诸神也能够更好地为民众服务，随着道教雷部诸神体系的建立，世人的心理也完成了由“畏惧”、心生敬畏，向“策役”诸神、济物利人的方向转变。雷神道教雷部诸神体系的建立，不仅是雷神人格化倾向发展的极致，同时也为雷法的施行提供了信仰基础，道教雷法中对于众神的招役，更是道教雷法的雷神与民间信仰的神真世界联系紧密的体现。

---

① 武文主编：《中国民俗学古典文献辑论》，民族出版社2006年版，第246页。

② 《清微元降大法》卷16《紫霄天一演庆部》，《道藏》第4册，第227页。

③ 《清微元降大法》卷13《上清信元翼官运通五雷》，《道藏》第4册，第214页。

第五章

道教与新造水神

道教水神体系非常庞杂，除了将民间信仰中原有的水神拉入道教神谱中去，道教还会将某位有特殊神迹的人敬若神明，并且为他量身定制相应的神迹，从而使之更适合神明的身份。道教所做的就是吸收这些新的神明，并且根据自己的需要创造出新的神明事迹。不过，道教的水神创造也并非毫无根据，通常是对原有民间传说中的人物再次充实，使其位列仙班，或展现某些神迹。

第一节　具有阴柔之美的女性水仙

由于女性的阴柔气质与水所具有的阴柔之美极其类似，因此道教水神中女性水神不少，如郝姑、巫山神女、云华夫人等，有些是由凡人变化而来，有些是由传说而来，有些是道教徒的虚构。郝姑是道教水神中知名度较高者，其人物事迹主要见于《莫州图经·郝姑》：

郝姑祠在莫州莫县西北四十五里。俗传云，郝姑字女君。本太原人，后居此邑。魏青龙年中，与邻女十人，于沤溏汇水边挑蔬。忽有三青衣童子，至女君前云："东海公娶女君为妇。"言讫，敷茵褥于水上，行坐往来，有若陆地。其青衣童子便在侍侧，流流而下。邻女走告之，家人往看，莫能得也。女君遥语云："幸得为水仙，愿勿忧怖。"仍言每至四月，送刀鱼为信。自古至今，每年四月内，多有刀鱼上来。乡人每到四月祈祷，州县长吏若谒此祠，先拜然后得入。于祠前忽生青石一所，纵横可三尺余，高二尺余，有旧题云："此是姑夫上马石"，至今存焉。[①]

从上文可知，青年女子郝姑，其父郝昭，原为陈仓县令，后迁至冀州居住。一天，郝姑与其十个同伴去沤洟汇水边挑蔬。有三个少年前来，对郝姑表示东海龙王欲娶她为妻，他们是奉命前来邀她去完婚的。这三人在水上铺就一条地毯，郝姑踏上地毯，随这三名来使去了。郝姑只觉得这水上地毯坚如陆地，安然无恙。郝姑的同伴急忙回去告其父母，让他们快去河边。郝姑远嘱其父母不要为她难过，因为她从此将成"水仙"，并且答应每年四月的潮汐来时，她会给他们送上刀鱼。说完郝姑即在水上飘逸而去了。翌年，刀鱼真的如期而至，其数量多得惊人，甚至随潮冲上岸来。人们后在郝姑出嫁的岸边修建了一座祭祀她的祠庙，当地官吏纷纷前去祭拜，入庙前必先在外叩拜，以示恭敬，然后才得入内。这座庙位于冀州西北约十五里处。一天，庙门前忽地平地长出一块大石，高约三尺，石上题有显其用意的五字："姑夫上马石"。此处郝姑位列道教诸位女仙之列，与麻姑、玄俗妻、阳都女、孙夫人、樊夫人、东陵圣母、张玉兰等都为道教得道女性。

道教还有一位女性水神云华夫人，其原型为自然水崇拜中的巫山神女。据宋玉《高唐赋》载，巫山神女名瑶姬，为炎帝之女，是巫山行云致雨的女神。唐代杜光庭《墉城集仙录》中重新设计了巫山神女的故事，使之更符合道教的审美情趣。在《墉城集仙录》中，巫山神女名云华夫人，乃"王母第二十三女，太真王夫人之妹也，名瑶姬"[②]。其身份已经是道教神仙，其社会地位也更为高贵，由原来的只能在阳台之下变化云雨，变得更加神通广大，职在"主领教童真之士，理（当为治）在王映之台"，其身旁"天灵官侍卫，不可名识，狮子抱阀，天马启涂。毒龙电兽，八威备轩"[③]，在仙界擅有莫大的权威。其"受徊风混合万景练神飞化之道"，神通广大，变化无常。云华夫人的外形也不是固定的女性形象，而是"在人为人，在物为物"，没有固定的外

① （宋）李昉等编：《太平广记》卷60，中华书局1961年版，第374—375页。

② 《墉城集仙录》，《道藏》第18册，第178页。

③ 同上。

形。究其原因是因为她“由凝气成真，与道合体，非寓胎禀化之形”[①]。杜光庭笔下的“巫山神女”云华夫人的最光辉业绩是助大禹治水。明代曹学佺所著《蜀中广记》第二十二卷言：“瑶姬西王母之女，称云华夫人，助禹驱神鬼，斩石疏波有功，见纪今封妙用真人，庙额曰，凝真观。”[②]《历世真仙体道通鉴》说：“夏禹治水，随山濬川。老君遣云华夫人，往阴助之。时驻巫山之下，大风卒至，崖谷振损，力不可制。忽遇云华夫人，禹拜而求助，夫人即敕侍女授禹策召鬼神之书，因命萁神狂章、虞余、黄麾、大翳、庚辰、童律、巨灵神等助其斩石、疏波、决塞、导阨。”[③] 可知，由于云华夫人的授意，大禹治水得到了神明的帮助，为人力所不能制者统统去除，禹治水乃成功。不过，云华夫人在佐禹治水之余，也不忘向禹传道授经，她认为，“勤乎哉？子之功及于物矣，勤逮于我矣，善格夫天矣，而未闻至道之也”[④]。云华夫人具有深厚的道教理论修养，她师从道教圣君三元道君，又秉承道教经典上清宝经，她又耳提面命将道教经典“上清灵宝真文”传给大禹，有了这个真文宝书，大禹就能够陆策虎豹，水制蛟龙，斩域千邪，检驭群凶，后来大禹入阳明洞天，修长生之道，成紫庭真人。把人间的治水大英雄度脱为道教中人，这是道教中人惯用的一种手段，同样云华夫人由炎帝之女而摇身一变成为道教尊神西王母之女，并被封为妙用真人，其神迹则由女神朝云暮雨的简单职能演绎成助禹治水的丰功伟绩，使巫山神女救厄布道的道教圣人形象得以圆满体现，其中道教思维对云华夫人形象的重新塑造是起决定性作用的。

第二节 具有阳刚力量的水仙尊王

与女性女神相对应的是男性水仙，这里面大致包括善于治水的大

① 《墉城集仙录》，《道藏》第18册，第178页。

② 曹学佺：《蜀中广记》，《四库全书》，上海古籍出版社1985年版，第272页。

③ （元）赵道一：《历世真仙体道通鉴》后集卷2，《道藏》第5册，第458页。

④ 同上。

禹、与刘邦相争失利在乌江边自刎的西楚霸王项羽、不被楚怀王楚襄王重用自沉于江的爱国诗人屈原、被陷害自尽而遗体被吴王夫差丢入河底的忠臣伍子胥，甚至还有传说醉后于水里捞月溺死的唐朝大诗人李白、年少渡江溺死的《滕王阁序》作者初唐四杰中的王勃等人，也都与水有渊源关系而被民众奉为水仙尊王。

水仙信仰广泛流行于江浙闽粤台等地区，简称水仙王，是贸易商人、船员最为信奉的海神。不同地方供奉的水仙尊王不同，如台湾各地的水仙公庙主奉的神祇共有五位，以“大禹王”为主神，伍子胥、屈原、王勃及李白等古圣先贤配祀①。无论供奉的是何位水仙尊王，民众对于水仙尊王的神奇之力是非常信奉的。《海上纪略》曾记载：

水仙王者，洋中之神，莫详姓氏，或曰帝禹、伍相、三闾大夫，不一其说。帝禹平成水土，功在万世；伍相浮鸱夷；屈子怀石自沉，宜为水神，神爽不泯。划水仙者，洋中危急，不得近岸之所为也。海舶在大洋中，不啻太虚一尘，渺无涯际，惟藉樯舵坚实，绳碇完固，庶几乘波御风，乃有依赖。每遇飓风忽至，骇浪如山，柁折樯倾，绳断底裂，技力不得施，智巧无所用，斯时惟有叩天求神，角崩稽首，以祈默宥而已。爰有水仙拯救之异。

余于台郡遣二船赴鸡笼淡水，大风折舵，舶腹中裂。王君云森居舟中，自分必死，舟师告曰：“惟有划水仙可免。”遂披发与舟人共蹲舷间，以空手作拨棹势，而众口假为钲鼓声，如五日竞渡状，顷刻抵岸，众喜幸生，水仙之力也。余初不信，曰：“偶然耳，岂有徒手虚棹，而能抗海浪、逆飓风者乎？”

顾君敷公恩曰：“有是哉！曩居台湾仕伪郑，从澎湖归，中流舟裂，业已半沉，众谋共划水仙，舟复浮出，直入鹿耳门，有红毛覆舟在焉，竟庋舟底。久之，有小舟来救，众已获拯，此舟乃沉，抑若有人暗中持之者，宁非鬼神之力乎？”

---

① 谢金銮：《台湾县志》卷5外编《寺观》，转引自陈小冲《台湾民间信仰》，鹭江出版社1993年版，第70页。

迨八月初六日，有陈君一舶自省中来，半渡遭风，舟底已裂，水入艎中，鹢首欲俯，而柁又中折，辗转巨浪中，死亡之势，不可顷刻待。有言划水仙者，徒手一拨，沉者忽浮，破浪穿风，疾飞如矢，顷刻抵南茨之白沙墩，众皆登岸，得饭一盂，稽颡沙岸，神未尝不歆也。陈君谓当时虽十帆并张，不足喻其疾。鬼神之灵，亦奇已哉！①

从上文的记载中可知，水仙王者是海洋之神，通常出现在连接闽粤港台地区的海域。

上述文章中提到的三起海船危难事故，都是船舶处在非常危急的时刻，大风折舵、舶腹中裂、全船人员顷刻毙命的危难瞬间，通过虚拟的划水仙动作却能让船迅速脱离险境，飞速行驶到岸，不可谓不神奇，除了神仙之力之外似乎没有别的更好解释，也难怪贸易商人、船员对于水仙尊王最为信仰。

因此，江浙闽粤台等滨海地区，渔民中间流传着“划水仙”的习俗。每当船遇到大风大浪困于水中时，就通过“划水仙”向水仙尊王求救。届时船员们要众口一起喊叫，模仿锣鼓声，每人手拿羹匙和筷子做划桨动作，仿佛端午龙舟竞赛一般。不可思议的是，通常船就会以仿佛龙舟竞赛的速度一般顺利靠岸，实现传说中水仙尊王的救助。从原理上来分析，这种“划水仙”仪式与原始模拟巫术相类似，也有可能是早期船员向水仙王祈祷的一种方式。

总之，水仙王大多是与水有关的忠臣烈士、英雄人物等，他们合并供奉被称为“诸水仙王”。他们起初也是普通陆地水神，受到民众的尊重与奉祀。随着海洋航运和海洋贸易的发展，由于种种原因，水仙尊王被民众编造出了相应的海洋奇迹神话，他们也就慢慢地转变为海神，实现了陆地水神与海洋海神之间的职能转换，并且借助神迹和信仰在民间越传越广泛。

① （清）许奉恩：《里乘》，齐鲁书社2004年版，第253—254页。

第三节 具有解厄职能的水官大帝

在道教神系中，有几位出现时间比三清尊神还早而且神阶很高的尊神，天、地、水三官就是其中之一，是道教最早敬奉的神灵，亦称"三官大帝""三元大帝""三官帝君"，其中的水官与海洋文化和道教水崇拜密切相关。

儒教神谱中，水神是地祇的一部分，道教则把水界之神单列一系，"解厄水官洞阴大帝"是水界的最高首长，《三元品戒功德轻重经》则说得更为详细："下元三品水官，洞元风泽之气，晨浩之精……总主水帝暘谷神王、九江水府河伯神仙，诸真人水中诸大神已得道，过去未得道，及百姓子男女人仙簿录籍。"[①]《太上三元赐福赦罪解厄消灾延生保命妙经》也说水官大帝"居青华宫中，部四十二曹……主管江河水帝万灵之事，掌长夜死魂鬼神之籍。"[②] 故水官大帝为天下水域水神的总头目。道教中履海如平地的八仙、能够带来风调雨顺的玉皇大帝、海神妈祖，雷部、火部天将王灵官，泰山神东岳大帝、磨刀致雨的关帝圣君等，都是水官的下属。

水可以象征意外的灾难、智慧、清洗、洁净、变化、化解，所以水官的称号是解厄。水官全称"五气三品解厄水官"，总管九江四渎、三河五海、十二溪真圣神君，掌管死魂鬼神之籍，记录众生功过之条。每年亥月（十月）十五日水官考籍，按照众生善恶功过，随福受报，随孽转形。道观此日设斋建醮，禳解厄难，超度亡人。水官虽为三官之一，从官秩上说只有三品，比一品的天官、二品的地官都要低，但是民间将他们等同看待。

中国上古就有祭天、祭地和祭水的礼仪。《仪礼》的《觐礼》篇

---

① 《三元品戒功德轻重经》，《道藏》第6册，第877页。

② 《太上三元赐福赦罪解厄消灾延生保命妙经》，《续道藏》第34册，文物出版社、上海书店、天津古籍出版社1987年版，第734页。

称："祭天，燔柴。祭山、丘陵，升。祭川，沈。祭地，瘗。"① 说明上古祭祀天地水的礼仪分别是将玉帛、牺牲等置于积柴上而焚之，或者登上高处，或者将祭品沉入水中，或者掩埋在土中。这种做法应对后世道教的三官手书有所启示。上古祭祀天地水是皇帝的权力，庶民百姓只能祭祖。东汉时，张陵创立五斗米道，就以祭祀天地水三官作为道教徒请祷治病的方法。《三国志·张鲁传》引《典略》说："祭酒主以老子五千文，使都习。号为奸令，为鬼吏，主为病者请祷。请祷之法，书病人姓名，说服罪之意，作三通，其一上之天，著山上；其一埋之地，其一沉之水，谓之三官手书。"② 道经称：天官赐福，地官赦罪，水官解厄。一说天官为唐尧，地官为虞舜，水官为大禹。南北朝时天地水三官神和上中下三元神合二为一，"三官"与"三元"相结合而为三位天帝。据《元始天尊说三官宝号经》可知，此三位天帝之名及其职掌为，上元一品赐福天官，紫微大帝；中元二品赦罪天官，清虚大帝；下元三品解厄水官，洞阴大帝。三官并称得道神仙，皆从三官保举；下方生人，但持三官宝号，能除厄难。旧时各地有三官庙、三官殿、三官堂。以正月十五、七月十五、十月十五为三官生日，是最有影响的民俗节日之一，都与水崇拜文化有着丝丝缕缕的联系。

第四节　治水有功的山川神主大禹

大禹是中国历史上杰出的治水英雄，大禹传说在全中国各地都有，《史记·夏本纪》曰："天下皆宗禹之明度数声乐，为山川神主。"③ 大禹被民众奉为山川神主，在道教编织的故事中，大禹是主管水的水官神仙，道教认为，大禹之所以能够带领人们治理洪水是受到

---

① （西汉）郑玄注：《仪礼注疏》，《十三经注疏》，北京大学出版社 1999 年，第 533 页。

② （西晋）陈寿：《三国志》卷 8，中华书局 1999 年版，第 198 页。

③ （西汉）司马迁：《史记》，中华书局 2003 年版，第 82 页。

了神仙的指点。除了上文提到的云华夫人，还有其他神明也帮助过大禹，如唐李冗《独异志》载："禹伤其父功不成，乃南逃衡山，斩马以祭之，仰天而哭。忽梦神人，自称玄夷苍水使者，谓禹曰：'欲得我书者，斋焉。'禹遂斋三日。乃降金简玉字之书，得治水之要。"[①]此处又有"玄夷苍水使者"来指点大禹治水，所谓"金简玉字之书"具体内容如何已经不得而知，但指代道教珍贵经文无疑。《云笈七签》卷三谓："道教经诰，起自三元；从本降迹，成于五德；以三就五，乃成八会，八会之字，妙气所成，八角垂芒，凝空云篆。太真按笔，玉妃拂筵；黄金为书，白玉为简；秘于诸天之上，藏于七宝玄台，有道即见，无道即隐。盖是自然天书，非关仓颉所作。"[②]所以，道教典籍的传授异常神秘，不是其人根本无缘得见其书。大禹算是有道缘之人，他所得窥天书是灵宝经，"今传《灵宝经》者，则是天真皇人于峨眉山授于轩辕黄帝，又天真皇人授帝喾于牧德之台，夏禹感降于钟山，阖闾窃窥于句曲，其后有葛孝先之类，郑思远之徒，师资相承，蝉联不绝"[③]。大禹在钟山得到《灵宝经》是《灵宝五符经》，这是魏晋道教所传的重要经典，道教认为，夏禹得此天书后，才完成了他一系列治水的丰功伟业，能凿龙门，通四渎。功毕，川途治导，天下又安。后来又是由于云华夫人的超度，大禹才能进入仙界，位列仙班。

南朝陶弘景《真灵位业图》中，禹居第三神阶中位"太极金阙帝君"之左，并有注云："受钟山真人灵宝九迹法，治水有功。"[④]道教还进一步抬高大禹的地位，将大禹认作是道教"四圣"之一，与遥远上古时代的伏羲、轩辕、高辛等人同等地位。在《道教序》中，道教认为，"正真之教者，无上虚皇为师，元始天尊传授。洎乎玄粹，秘于九天，正化敷于代圣，天上则天尊演化于三清众天，大弘真乘，开导仙阶；人间则伏羲受图，轩辕受符，高辛受天经，夏禹受洛书。四

---

① （唐）李冗：《独异志》，载《古小说丛刊》，中华书局1983年版，第24页。

② （宋）张君房：《云笈七签》卷3《道教本始部》，中华书局2003年版，第32页。

③ 同上。

④ 《洞玄灵宝真灵位业图》，《道藏》第3册，第275页。

圣禀其神灵，五老现于河渚。故有三坟五典，常道之教也。”[①] 可见，水官大禹在道教神谱中地位甚高，理所当然地成为诸位水神的首领，管辖包括海神在内的所有水神。据《中华古今注》载，大禹曾经接受海神们的朝拜：“昔禹王集诸侯于涂山之夕，忽大风雷震，云中甲马及九十一千余人，中有服金甲及铁甲，不被甲者以红绡袜其首额。禹王问之，对曰：‘此袜额。’盖武士之首服，皆佩刀，以为卫从，乃是海神来朝也。一云风伯、雨师。自此为用。后至秦始皇巡狩至海滨，亦有海神来朝，皆戴袜额、绯衫、大口裤，以为军容礼，至今不易其制。”[②] 大禹被尊为水官大帝的地位可见一斑。

总之，粉饰神明是道教的一贯做法，在道教看来，一个成功的历史人物的背后，必定站着一位神通广大的道教神仙，尤其是那些做过惊天动地业绩的历史英雄，更是受到了道教神仙的鼎力扶持。这样，神迹就与道教神人之间有了密切的相互转换关系，任何凡人具备了这两样东西，就具有了成为神明的潜质。道教能把治水英雄大禹神化为道教神明，前提是大禹有治水的丰功伟绩，再加上道教为神主所编造的诸多神授天意等光环，因此在治水英雄大禹转换为水官大禹的过程中，离不开道教的造神活动。

第五节　水星崇拜形成的水德星君

面对浩瀚的星空，还没有掌握其运行规律的人类，对宇宙星辰产生了一种神秘感。随着对土地、山岳、河川、星辰等的自然崇拜的产生，在道教神灵观念的影响下人们认为星辰有意志力，有神力，能支配气象，能预示世事吉凶，故多据星象以占验人事，从而产生了把自然气象、社会现象与星辰联系起来的分野之说。后来，随着道教的发展，星辰又被晋升官职，称为星君。星辰之神不仅执掌大自然的风雨

---

① （宋）张君房：《云笈七签》卷3《道教本始部》，中华书局2003年版，第31页。

② （后唐）马缟：《中华古今注》卷上《军容袜额》，中华书局1989年版，第9页。

雷电、阴晴冷暖，还兼管人间的功名利禄、福祸命运等。水德星君就是从对水星崇拜演化而来的，也是掌管水的神明。

道教认为，水德星君是天界专管水的星宿，居鸟浩宫，与道家的青龙、白虎、朱雀、玄武等四星神相类似，正好对应于二十八星宿之四方象限（东、北、西和南四方）中的水行，每一星宿象限中的星座是按“木、金、土、日、月、火、水”之次序排列的。道教经典《太上洞真五星秘授经》中以木、金、火、水、土称五星君，水神是水德星君，还描述了水德星君的服饰和职掌，“北方水德真君，通利万物，含真娠灵，如世人运炁逢遇，多有灾滞尅掠之苦，宜弘善以迎之。其真君，戴星冠，蹑朱履，衣玄霞寿鹤之衣，手执玉简，悬七星金剑，垂白玉环珮。宜图形供养，以异花珍果，净水名香，灯烛清醴，虔心瞻敬，至心而呪曰：水星真君，含育万类。祸福不差，其功罔匮”[①]。据此描述可见水德星君是一位女神，宋代张思恭曾绘《猴侍奉水星神图》，图中一美妇人即水星神坐于榻上，右手执笔，左手握纸，作欲写时的沉思之状，右边一猴高举石砚，供她着墨。道教科仪中有《水德星君咒》：“妙哉符五炁，仿佛见真门。嵯峨当丑位，壬癸洞灵君。分辉凝皎洁，昐蠁赴思存。仙歌将舞蹈，良久下金天。”[②] 此咒语也温文尔雅，似描述一位女神。

不过，深受道教影响的中国古代神魔小说《封神演义》中将水德星君改为一位男神。《封神演义》全书以武王伐纣、商周易代的历史为框架，叙写天上的神仙分成两派卷入这场斗争，支持武王的为阐教，帮助纣王的为截教。双方祭宝斗法，几经较量，最后纣王失败自焚，姜子牙将双方战死的要人一一封神，书中的道教影响非常明显，肆意汪洋的想象也对道教神位进行了增添和补充。书中封商朝将领鲁雄为水德星君，他是水部四位正神的统帅，其余水部四位正神的名讳分别是箕水豹杨真，而“豹子”是人马座的伽马、德尔塔、伊普西龙和艾塔四宿之星的象形，属箕宿，与此星宿有联系的是冯异，也许同

① 《太上洞真五星秘授经》，《道藏》第1册，第870页。

② 《洪恩灵济真君七政星灯仪》，《道藏》第9册，第43页。

黄河神冯夷是同一人，位于二十八星宿之东方星宿象限；其次是壁水㺄方吉清，“㺄㺄”是飞马座的伽马宿和仙女座的阿尔法宿之星的象形，属壁宿，位于二十八星宿之北方星宿象限。第三是参水猿孙祥，“长臂猿”是猎户座参宿四、参宿五、参宿七及其他四颗星宿之星的象形，属参宿，位于二十八星宿之西方星宿象限。第四是轸水蚓胡道元，“蚯蚓”是乌鸦座的四颗辉星之星的象形，属轸宿，位于二十八星宿之南方星宿象限。可见，《封神演义》作品中神灵谱系的队伍更加庞大，道教的水德星君影响也顺势影响深远。

总之，在后来民间信仰中，水星之星君掌管天下一切江河事物，有时他也作为水官大帝或者属于水官大帝的部下，其职能并不明确。《西游记》第五十一回，孙悟空遭到金兜大王围困，到天庭请水德星君帮忙，水德星君就派下黄河河伯去协助。

如今，在福建泉州的天后宫中，水德星君是妈祖从祀的二十四司之一。泉州崇阳门城楼上也供奉着水德星君，古代每到冬季风高气燥之时，为了防止火灾，老百姓往往要在门上张贴印有水德星君神仙的绿色符纸，以期远离火灾，农历正月十六及廿一日都是水德星君的祭日。

第六节　五行主水附会的玄武水神

道教崇水，格外青睐与水有关的神灵，在阴阳五行中，北方属五行中的水位，位处北方的玄武与水结下了不解之缘。玄天上帝传说中职掌水火和司命的职能，《后汉书·王梁传》云：“玄武，水神之名。”[①]《淮南子·天文》：“北方水也，其帝颛顼，其佐玄冥，其神为辰星，其兽玄武。”[②] 玄天上帝信仰起源于古代的星宿崇拜和动物崇拜。玄天上帝原称玄武，是北方七宿的总称，属天文方面的“四象”

① 《后汉书》卷22《王梁传》第12，中华书局1977年版，第774页。

② 何宁：《淮南子集释》，中华书局1998年版，第188页。

之一,《重修纬书集成》卷六《河图帝览嬉》:“北方玄武之所主,其帝颛顼,其神玄冥。昏危中旦,七星中其宿似在乎尾,然仲冬之月,日在斗,则北方七神之宿实始于斗,镇北方,主风雨,光辉灿烂,是其得主有常(占经六十一)。”①

春秋战国时期玄武被奉为星宿之神,以灵龟为其象征,西汉中叶以后其形象变为龟蛇合体,这一形象被道教吸纳之后,又不断地被重新塑造,至宋代玄武则成了人格化的玄天上帝,说他是出生于净乐国皇太子,后出家入武当山修行四十年,功德圆满成仙。关于龟蛇二将的来历,《北游记》中说,当年真武(当时为净乐王太子)在武当山修炼时,渐入仙道,但是未去五脏。妙乐天尊用瞌睡虫让其睡去,下令天神将真武的肚肠取出,用石盖住。真武醒来自觉身轻遂成仙道。而那石下的肚和肠子,因受灵气,年深日久肚成龟怪,肠成蛇怪。在道教所编的玄天上帝神话《降魔洞阴》节中,“魔王以坎离二气化苍龟巨蛇,变现方成,帝以神慑于足下”②。可知,龟和蛇是由气化而成,气又由水生,龟蛇是水生之物,坎和离在八卦中分别代表水和火,所以龟蛇又是水火之精。水火又可以理解为阴阳雌雄,龟为雌,蛇为雄,龟蛇相交也就表示雌雄交配。魏伯阳在《周易参同契》中将龟蛇相交说加以吸收利用,阐明男女须阴阳相交的炼丹原理,曰:“玄武龟蛇,磐纠相扶,以明化牡,竟当相须。”其注曰:“玄武者,龟蛇也。龟与蛇合盘虹相依,即今之人画龟以蛇盘之是也,以喻金水阴阳相须也。须相也,化牡而求之,亦如金水俱来合也,故取龟蛇明之。”③ 龟蛇时刻不离玄武,成为玄武的化身,龟蛇的出现就等于玄武显灵。在四象当中,只有玄武既有阴又有阳,为青龙、白虎、朱雀所不及,玄武信仰更为道教所看重和推崇。

玄武神先是道教神灵谱系中的水神,后来发展为掌管南海的海神,其信仰在福建泉州一带颇为流行。尤其是泉州,地处海滨,在泉

---

① 上海古籍出版社编:《纬书集成》,上海古籍出版社 1994 年版,第 1587 页。

② 《玄天上帝启圣录》卷 1,《道藏》第 19 册,第 575 页。

③ 《周易参同契注》卷中,《正统道藏》第 33 册,台湾:艺文印书馆 1977 年版,第 26731 页。

州湾晋江北岸石头山上有真武庙，据传“为郡守望祭海神之所。”宋时海外交通十分发达，海外贸易也很兴盛，玄天上帝庙的庙址多靠近海边，人们常在此为出海者祈求平安，说明当时玄天上帝已经作为海神实施保平安的职能。玄天上帝作为海神，不仅受到人们的顶礼膜拜，也迎合了封建统治者的海防需要，宋元明清四个王朝的统治者都倡导皇室成员及民间百姓奉祀玄天上帝，还将玄天上帝祭祀纳入国家祭典，建造用于官方祭祀的玄天上帝宫庙，不断地加封玄天上帝以助其神威。这些都说明了随着海洋经济的发展，玄天上帝信仰在闽南地区的兴盛，这一道教水神转为海神，满足了民众对南海海神的平安诉求，也映射出朝廷对发展海外贸易与海洋经济的重视。

综上所述，道教新创的水神群体中，几乎都可以从中国本土文化中找到它的源头和原型，但是，都与原本的民间信仰不同。道教为这些源于对民间的水神进行了翻新改造，充实了其神迹，使得其道教色彩更为明显。由于水神与民众生活息息相关，各位水神经过道教的一番神化渲染，职掌范围和传播更为广泛，产生了深远的社会影响。随着诸位水神影响的日益增加，不仅在民间香火日盛，同时也受到中央政府的重视和祭祀，使得这部分神明能够流传得更为久远，与宗教神祇时而产生、时而消亡的自然规律相抗衡。更重要的是，道教的神仙体系等级严明，但是又不失兼容并蓄，诸位水神都统一处于某位水官的领导之下，这就使得道教水神的信仰力量不会因为某位水神的消亡而影响到民众对道教水神的总体印象，结合民众的心理诉求，道教随时都能新创出适应民众需要的新水神，宗教神秘色彩更为浓郁，并且显示出其顽强的社会适应能力，这在本质上也符合宗教信仰发展的普遍规律。

第六章

道教与四海海神崇拜

海洋神灵信仰不仅是一种宗教信仰现象，也是一种文化现象。华夏文明的主要发展区域在内陆地区，故重视陆地水域胜过广袤的海洋。虽然在先秦的《山海经》等古籍中已经存在海神的不少神话，如“海神擎日”“海神朝禹”“海神树柱”“海神求宝”“马伏波射潮”等，但是总的来说，当时对水界、水神的想象比较有限，海神的形象也模糊不清，基本上属于人类面对广阔无垠大海而自发产生的想象。在国家祀典中也都找不到海神祭祀的位置，周秦之后，《后汉书·祭祀志》才将抽象的“四海”观念纳入国家祀典中。古人心目中四海的概念与我们现在的理解有很大的不同。孙星衍对《尚书》中的“四海”[①]称谓进行了研究，认为当时东海就是现在烟台以东的黄海海面，西海就是蒲昌海，又名渤海；南海是今江浙以东的黄海海面；北海就是现在天津、沧州东的渤海。不过，通常人们对东、南、西、北四海没有确指海域，只是泛指和对举，如《荀子·王制》载：“北海则有走马吠犬焉，然而中国得而富使之，南海则有羽翮、齿草、兽青、丹干焉，然而中国得而财之，东海则有紫紶、鱼盐焉，然而中国得而衣食之。西海则有皮革、文旄焉，然而中国得而用之。”[②]后来，与青龙、白虎、朱雀、玄龟四方方位相对应出现了东方之海曰“青海”，西方之海曰“白海”，南方之海曰“赤海”，北方之海曰“玄海”。后人因文求实，以四海为环绕中国四周的海，还假造出了诸如：“祖洲、瀛洲在东海中，炎洲、长洲在南海中，玄洲、元洲在北海中，流洲、

---

① （清）孙星衍：《尚书今古文注疏》，中华书局1986年版，第92页。

② 北京大学荀子注释组：《荀子新注》，中华书局1979年版，第125页。

凤麟洲、聚窟洲在西海中。”[①] 从此东、南、西、北海便有方域可指。后来，东海和南海的指称在秦汉时期有所变化，秦朝军队在进入五岭逦南后，在岭南地区设南海郡。但是《史记》卷六《秦始皇本纪》中仍有记载：“三十七年（前210）十一月，至钱塘，临浙江，水波恶，乃西百二十里从狭中渡。上会稽，祭大禹，望于南海，而立石刻颂秦德。”[②] 这里的南海也只是指今浙江宁波市东的海面。可见，尽管在岭南地区设立了南海郡，但是习惯上仍将浙江以东的东海也称为南海。直至南越破灭以后，南海才被稳定地作为五岭逦南的郡名。[③] 但是因时因地而异，东、南、西、北四海所指地域不一，古今四海有别。直到唐玄宗时期，才分封四海海神为王，这是国家初次认定海神的名号，值此之际，有关海神的信仰才正式传播开来，此前大都是流传在民间信仰与神话故事中。

第一节　完善四海海神名讳

通常，中国海神主要是指分为东西南北的四海海神，分别掌管东海、西海、南海、北海。有关四海海神的描述，首先出现在《山海经》中，《山海经·大荒东经》曰：“东海之渚中，有神，人面鸟身，珥两黄蛇，践两黄蛇，名曰禺虢。黄帝生禺虢，禺虢生禺京。禺京处北海，禺虢处东海，是谓海神。”[④] 郭璞注曰：“虢，一本作号。”[⑤] 郭璞又注：“禺京，即禺疆也。”[⑥] 由此可知，禺虢又名禺号，是东海的海神，而其子禺京又名禺疆，是北海海神，《山海经·海外北经》载

① 江畬经：《历代小说笔记选》汉魏六朝卷，上海书店出版社1983年版，第13页。

② （西汉）司马迁：《史记》卷6《秦始皇本纪》，中华书局1959年版，第260页。

③ 王青：《海洋文化影响下的中国神话与小说》，昆仑出版社2011年版，第104页。

④ （西汉）刘歆编，方韬译注：《山海经》，中华书局2009年版，第231页。

⑤ 同上。

⑥ 同上。

“北方禺疆，人面鸟身，珥两青蛇，践两青蛇”①。又《大荒南经》载，“南海渚中有神，人面，双耳芥拄一青蛇，双足各踏一赤蛇，名曰不廷胡余”②，又《大荒西经》载，“西海渚中有神，人面鸟身，双耳各挂一青蛇，双足各踏——赤蛇，名曰彝兹”③。可知，在古人的观念里，四海之中都有海神统治，虽然外貌形象不同，但是也有共同之处和血缘关系。

学者们考证这些海神的外形大多相似，除了所所珥、践之蛇的颜色不同外差别不大，都是人面鸟身，因此很有可能是古时生活在东南沿海一带的东夷各族人的图腾。海神禺虢与禺疆的族属，在《山海经》中说法也互相矛盾，《山海经·大荒东经》说“黄帝生禺虢”，《山海经·海内经》说“帝俊生禺号”，其矛盾之处可能反映了不同海神信仰在不同沿海地区同时流行的情况。

在新石器时代及其以后很长的一段历史时期里，中国东部沿海地区的居民是东夷各族人，如鸟夷、禺夷、莱夷、淮夷等。他们普遍信仰蛇图腾，如“印纹陶”中普遍易见的是蛇形花纹，还可以见到两头昂首两尾相交的生动形象。因此，中国海神信仰产生的区位是在沿海地区，其最早产生的地区是沿海的东夷各族和古越族等所占区域。黄帝生禺虢说，可能强调了其神容构成中蛇的正统地位，这里蛇即后来的龙的化身。帝俊生禺号（虢）说可能强调了其神容构成中人面鸟身之鸟的正统地位。神容中普遍有鸟图腾与蛇（龙）图腾，而且珥两蛇践两蛇，使蛇处于被役使的地位，既可以解读为鸟为图腾的东夷人征服了以蛇为图腾的夏族人，也可以解读为沿海地区的东夷人为了征服和控制大海而进行的长期不屈不挠斗争，恰如神话传说中精卫鸟填海的故事一样。

随着时代的变迁，海神禺虢、禺疆父子的名气渐渐弱了下去，其神容多为龙蛇形的海神开始出现，也可以解释为龙蛇摆脱了人面鸟身的役使，主动行使管理海神的职能，故后世的海神以大鱼和鲛龙的面

① （西汉）刘歆编，方韬译注：《山海经》，中华书局 2009 年版，第 263 页。

② 同上书，第 241 页。

③ 同上书，第 258 页。

目出现较多。从四位海神的神容上来看，还是在一定程度上体现了当时的民生情况。再到后来，海神擎日的传说中，海神通身皆赤，眼色纯碧，已经是人的形象：

扬州有赵都统，号赵马儿，尝提兵船往援李璮于山东。舟至登、莱，殊不可进，滞留凡数月。尝于舟中见日初出海门时，有一人通身皆赤，眼色纯碧，头顶大日轮而上，日渐高，人渐小，凡数月所见皆然。①

这个形象已经不是原始自然海神“珥蛇践蛇”的野蛮形象，而是非常接近人类的外貌与习惯。

早期四海神祇很大程度上是出自内陆地区居民对海洋的观念演绎，基本上是按照概念化的程序建构起来的，“四海海神”的称呼上更加体现了程式化思维色彩，由青龙、白虎、朱雀、玄武等分类延伸，南海神曰“祝融”，东海神曰“勾芒”，北海神曰“玄冥”，西海神曰“蓐收”，认为四海海神乃五方神中炎帝、太皞颛顼、少昊之属神。道教不按四方神灵，更新了这套命名方式，让这些神灵也分别主司五行之火、木、金、水以及与其相对应的四个季节之夏、春、秋、冬季②，从而产生新的四海名号，祝融神居住南海；勾芒居住东海；蓐收居住西海；玄冥居住北海。其中勾芒又称阿明，是东方的、主司春天植物之神；祝融是南方的，主司夏天之神；巨乘即蓐收是西方的、主司秋天之神；禺疆即玄冥是北方的、主司冬天和河流之神。

汉代以后，海神信仰日趋人格化，海神多为人形，并且配了夫人，改名换姓。《太平御览》卷881《神鬼部一·神上》引《龙鱼河图》曰：

东海君姓冯名修青，夫人姓朱名隐娥；南海君姓视名赤，夫

① （宋）周密：《癸辛杂识》，中华书局1988年版，第123页。

② 《太平御览》第882卷，中华书局1966年版，第4页。

> 人姓翳名逸寥；西海君姓勾大名丘百，夫人姓灵名素兰；北海君姓禹名帐里，夫人姓结名连翘；河伯姓公名子，夫人姓冯名夷君。①

说明四海神的名号在后世又有所丰富，并且已经深入民众思想当中。《太平御览》卷882《神鬼部二·神下》引《太公金匮》：

> 武王都洛邑，未成，阴寒雨雪十余日，深丈余。甲子旦，有五丈夫乘车马从两骑止王门外，欲谒武王。武王将不出见，太公曰："不可。雪深丈余而车骑无迹，恐是圣人。"太公乃持一器粥，出开门而进五车两骑，曰："王在内，未有出意。时天寒，故进热粥以御寒，未知长幼从何起？"两骑曰："先进南海君，次东海君，次西海君，次北海君，次河伯、雨师。"粥既毕，使者具告太公。太公谓武王曰"前可见矣。五车两骑，四海之神与河伯、雨师耳。南海之神曰祝融，东海之神曰勾芒，北海之神曰玄冥，西海之神曰蓐收。请使谒者各以其名召之。"武王乃于殿上，谒者于殿下，门内引祝融进。五沙苍惊，相视而叹。祝融拜，武王曰："天阴乃远来，何以教之？"皆曰："天伐殷立周，谨来受命。愿敕风伯、雨师，各使奉其职。"②

上述四海海神主动前来辅助武王成就帝业，主要的职掌是主管风雨，这也是内陆政权对海神、海洋的概念化认识和关注焦点。当然，四海神明的产生也离不开濒海地区人民在生产生活实践中自然产生的崇拜和信仰，只不过四海海神的形状不是各种海洋生物造型，而更多的是陆地民族图腾，其职能是主司风雨，与出海航行者的基本需要并没有非常紧密的联系，海洋色彩比较淡薄。而国家对于四海海神的祭祀，除了一般性的祈福之外，一个较为具体的目的在于禳解水旱之

① 《太平御览》，中华书局1966年版，第3914页。
② 同上书，第3918页。

灾，对濒海地区人民的实际关怀较少。

四海海神虽然一直在国家祭祀中占据一席之地，但是相对来说地位不高，民间也有地方政府或者自发的香火祭祀。东汉时期就有地方官吏兴建的海神庙，其“海神庙碑”原碑早已经不存，但是相关记录仍可见于赵明诚的《金石录》。但是总体上来说，禺虢、禺疆等四海海神的传说故事在民间流传并不广泛。有学者认为，“四海神不能成为沿海居民普遍的宗教信仰的一个重要原因就在于其人格化的不充分，这主要反映在缺乏相应的神迹与神话。与民间信仰首先有神迹、神话，然后在此基础上形成信仰和祭仪不同，四海神是先有观念和相应的祭仪，在此基础上再附会、发展出神话”[①]。因此，只有后来在道教文化的影响下，四海海神的形象才能够进一步完善与演变，有关海神的传说故事才在社会上广泛流传，最终形成了较为定型的海神家族。

在人与海神的关系中，道教是二者沟通的媒介。如传说八仙之一的吕洞宾曾经遭到雷厄，为书生蔡襄所救。吕洞宾告别时以笔墨相赠。宋仁宗时，蔡襄登科，官至端明殿大学士，后回家乡出任泉州知州，在洛阳江入海处鸠工造桥。造桥必须在海中建造桥墩，但是苦于海水不退难以施工，于是以吕洞宾所赠笔墨为檄文，派役隶传檄于海神，令海潮让路三日。清人的《坚瓠六集》载：“隶叹曰：‘茫茫远海，何所投檄！’买酒酣饮，醉卧海崖。潮落而醒，则檄已易封矣。襄启阅之，惟一‘醋’字。襄曰：‘神示我矣，廿一日酉时兴工乎?’至期，潮水果三昼夜不进。其日正犯九良星，蔡策马当之，曰：‘你是九良星，我是蔡端平，相逢不下马，各自分前程。’遂兴作无忌。或上言擅开官库，襄谢恩诗云：‘得饶人处且须饶，曾借龙王三日潮；十万贯钱常在世，我王恩在洛阳桥。’上许之。桥成，时人以诗颂之。”[②] 此处吕洞宾可以传檄给海神，令海潮让路三日，说明人类已经能够在一定程度上控制海神，让海神为自己服务。这是人类与海洋在

① 王青：《海洋文化影响下的中国神话与小说》，昆仑出版社2011年版，第119页。

② （清）褚人获：《坚瓠六集》卷1《造洛阳桥》，《笔记小说大观》第23编，第9册，台湾新兴书局1978年版，第4988—4999页。

进行斗争中取得胜利后形成的自信所致，也是道教与民间传说及海洋文化相互融合的结果。

第二节 丰富东海海神形象

四海之中，古人尤其看重东海，这是受海陆地势和四方方位的影响。先秦时的“海”，一般泛指中国东部的今渤海、黄海、甚或东海北部，南方越国所临的今东海北部，刘熙《释名》云：“北海，海在其北也；西海，海在其西也；东海，海在其东也；南海，在海南也。宜言海南，欲同四海名，故言南海，从未有释及此。又云：济南，济水在其南也；济北，济水在其北也。义亦如南海也。”[①] 越人自称其王为“东海役臣孤勾践”，则东海所指地域也应该包括今东海北部，另“勾践伐吴，霸关东。从琅琊台起观台，台周七里，以望东海”可知“东海”所指海域应该包括今渤海、黄海、东海北部这一带海域。如今东海指的是北连黄海，东到琉球群岛，西接中国大陆，南临南海的面积70多万平方公里海域，广东南澳岛与台湾岛南端的鹅銮鼻连线是东海与南海的分界线。东海海域比较开阔，大陆海岸线曲折，港湾众多，岛屿星罗棋布，中国一半以上的岛屿分布在这里，包括长江、钱塘江、瓯江、闽江等40多条长度超过百公里的河流都注入东海。

先民对其东部海洋的开发和认识较早，汉宣帝神爵元年（前61）时有了关于东海神的完整祭祀礼制和祭祀场所，“夫江海，百川之大者也，今阙焉无祠。其令祠官以礼为岁事，以四时祠江、海、洛水，祈为天下丰年焉”[②]。从此，五岳四渎皆有常礼，祭祀海神的位置位于距离海较近的山东半岛莱州湾东岸东莱郡临朐县（今山东莱州市西北），时有“海水祠”[③]，此后历代祭祀东海神，作为祭祀岳镇海渎的

---

① （清）阎若璩：《尚书古文疏证》，钱文忠整理、朱维铮审阅《中国经学史基本丛书》第7册，上海书店出版社2012年版，第156页。

② （东汉）班固：《汉书》，中华书局1997年版，第1249页。

③ 同上书，第1585页。

一部分，属国家吉礼的中祀。

隋代朝廷在会稽（今浙江绍兴）立东海庙祭祀，唐宋时祭祀东海神又移回莱州。不过，由于定海地理位置险要，又处于宋廷与朝鲜往来的通道，再加上海潮等自然灾害频繁，朝廷又在元丰年间在定海建祠祭祀东海神。元代，祭祀东海神地点又迁回山东半岛，此后明清时期一直都是在山东莱州。

东海神是被作为地祇陪祀而被祭祀的，汉成帝时于都城长安设坛实行郊祀，包括东海神在内的四海神成为地祇陪祀之一，其后历代沿袭不变，唐天宝十年（751）第一次被加封号，为“东海广德王”[①]。两宋时期国势偏安，不克振作，徒以加封神号为望佑之举，所谓听命于神也，因此宋朝对包括东海神在内的四海神敬重有加。仁宗朝，由于水旱灾害不断，中央于康定二年（1041）加封四渎、四海王号，诏封“东海为渊圣广德王，南海为洪圣广利王，西海为通圣广润王，北海为冲圣广泽王”[②]。建炎四年（1130），高宗车驾幸海道，封东海之神为“助顺佑圣渊显灵王”。乾道五年（1169），仿南海神例，特封东海之神八字王爵，封号为“助顺孚圣广德威济王”，乾道间下诏加“东海”二字，以“正祀典”，国家祭祀东海神之祠也从山东半岛迁至钱塘江口，定海成为南宋官方祭祀的主要场所，“每岁春秋及郊祀告报，必降祝文。……非常祀比矣”[③]。因建于元丰时的定海县东海庙不幸毁于两宋之交的兵火，绍兴二年（1132）重建，别置东海神于渊德观，这里体现出东海神隶属于道教神灵体系，不过“因以观为主而神附之，甚失朝廷崇奉之意……专置庙宇，得祠牒一十有五。门闬高宏，拱护严翼”[④]。宝庆三年（1227）至绍定元年（1228）期间的这番修缮使得海神庙呈现一派新气象，后来光绪年间也重修过镇海东海神庙[⑤]。

---

① 李希泌：《唐大诏令集》，上海古籍出版社2003年版，第379页。

② （元）脱脱：《宋史》，中华书局1977年版，第183页。

③ （宋）罗濬等：《宝庆四明志》，台湾成文出版社1983年版，第5321页。

④ 同上。

⑤ 洪锡范：《民国镇海县志》，台湾成文出版社1983年版，第820页。

宋代东海神的封号叠加和祭祀日隆不仅是统治者祈求江山稳固的迫切愿望，也是海神“屡效休征之应”的结果。宋太祖微时至海上每获奇应，绍兴时宋将李宝等水师取得胶西大捷，也被看作是东海之神显灵助佑。总之，保佑社稷、庇佑海上安全成为东海神备受尊崇的重要原因，而祭祀东海神之祠从山东半岛迁至钱塘江口也使得东海神的职能与海洋发生直接联系，由以前职掌风雨的水旱之神变为掌管航海平安的海神。当然，宋朝时期东海神的海神功能显著是因为宋王朝积贫积弱，东南海上交通又异常关键所致，元明清三代仍旧是在汉唐故地莱州举行东海神祭祀，说明国家祭祀中仍旧非常看重东海神的掌管水旱灾异的职能。

一　暴躁海神

由于国家祭祀的重视，民间也流传了很多有关东海神的传说故事，普遍认为东海神形容丑陋、脾气暴躁。如梁朝殷芸的《殷芸小说》笔记二卷一《秦汉魏晋宋诸帝》载：

> 始皇作石桥，欲过海观日出处。时有神人能驱石下海，石去不速，神人辄鞭之，皆流血，至今悉赤。城阳六十一山石尽起东倾，如相随状，至今犹尔。秦皇于海中作石桥，或云非人功所建，海神为之竖柱。始皇感其惠，乃通敬于神，求与相见。神云：“我形丑，约莫图我形，当与帝会。”始皇乃从石桥入海三十里，与神人相见。左右巧者潜以脚画神形。神怒曰：“速去。”即转马，前脚犹立，后脚随崩，仅得登岸。①

此处海神脾气暴躁，石头搬运得稍微慢了点，就会鞭打它们至流血，真是异常残暴。他对自己的容貌非常不自信，得知画工偷偷给自己画像后，异常震怒，使画者溺毙于海中，其锱铢必较的性格跃然纸

① 王根林等校点：《汉魏六朝笔记小说大观》，上海古籍出版社 1999 年版，第 1016 页。

上。海神的暴躁脾气很有可能是民众对海洋风暴骤起骤灭而衍生出来的印象，从而拟人化到了海神的性格中。此时的海神还处于原始神明的阶段，后来海神向人格神方向渐渐转变，有关海神的故事也越来越人格化。

二　荒淫海神

在民间故事中，人们设想东海神荒淫成性，《太平御览》卷882引《列异志》载："费长房能使神，后东海君见葛陂君，淫其夫人；于是长房敕系三年，而东海大旱。长房至东海，见其请雨；乃敕葛陂君出之，即大雨。"[1] 此处东海神拜访葛陂君，竟然与其夫人私通，愤怒的葛陂君将他拘禁，他也就无法行使降雨的职能，造成东海大旱三年的恶果，最终还是看在费长房的情面下，被释放了。这个故事贴近人类生活实际，让海神的形象更贴近民众。

三　东海神女

有时，东海神的形象也会变为一女神，称"东海神女"。《博物志》卷七《异闻》载："太公为灌坛令，武王梦妇人当道夜哭，问之，曰：'吾是东海神女，嫁于西海神童。今灌坛令当道，废我行。我行必有大风疾雨，而太公有德，吾不敢以暴风雨过，是毁君德。'武王明日召太公，三日三夜，果有疾风暴雨从太公邑外过。"[2] 致雨是海神的基本职能，在民众的心目中海神出入必有风雨相随，此处海神敬畏有德之士，这是民众潜意识对海神的依附。东海神女嫁给西海神童，说明民众认为海神家族在内部通婚，后来发展为男性东海海神也可以迎娶民间女子为妻。南朝梁任昉《述异记》卷下记载："河间郡有圣姑祠，姓郝字女君。魏青龙二年（234）四月十日，（郝女君）与邻女樵采于滱、深二水处。忽有数妇人从水而出，若今之青衣，至女君前，曰：'东海使聘为妇，故遣相迎。'因敷茵于水上，请女君于

---

① 鲁迅校录：《古小说钩沉》，齐鲁书社1997年版，第1533页。

② （西晋）张华撰，范宁校正：《博物志校正》，中华书局1980年版，第84页。

上坐，青衣者侍侧，顺流而下。其家大小奔到岸侧，惟泣望而已。女君怡然曰：'今幸得为水仙，愿勿忧忆。'语讫，风起而没于水。乡人因为立祠。又置东海公像于圣姑侧，呼为姑夫。"[①] 可知，民间认为，东海神娶民间妇女成亲，其女自然成为水仙，这个故事也被道教广为传颂，记录在《太平广记》第六十《女仙五》之中，其本质上是赋予东海神以人性需求。

四 东华帝君

在道教经典中，除了海神形象外，东海神还是一位重要的神仙"东华帝君"，东华帝君乃是神仙之名，不知起于何时，但是至迟在唐代已经出现在道教神仙谱系中。唐末杜光庭撰《太上老君说常清静经注》中载"仙人葛玄曰：吾得真道，曾诵此经万遍。此经是天人所习，不传下士。吾昔受之于东华帝君。东华帝君受之于金阙帝君，金阙帝君受之于西王母。西王母皆口口相传，不记文字。吾今于世书而录之"[②]。杜光庭注曰："东华者，按上清经云，东方有飘云世界，碧霞之国，翠羽城中苍龙宫，其中宫阙并是龙凤宝珠合就，上有五色苍云覆盖其上，故号苍龙宫也。乃是东华小童所居之处。"[③] 可知，杜光庭认为，东华帝君即东华小童。在道教上清经中，东华小童常称为上相青童君、东海青童君、东海小童等名称，是道教上清派所尊奉的传经大神。葛洪《抱朴子内篇·登涉》已经载有"东海小童符"[④]，陶弘景所编《真诰》卷十《协昌期第二》载有东海小童口诀，并注解说："此上相青童君之别名也。"[⑤] 陶弘景撰《真灵位业图》之第二左位为"东海王青华小童君。"[⑥]

---

① （南朝梁）任昉：《述异记》，《丛书集成初编》第2704册，中华书局1991年版，第29—30页。

② 《太上老君说常清静经注》，《道藏》第17册，第190页。

③ 同上。

④ 王明：《抱朴子内篇校释》（增订本），中华书局1985年版，第307页。

⑤ 《道藏》第20册，第553页。

⑥ 《道藏》第3册，第273页。

五　扶桑大帝

在道教神系中，东海青童君后来又与东王公合而为一。道经《元始上真众仙记》又把东王公与扶桑大帝联系起来，“扶桑大帝住在碧海之中，宅地四面，并方三万里，上有太真宫……众仙无量数，玄洲、方丈诸群仙未升天者在此”[①]。《历世真仙体道通鉴》卷六木公传说，“一云木公即青童君，治方诸山，在东海中”[②]。在道教神系的演变过程中，由于东海青童君即东王公（木公），而东华帝君即东海青童君，故东华帝君、东海青童君、东王公三个名号最后合而为一，指向同一位尊神。在成书于元代而经明人增纂的《三教搜神大全》卷一《东华帝君传》中明确提出东华帝君“或号东王公，或号青童君，或号方诸君，或号青提君，名号虽殊，即一东华也”[③]。

六　东海小童

据道经记载，上清派经书、道法、符图大多是由上相青童君传到人间。青童君还掌学仙簿录，所有得道成仙之人，都要先在东华方诸青宫拜谒青童君。《洞真上清青要紫书金根众经》载：“凡学道，道成应真人，皆先诣东华方诸青宫，投简谒青童君也。”[④] 青童君校定金名后，便可受仙号，再清斋三月，书玉札一枚，诣金阙谒金阙帝君，更受真仙之号。道教根据成仙的等级，将仙人分为天仙、地仙等。由《续仙传》的故事可以类推，不同等级的仙人，由东华青童君委派不同的仙官管理。《太平广记》卷五九引杜光庭《集先录》卷七〇《梁母文》载：

梁母者，盱眙人也，孀居无子，舍逆旅于十原亭。客来投憩，咸若还家，不异住客，还钱多少，未尝有言，客住经月，亦无所

① 《道藏》第3册，第269—270页。

② 《道藏》第5册，第139页。

③ 《道藏》第36册，第255页。

④ 《道藏》第33册，第433页。

> 厌。粗衣粝食之外，所得施诸贫病。曾有少年住经月，举动异于常人，临去云："我是东海小童。"母亦不知小童何人也。宋元徽四年丙辰，马耳山道士徐道盛暂至蒙阴，于蜂城西遇一青羊车，车自住，见一小童子唤云："徐道士前来。"道盛行进，去车三步许止，又见二童子年十二三许，齐着黄衣绛里，头上角髻，容服端正，世无比也。车中人遣一童子传语云："我是平原客舍梁母也，今被太上召还，应过蓬莱寻子乔，经太山检考召，意欲相见，果得子来。灵辔飘飘，玄岗峻峨，津驿有限，日程三千，侍对在近，我心忧劳，便当乘烟三清，此三子见送玄都，因汝为我谢东方清信士女，太平在近，十有余一，好相开度，过此无忧危也。"举手谢去，云太平相见。驰车腾游，极目而没，道盛还逆旅，访之，正是梁母度世日相见也。①

这个故事中东海小童是以少年的面目出现的，度梁母成仙。通过一段时间对其人的观察，然后超度其人成为仙人，是道教传道故事的一贯模式，可见东海神已经与道教神仙融合在一起。在道教斋醮科仪中，所启请的神灵，经常有东华、南极、西灵、北真四方天帝，而东华就是东海小童。

综上所述，东海神是四海海神中非常重要的一位，他是四海海神之首，在国家祭祀中占有重要的地位，他职掌风雨，民间求雨活动中也经常提及他，有关东海神的传说故事，经过道教仙道观念的影响而形成了宗教性神幻故事。在古代以五色配五方中，东方为青色，故东华、青华可通用，道教结合濒海的地理环境，重新塑造了位于东海之中的东海神扶桑大帝、东木公、东华青童君、东华帝君等形象，由于这个神明掌学仙簿录，因而修道求仙之人特别尊崇他。很多修仙之经典和方法也是由东华青童君（东华帝君）传到世间的，因此东海神在道教海洋神明谱系中占有重要的地位。

---

① （宋）李昉等编：《太平广记》卷59，中华书局1961年版，第367页。

第三节　扩充南海海神家族

南海神最初是祝融。祝融，本名重黎，古时三皇五帝之一，以火施化，号赤帝，后尊为火神。祝融司职南方，象征着光明，传说天帝知道鲧窃“息壤”去治理洪水，非常生气，派火神祝融下凡，在羽山地方把鲧杀死，并且夺回余下的息壤。天帝还命祝融监视人间治水，命他掌管一方水的大权。由于祝融属南方之神，所以就合水火为一神，兼任南海之神了。又有一说，北水神王与火神祝融战斗，被祝融真火炼死，从此祝融成为水火之神。周文王八卦中“离”卦之内蕴为火之本在水，方位属南，故祝融合水火为一神，也称南海神。

隋朝时完善岳镇海渎制，开创了祭祀南海神的先河。隋开皇十四年（594），隋文帝听取大臣的建议，认为在近海处建祠祭祀才能表达对海神的虔诚，于是在浙江会稽县建东海祠，在广州南海县建南海祠。《隋书·礼仪志二》载：“开皇十四年闰十月，诏……东海于会稽县界，南海于南海镇南，并近海立祠。”[①] 隋朝对南海神的祭祀，为后世南海神崇拜的发展和传播奠定了基础。

南海神庙是中国古代海神庙中唯一遗存下来的最完整、规模最大建筑群。从隋文帝开皇十四年（594），距今已经有1400多年的历史。南海祠内供奉南海神祝融，今神庙仍在，位于广州黄埔区庙头村，现存的是清代建筑，但是仍然保留隋唐时代的规模和建制。南海神庙门前有石牌坊，额题“海不扬波”。唐韩愈《南海神庙碑》载：“海于天地间，为物最钜，自三代圣王，莫不祀事，考于传记，而南海神次最贵，在北东西三神河伯之上，号为祝融。”[②] 从唐代开始，南海神庙便香火日盛，各朝代政府也派人前往管理庙事，事实上它已经成为四海神庙中香客最多、地位最高的一个。这固然是由于广州海上贸易日

---

① （唐）魏征等：《隋书》第1册，中华书局1973年版，第140页。

② （唐）韩愈著，马其昶校注：《韩昌黎文集校注》卷7，上海古典文学出版社1957年版，第281页。

益发达，经济基础决定上层建筑，南海神的地位自然水涨船高，同时也离不开道教文化对南海神的弘扬与粉饰。

一　南海君

南海神在民间得到的崇信远较其他三海之神为强烈，在道教神话故事中，南海海神的形象非常鲜明。《列异传》载：

> 袁本初时有神出河东，号度索君，人共立庙。兖州苏氏母病，见一人著白布单衣，高冠，冠似鱼头，谓君曰："吾昔临庐山，食白李，忆之未久，已三千岁。日月易得，使人怅然。"君谓士曰："先来南海君也。"①

此处南海神的形象是着白布单衣，高冠，冠似鱼头，已经非常人性化，不过鱼头形状的冠点名了他的海神身份。从南海神的言谈举止中可以感受到他已经位列仙班，"三千岁"一晃而过的惆怅，对普通民众来说，让人瞠目结舌。类似内容在道教故事中常常出现，仙人们往往用轻描淡写的语气说出令凡人惊讶的内容，让人不由得慨叹人仙殊途，从而产生向道之心。如"天上才一日，世上已千年"，这样一种不同寻常的时间维度，彰显了仙境时间流逝的缓慢，仙人们自然也能长生不死了。这种显示神性的手段在魏晋小说中是非常常见的。

二　南溟夫人

在南海神故事的传播过程中，唐代小说家裴铏出力良多，他塑造了女性南海神"南溟夫人"的形象。他曾经在岭南地区生活过一段时间，对这一地区的南海神信仰有深刻的了解，也以此作为他所创作的传奇题材。

南溟夫人是道教女仙，居住于南海，在《墉城集仙录》《仇池笔

① （魏）曹丕撰，郑学弢校：《列异传等五种》，文化艺术出版社1988年版，第20页。

记》《池北偶谈》《广东新语》《侯鲭录》等书中，多次提到，不过大多记载都比较简略，如《云笈七签》曰："南溟夫人者，居南海之中，不知品秩之等降，盖神仙得道者也。"① 而裴铏在《元柳二公》中却详细地叙述了南溟夫人的样貌、行事："见一女未髻，衣五色文彩，皓玉凝肌，红妆艳绝，神出天表，气肃沧溟。"② 南溟夫人的出行也非常隆重，"忽睹海面上，巨兽出首四顾，若有察听。牙森剑戟，目闪电光，良久而没。逡巡，复有紫云自海面涌出，蔓衍数百步，中有五色大芙蓉高百余尺，叶叶而绽。内有帐幄，若绣绮错杂，跃夺人眼。又见虹桥忽展，直抵于岛上。俄有双鬟侍女，捧玉合，持金炉自莲叶而来天尊所，易其残烬，炷以异香。"③ 可知，南溟夫人是一位非常尊贵的女神。南溟夫人也有女性神仙的慈和细腻，如供给误入仙境的元柳二公以饭食，又派侍女以百花轿送他们回去；但是，南溟夫人也有身为神明的尊严与严苛，因为两兽不知道客人的身份没有礼让，竟然将它们斩杀，身首异处，漂浮在海面上。南溟夫人之前形象单薄，自从裴铏创造出如此富有文采的仙道小说后，南溟夫人成为南海地区的道教尊神。

三　南海王之子

唐玄宗天宝十年（751），四海并封为王，遣太子中允李随祭东海广德王，义王府长史张九章祭南海广利王，太子中允柳奕祭西海广润王，太子洗马李齐荣祭北海广泽王。因此，关于四海海神的子女故事也就流传开，其中南海广利王的儿子也有诸多故事，裴铏就创作了南海广利王的幼子转世投胎的故事。《宋稗类钞》卷二九《神鬼》载：

> 乾道六年（1170），吴明可帅守豫章。其子登科同年生朱某来见，得摄新建尉。值府中葺吴城龙王庙，命之董役。忽忆荆州词，以为语意愤抑凄断，殆非龙宫娴雅出尘之度，为赋玉楼春一

---

① 《云笈七签》卷116，《道藏》第22册，第802页。

② （明）陆楫等辑：《古今说海》，巴蜀书社1988年版，第301页。

③ 同上书，第300—301页。

阕。书于女祠壁云："玉阶琼室冰壶帐。任他水晶帘不上。儿家住处隔红尘，云气悠扬风淡荡。有时闲把兰舟放。雾鬓霜鬟乘翠浪。夜深满载月明归，画破琉璃千万丈。"是夜，梦旌幢羽葆，仪卫甚盛，传言龙女来谒。宴罢寝昵如，经一日夜，言谈潇洒，风仪穆然。将别，谓朱曰："君前身本南海广利王幼子，行游江湖，为吾家婿，妾实得奉箕帚。今君虽以宿缘来生朱氏，然吴城之念，正尔不忘，以故得禄多在豫章之分。须君官南海，阳禄且尽，当复谐佳偶。"言讫，怆然而别。既觉，亟书其事识之，特未悟南海语尔。后浸淫病瘠，家人疑其祟，挽使罢归。明年，丁艰服阕，调袁州分宜主簿，须次家居。县之士子昔从为学者相率来谒，因话袁州风土，偶及主簿廨前有南海王庙。朱怳然自失，明日抱疾，遂不起，竟未尝得至官。①

前世今生、转世投胎的概念源于佛教，道教后来也吸纳了这种观点，裴铏创作中体现了他的道教背景和佛教的影响。故事中提到豫章之地正欲修葺一吴城龙王庙，适逢清江朱景文目睹，先命工役，易其正貌，使明丽艳冶，又于照壁自提一阕《玉楼春》。当夜梦中，竟有一美女子羽葆簇拥，乘軿而至，原来这位如魅似仙的吴城龙女与朱书生有前世缘分，朱某竟然是南海广利王的幼子。龙女告之朱景文阳寿将尽，后来果如其然，此文难免带有宿命论的味道。

四 南海王之女

在裴铏的笔下，南海广利王不仅有幼子，还有女儿。《广利王女》② 讲述的是广利王女儿害相思病，被书生张无颇的暖金合中的药治愈，而此药又是道教异人袁天纲的女儿所赠送的，其中就充满了道教意味。在这个人神婚恋的故事中，广利王和其妻都体现得非常人性化：

---

① （清）徐釚撰，唐圭璋校注：《词苑丛谈》，上海古籍出版社1981年版，第248页。

② （唐）裴铏撰，周楞伽辑注：《裴铏传奇》，上海古籍出版社1980年版，第58—60页。

> 后曰："再劳贤哲，实所怀惭。然女子所疾，又是何苦？"无颇曰："旧疾耳！心有击触，而复作。若再饵药，当去根干。"后曰："药何在？"无颇进药盒。后睹之，默然色不乐，慰喻贵主而去。而遂白王曰："爱女非疾，其私无颇矣！不然者，何以宫中暖金盒，得在斯人处耶？"王愀然良久，曰："复为贾充女耶？吾当成之，无使久苦。"无颇出，王命延之别馆，丰厚宴犒。后王召之，曰："寡人窃慕君子为人，辄欲以爱女奉托，如何？"无颇再拜辞谢，心喜不自胜。遂命有司择吉日，具礼待之。王与后敬仰，愈于诸婿。遂止月余，欢宴俱极。王曰："张郎不同诸婿，须归人间。"①

人神婚恋故事是道教民间故事中常见的类型，这一故事类型反映了道教独特的文化心理。故事的原型来自于道教神话与民间传说的融合，在故事情节结构、人物形象、叙述语式与叙述主题等方面具有相似性或相同性。与其他人神相恋受到诸多阻挠不同，广利王女儿与书生张无颇的恋爱进行得非常顺利，一方面有道教高人指点，一方面广利王女儿的父母非常开明。得知女儿害相思病后，南海广利王并没有野蛮干涉，反而认为要早点达成女儿的心愿，让她少受相思之苦，同时对身为凡人的女婿也另眼相待，从"诸婿"一词中可知，广利王有不少女儿。

综上所述，南海广利王的人性化形象在一定程度上说明了南海民间对官方神祇的认同度较其他三神为高的原因。有关南海广利王民间传说和文人创作的丰富，都催动了南海广利王形象的传播。后期，南海广利王和民间敬仰的原广州刺史洪熙的事迹相混同，成为广利洪圣大王，从此官方崇祀与民间信仰得到了非常好的结合。南海广利王成为可以与海龙王、观音、妈祖这三个外来和民间神祇相颉颃的神祇。

---

① （明）冯梦龙评辑：《情史》，凤凰出版社2011年版，第525页。

第四节 保留政治色彩浓厚的西海神

西海是对中国周边海湖和地区的称谓，早期的四海没有确指海域，只是泛指和对举而言，故西海海神没有东海海神和南海海神的名气大，它的存在更多的是一种政治需要。由于中国西部远距海洋，西海泛指中国西部湖泊或西部地区。《淮南子·人间训》中“子耕于东海，至于西海”就是一种泛指。随着人们地理知识的逐渐增加，“西海”所指渐多。战国秦汉时，今青海湖称作“西海”。汉武帝时置护羌校尉，《后汉书》卷87《西羌传》载“羌乃去湟中，依西海（今青海湖）、盐池（今罗布泊）左右”[①]，在此立足发展。平帝元始四年，在青海湖附近置西海郡，此后虽然有管辖范围的变动，但是大致是在这一地区。

另外，西海的含义也在不断变化。东汉改琅琊国海曲县为西海县（今山东日照西），此西海县是以居山东半岛西南部滨海一带而得名，与“东海”相较而言，至西晋废。两汉时，西域诸国也多有“西海”之称谓，多指亚欧之间的海域。魏晋时期，今新疆博斯腾湖亦称西海。总之，“西海”一词指中国西部和西域诸湖泊，诸如青海湖、居延海、博斯腾湖、咸海、里海等，甚至红海、波斯湾、阿拉伯海、地中海、大西洋等。这与人们眼界的逐渐扩大有关。日本学者白鸟库吉认为，“秦汉时代，青海被称为西海……张骞使西域……里海、波斯湾，并称之为西海。后汉又称印度洋为西海，一至唐代。杜环《经行记》中又记地中海为西海……故未能专指一海……且某一时代一呼西海之后，即使往后发现更西海水，呼之为西海，但昔日所呼之西海，其名仍未改变”[②]。西海指中国以西的诸多湖泊和海洋就顺理成章，不

---

① （南朝宋）范晔：《后汉书》卷87《西羌传》，团结出版社1996年版，第845页。

② 《经行记笺注》卷1《拔汉那国》，第6页，引《塞外史地论文译丛》第一辑白鸟库吉《条支国考》，转引自王元林《古代早期的中国南海与西海的地理概念》，《西域研究》2006年第1期。

那么奇怪了。

汉魏以前祭海主要是指东海，即今之渤海、黄海、东海，没有南、西、北海。唐玄宗天宝十年，四海并封为王，遣太子中允李随祭东海广德王，义王府长史张九章祭南海广利王，太子中允柳奕祭西海广润王，太子洗马李齐荣祭北海广泽王。唐玄宗开元礼规定诸岳镇海渎每年一祭，各以五郊迎气日祭之。宋、金、元、明对河渎、西海的祭祀由同州改为河中府，即今之山西永济市蒲州镇，行望祭礼。对西海的祭祀，到了清代特别是清雍正初年平定罗卜藏丹津反清事件之后，将遥祭改为近海祭，即在青海湖滨由清廷派钦差大臣或由驻西宁大臣主持隆重的祭祀仪式。"每逢在青海境内或国内发生重大事件之后，照例要举行较隆重的祭祀西海神的仪式，表面上是昭告神灵，实际上是安抚、羁縻各族群众，使之拱服中央统治。"① 因此西海神的政治色彩超过了其海洋色彩。

除了《山海经》中的记载外，西海神在后世的传说也相对较少，萧统《文选》中有"江斐于是往来，海童于是宴语"② 之句，李善作注认为此处的海童是西海神，这是为数不多的几个记载。

第五节　继承方位色彩浓厚的北海神

北海神是四海海神之一，但对它的重视也不多。《山海经》中北海神是禺京，《山海经·大荒北经》载："北海之渚中，有神，人面鸟身，珥两青蛇，践两赤蛇，名曰禺彊（禺强）。"③ 郝懿行笺疏："《大荒东经》云：黄帝生禺虢，禺虢生禺京。禺京即禺彊也，京、彊声相近。"④《列子·汤问》载："五山之根无所连箸，常随潮波上下往还，

① 石葵：《荼祀西海神考析》，《青海社会科学》1997 年第 3 期，第 79 页。

② （南朝梁）萧统编，海荣、秦克标校：《文选》，上海古籍出版社 1998 年版，第 33 页。

③ （西汉）刘歆编，方韬译注：《山海经》，中华书局 2009 年版，第 231 页。

④ 郭郛：《山海经注证》，中国社会科学出版社 2004 年版，第 870 页。

不得暂峙焉。仙圣毒之，诉之于帝。帝恐流于西极，失群圣之居，乃命禺彊使巨鼇十五，举首而戴之。"[①]《庄子·大宗师》载："禺强得之，立乎北极。"[②] 又曰"北海之神，名曰禺强，灵龟为之使。"[③] 可知，禺京是灵龟的化身，是夏民族的远祖。禺京即鲧。成玄英疏："禺强，水神名也，亦曰禺京。人面鸟身，乘龙而行，与颛顼并轩辕之胤也。"[④] 据说禺强的风能够传播瘟疫，如果遇上它刮起的西北风，将会受伤，所以西北风也被古人称为"厉风"。可知，禺强又名玄冥，既是风神，又是海神，是黄帝的孙子。当他以风神出现时就会化成人面鸟身，两耳各悬一条青蛇，脚踏两条青蛇。当他出行时便会带来狂风暴雨，飞沙走石。当他以海神的形象出现时，他的身体就变成了鱼的身体，但是有人的手足，乘坐双头龙。

《庄子·秋水》中记载了有关"北海若"的神话，"秋水时至，百川灌河；泾流之大，两涘渚崖之间不辨牛马。于是焉河伯欣然自喜，以天下之美为尽在己。顺流而东行，至于北海，东面而视，不见水端。于是焉河伯始旋其面目，望洋向若而叹曰："野语有之曰，'闻道百，以为莫己若'者，我之谓也。且夫我尝闻少仲尼之闻而轻伯夷之义者，始吾弗信；今我睹子之难穷也，吾非至于子之门则殆矣，吾长见笑于大方之家。"[⑤] 除了庄子这篇北海海神跟河神的谈话之外，有关北海神的传说故事也较少。《秋水》篇作者的本意是阐述自己小大之论，但是实际上一问一答之间，也彰显了海神的睿智，塑造了一个更加人格化的北海神形象。

除了上述两个北海神形象之外，有关北海神的记载很少，北海对于古代中国人来说更多的是方位上的海洋。古代的北海所指何处？历史上似乎一直不大清楚。《唐书·地理志》载："骨利干、都播二部落

① 杨伯峻撰：《列子集释》，中华书局1979年版，第152—153页。

② 陈鼓应：《庄子今注今译》，中华书局2009年版，第199页。

③ （清）郭庆藩：《庄子集释》上册，中华书局2004年版，第250页。

④ 同上。

⑤ （清）王先谦注：《庄子集解》卷4《秋水第十七》，《诸子集成》第3卷，成都古籍出版社1988年版，第221页。

北有小海，冰坚时马行八日可渡，海北多大山，即此北海也。”[①] 王先谦在《汉书补注》中认为，“（此地）今曰白哈儿湖，在喀尔喀极北，鄂罗斯国之南界”，所记“白哈儿湖”应为现称的贝加尔湖。汉朝时苏武牧羊就发生在此地，《汉书》卷五十四载：“律知武终不可胁，白单于。单于愈益欲降之，乃幽武，置大窖中，绝不饮食。天雨雪，武卧啮雪，与毡毛并咽之，数日不死。匈奴以为神，乃徙武北海上无人处，使牧羝，羝乳乃得归。别其官属常惠等各置他所，武既至海上，廪食不至，掘野鼠弆草实而食之。仗汉节牧羊，卧起操持，节毛尽落。”[②]

在古文中频频出现的北海，还有可能指“北海郡”。《汉书·地理志》卷28记载：北海郡，景帝中二年（前148）置属青州，下设二十六县，包括营陵（或称营丘，今昌乐县东南，为郡治所在），安丘，淳于（今安丘市东北，古淳于国），剧魁（今寿光市南三十里，春秋时古纪国），寿光，都昌（今昌邑县），临朐，高密等。可知，这一地区古代又称北海，西汉时在此设北海郡，故得名。北海地区人杰地灵，人才辈出。《汉书》所载的梁丘贺、费直、伏湛、伏无忌、牟融、淳于恭、师丹、周泽、甄宇、逢萌、徐干等人，均是北海籍的经师。他们或累世传经，或隐居教授，共同传承着汉代的经术学术文化，尤其是经学大师郑玄的出现，开创了融今古文于一炉的“郑学”，将北海经学推向顶峰，北海的名气也就越来越大，但是这些都不是海洋文化意义上的北海。

四海海神的形象随着时代的发展展现出不同的形象，道教推动了四海海神形象的广泛传播。后来，在文学作品中，海神的形象有了更多的发展，有的时候海神也就是海鬼，已经不再属于神明系统。例如在五代徐铉《稽神录·朱廷禹》载：

“江南内臣朱廷禹，言其所亲，泛海遇风，舟将覆者数矣，

① （清）孙嘉淦等撰：《二十三史考证》卷67之二，《四库未收书辑刊》第10辑，第6册，武英殿本，第6—82页。

② （东汉）班固：《汉书》，中华书局1962年版，第2462页。

海师云，此海神有所求，可即取舟中所载，弃之水中。物将尽，有一黄衣妇人，容色绝世，乘舟而来，四青衣卒刺船，皆朱发豕牙，貌甚可畏。妇人径上船，问有好发髢可以见与，其人忙怖不复记，但云物已尽矣。妇人云：‘在船后挂壁篋中’，如言而得之。船屋上有脯腊，妇人取以食四卒，视其手鸟爪也，持髢而去，舟乃达。”①

不知海鬼为何对头发情有独钟，此字还作“鬄”，周密的《癸辛杂识》中也记载类似的故事：

“澉浦杨师亮航海至大洋，忽天气陡黑，一青面鬼跃入舟中，继有一美妇人至，顾左右取头发。舟人皆辞以无。妇人顾鬼自取之，即于船板下取一笼，启之，皆头发也。妇人拣数束而去。”②

在民间传说故事中，海鬼通常是海神的走卒，鲁迅在描写浙江沿海民间祭祀仪式时也说到会让儿童扮演海鬼：“因为祷雨而迎龙王，现在也还有的，但办法却已经很简单，不过是十多人盘旋着一条龙，以及村童们扮些海鬼。”③ 可知，海鬼的含义更多是指海中神怪。前蜀贯休有《寒月送玄士入天台》诗云“星精聚观泣海鬼，月涌薄烟花点水”④，其含义也是如此，与人类敬畏的海神的含义有很大的不同。不论海神是何种形象，都是出自沿海民众的丰富想象。

综上所述，人们在利用和改造自然的过程中，逐渐产生了对海的认识，从“海隅”到“海邦”，从“四隩”到“四海”，四海成为中国周边海湖和地区的称谓。由于地理之便，“东海”最早纳入以黄河流域为中心的中华文明的视野，南海也由于海上贸易与交通的发达受到重视，而西海、北海由于与国计民生关系不大，因而较少受到关

① （五代）徐铉：《稽神录·朱廷禹》卷6，中华书局1996年版，第96页。

② （宋）周密：《癸辛杂识》，中华书局1988年版，第122—123页。

③ 鲁迅：《朝花夕拾·五猖会》，人民文学出版社1981年版，第261页。

④ 周振甫主编：《全唐诗》第15册，黄山书社1999年版，第6075页。

注。正如《古今图书集成·山川典》卷三七《海部》所言："水大至海而极，从古皆言四海。而西海、北海远莫可寻，传者亦鲜确据。惟东海、南海列在职方者皆海舶可及，前代资为运道。"[①] 唐以后历代统治者多重视东海神、南海神的缘故，也在一定程度上推动了东海神、南海神信仰的传播。

---

① 中国科学院自然科学史研究所地学史组主编：《中国古代地理学史》，科学出版社1984年版，第242页。

第七章

道教与四海龙王

中国本来就有“龙”的概念，但是龙王的概念是由国外传入的。龙是古代传说中的一种善变化能兴云雨利万物的神异动物，为鳞虫之长。龙糅合了许多生物的特征，如蛇身、兽腿、鹰爪、马头、蛇尾、鹿角、鱼鳞等，其原型多半是与人日常生活有亲密关系的动物，这些动物或是为人尊崇敬畏，或是为人所驯服驾驭。龙的形象集中了多种动物原型的优点，再加上人的丰富想象，就被视为神灵，成为美好的通天神兽形象，在中国古代传说中具有降雨的神性。再后来，龙被不断地充实特征，进一步成为华夏民族所信奉崇拜的图腾，是威武庄严的形象。不过，此时的“龙”并不称为“龙王”。

东汉时期，佛教由印度传入中国，佛经中称诸位大龙王动力与云布雨，带来了“龙王”这一概念。佛教刚进入中国时，依靠道教来扩大自己的传播，当其壮大后就与道教分庭抗礼，对道教造成了很大的威胁。道教为了迎合民众的信仰心理，维持自身的生存和发展，就吸收了印度所谓“龙王”以及“海底龙宫”的观念，将其发展为龙王家族，形成了有中国特色的龙王的内涵。在佛教理论中，凡俗众生因善恶业而流转轮回，共六道，其中地狱、畜生、恶鬼为三恶道，阿修罗、人、天为三善道，龙是挣扎于畜生道的低级动物，它是为那些不遵守戒行的僧人而设的一种报应，龙的最高向往是“人道”中生，这就将龙贬低为一种低级动物，在中国传统观念中却是一种神兽，道教所塑造的龙王，结合了传统的中国信仰，龙既不是低级的畜生身份，也不同于传统文化中苦苦修炼成仙得道的动物精怪，而是高高在上、无所不能的威严的帝王。

第一节　龙王品确定龙王名目

道教将龙神帝王化，塑造出了自己的龙王，虽然初衷是效法佛教，但是实际上具有明确的中国色彩和道教气质。道教所设想的龙王家族非常繁杂，这是中国封建等级制度和官僚体系的映射。《太上洞渊神咒经》中有“龙王品”，列有以方位为区分的“五帝龙王”，以海洋为区分的“四海龙王”，以天地万物为区分的54名龙王名字和62名神龙王名字，是了解道教龙王观念的重要典籍，说明道教关于水族世界的想象力是非常丰富的，也是以官僚思维来考虑其实用价值的。现录其文如下：

太上洞渊神咒经·龙王品

太一壬甲

道言：昔于三天之上，以观世界。伏见诸天诸地，疫气流行，人多疾病，国土炎旱，五谷不收，两两三三，莫知何计。尔时，天尊乘五色云，来临国土，作大神通，变现光明，与诸天龙王、仙童玉女七千二百余人，宣扬正法，普救众生。大雨洪流，应时甘润。汝等莫生不信，殃沉九祖，幽魂苦爽，名系鬼官之中，百劫千生，终无出日。若能勤心，受持读诵，功德深远，人民无灾，各各延寿长年，无有中伤。

道言：国若有难，兵戈竞起，人民相食，天地振动，日月不明。其国但于福德之方，宫苑之内，或有泉池之处，置九龙之位，立五圣之形，转念此经，礼虚皇上帝镇国。天龙当得，妖氛自灭，兵革不兴，君臣有道，龙德相扶，天下太平，恒居禄位。是时，诸仙等众，闻此演说，悉皆利益普润，含灵俱作礼，各愿受持。

太上洞渊召诸天龙王微妙上品

东方青帝青龙王，南方赤帝赤龙王，

西方白帝白龙王，北方黑帝黑龙王，

中央黄帝黄龙王，

日月龙王，星宿龙王，天官龙王，

龙宫龙王，天门龙王，阎罗龙王，

地狱龙王，天德龙王，地德龙王，

天人龙王，飞人龙王，莲华龙王，

花林龙王，五岳龙王，山川龙王，

又加杀鬼龙王，伽罗吞鬼龙王，

小吉龙王，大吉龙王，金光龙王，金色龙王，

阳气龙王，阴气龙王，医药龙王，狮子龙王，

镇国龙王，镇宅龙王，钱财龙王，井灶龙王，

金银龙王，珍宝龙王，库藏龙王，富贵龙王，

五冈龙王，五谷龙王，金头龙王，衣食龙王，

官职龙王，官禄龙王，江海龙王，云海龙王，

淮海龙王，山海龙王，渊海龙王，国土龙王，

州县龙王，城市龙王，灵坛龙王，风伯龙王，

振动龙王，云雨龙王，大雨龙王，散水龙王，

天雨龙王。

道言：告诸众生，吾所说诸天龙王神咒妙经，皆当三日三夜烧香诵念，普召天龙，时旱即雨，虽有雷电，终无损害。其龙来降，随意所愿。所求福德长生，男女官职，人民疾病，住宅凶危，一切怨家及诸官事，无有不吉。汝等魔王及诸邪鬼，若闻此经不去者，头破作七分，令绝根本。吾所说此经所厌者伏，所禳者却如。有国土、城邑、村乡，频遭天火烧失者，但家家先书四海龙王名字，安著住宅四角，然后焚香受持，水龙来护。

东方东海龙王，南方南海龙王，

西方西海龙王，北方北海龙王。

各各浮空而来，神通变现，须臾之间，吐水万石，火精见之，入地千尺。复有大水龙王，主镇中央，随方守镇，扫除不祥。

道言：善男子善女人家事龙王，若能书写常安龙处，及著库

藏之中，皆以清水净果，依时供养。或是月朝月半祭龙之日，读诵经文，呼召龙王，家当富贵，无有虚耗，库藏盈溢。此经神验，不可称量。是时，四众闻此演说，欢喜无量，八万四千龙王，一时踊跃，天地振动，神龙俱会，大雨洪流，普救众生，一切天人，同时称善，稽首奉行。①

由上可知，道教的龙王名目繁多，数不胜数，道教将“龙王”按东南西北四海来划分，有四海龙王。按“东西南北中”“金木水火土”“青赤白黑黄”划分，则有五方龙王，这两种龙王知名度较高，其他龙王则不为一般人所知，仅见于道教典籍。但是从诸龙王所承担的职能来看，这种观念与海上生产生活实践并无太大的关系，大部分是为了顺应中国民众的需求而产生的，如官职龙王、官禄龙王、医药龙王、富贵龙王等，反映了民众对荣华富贵的追求，仍然是内陆人民对四海的想象。道教是从民族信仰文化土壤中产生的本土宗教，道教创造的龙王的功能、职司恰好符合中国民众的需求，龙王信仰自然在民间广为流行。

第二节　以道教仪式祭祀龙王

唐玄宗时，诏祠龙池，设坛官致祭，以祭雨师之仪祭龙王。宋太祖沿用唐代祭五龙之制。宋徽宗大观二年（1108），诏天下五龙皆封王爵，封青龙神为广仁王，赤龙神为嘉泽王，黄龙神为孚应王，白龙神为义济王，黑龙神为灵泽王。清同治二年（1863），又封运河龙神为“延庥显应分水龙王之神”，令河道总督以时致祭。朝廷的册封抬高了民间龙神的地位，刺激了龙王信仰的升温，中国的内陆地区，有水的地方就设龙王庙，其执掌也较为简单，主要是负责水旱。

龙王之职就是兴云布雨，为人消除炎热和烦恼，中国各地的大部

① 《太上洞渊神咒经》“龙王品”，《道藏》第6册，第48页。

分龙王庙都是为了祈雨而兴建的。龙王治水成了民间普遍的信仰，龙王也在某种程度上成为水神的代名词。凡有一定规模的水体，无论井塘潭渊、江河湖海，莫不有或大或小的龙王入驻，掌握附近地域的水旱丰歉，因此龙王庙遍及中国，几乎与城隍、土地之庙宇同样普遍。每逢风雨失调，久旱不雨，或久雨不止时，民众都要到龙王庙烧香祈愿，以求龙王治水，风调雨顺。

许多通俗小说中都把“龙王”部族发展为敖氏家族，名目略有差异，《封神演义》中四海龙王为敖光、敖顺、敖明、敖吉，至《西游记》则为东海龙王敖广、南海龙王敖钦、北海龙王敖顺、西海龙王敖闰，此说为民间所认可，《三宝太监西洋记》等小说都曾沿用。道教也接受了龙王家族的说法，更加以封号，清代道书《历代神仙通鉴》卷十五已经载有“东海沧宁德王敖广”“南海赤安洪圣济王敖润”“西海素清润王敖钦”“北海浣旬泽王敖顺”[①] 的词语。可知，经过明清小说的渲染，龙王家族基本定型，海龙王就渐渐地取代原有的四海海神，成为国人普遍信奉的海洋之神。

渔民由于天天与大海打交道，异常尊奉“龙王”，他们认为龙王是威严、凶暴的强者，他本领高强，作用巨大。《南明野史》一书载：“成功会师浙海，以前少司马张煌言为监军，北上抵羊山，羊上故有龙祠，海舶过者，致祭必以生羊。即放羊于山，久而孳乳日繁，见人了不畏避。军士竞执之。时天朗波平，怪风猝至。海舶自相纵击，义阳王某溺焉。于是返旆。”[②] 羊山即洋山，此处献祭给龙王的羊，被军士抓捕吃了，导致龙王震怒。可见，民间认为龙王实有。《月令广义》载八月十八日为四海龙王神会之日，又说：“月建申初七、初九、十五、二十七，西海龙王下鱼鬼登天诉事，午时后恶风，无风即雨，须慎行船。八月十八日，四海龙王神会之日。”[③] 康明章主编《山西古

---

① 徐道、程毓奇：《历代神仙通鉴》，辽宁古籍出版社 1962 年版，第 847 页。

② （清）黄宗羲撰，沈善洪主编：《黄宗羲全集》第 2 册，卷 11《赐姓始末》，浙江古籍出版社 1986 年版，第 197 页。

③ （清）陈梦雷编纂：《古今图书集成》第 49 册《博物汇编神异典》，中华书局、成都巴蜀书社 1985 年版，第 60179 页。

代壁画精品图说》中载有《四海龙王众图》，“图中护法善神向右为四海龙王众，四海龙王各司职东、南、西、北海，主宰潮涨潮落，生灵存亡，利益吉凶，每年八月十八日为四海龙王相会之期，画面上的四海龙王皆着朝服，其中的一位扶正冠冕欲行”①。这些都是民众出于自己的想象对龙王形象的塑造。

第三节　以仙境思维塑造龙宫

海龙王既然是海洋之王，民众就仿照人间帝王的宫殿对龙王居住的宫殿进行了无限的想象。民众认为，龙王居住在华丽的宫殿中，仿佛人间的帝王，神龛中所塑的木雕或彩塑东海龙王神像，往往头戴紫金龙冠，身穿金龙皇袍，脚踏乌龙靴，手执玉龙如意，俨然是人间帝王形象，只不过与人间帝王相比，龙王头颅特大，龙眼凸出，头上七棱八角，是龙头人身的形象。龙王坐的也是龙椅，摆供品的龙宴桌子必须也具有海洋特色，例如用两条鱼龙做桌脚，用两条飞龙做横架，神龛前有四根蟠龙柱等。龟为中国古代“四灵”之一，为龙宫中吉祥之物，龙案下常伏着一只大龟。宫殿神龛中祭祀的是直鳗或者刺绣的小青龙，横披是龙王赴蟠桃宴见西王母的图像等。人们还想象龙宴上的巨烛，点的是安吉出产的蟠龙花烛，烧的是龙凤异香。

龙王也有很多侍卫。龙王两侧常塑两个夜叉。这两位夜叉与“十殿阎王”身边黑白无常职能类似。左首夜叉是巡海夜叉，黑脸黄发，绿身赤脚，手执神叉。巡海夜叉的主要职责是巡视海域，保护龙宫的安全，若有违犯龙宫戒规者，或有贸然闯入龙宫者，必被巡海夜叉所阻或惩罚。海龙王龙右首夜叉，白脸，手中高举二十四档的大算盘，其人是海龙王的幕僚人物，不仅算计东海水域中的鱼蟹数量，还算计海域内的人间善恶。民众认为，海龙王不仅为“海内天子”，统帅着海洋中的鱼蟹鲸鲨，还有着“阎王”的职能，掌握着海岛渔民的吉、

---

① 康明章主编：《山西古代壁画精品图说》，山西人民出版社2008年版，第161页。

凶、祸、福和生死大权。

有时，龙王身边站立的是千里眼和顺风耳两神。如嵊泗天后宫中的两位夜叉是头戴僧帽似的紫金冠，身披墨绿色盔甲，白眼珠，棕脸，或两手遮目远视，或两手俯耳静听的千里眼和顺风耳形象。龙王正殿两廊常分别排列着龟相、鲨帅、礁神、岛神、船神等立像。

在海龙王神龛的后面，常供奉着龙母神像，俗称后殿。龙母披戴凤冠霞帔，穿凤服，凤服上挂满龙鳞似的金币，珠光宝气，慈眉善目，一副和蔼可亲之态，不像龙王那般威武严峻。龙母两旁还站着两个貌若天仙的小宫女。小宫女服饰艳丽，体态动人，左首者手执莲花，右首者手执龙头如意，露出一副春意盈盈的笑容。在龙母的神龛前，也有龙宴、龙烛，以作祀祷和跪拜之用。

海龙王是管雨水的大神，正殿内常悬挂着许多匾额，如清朝康熙皇帝赏赐东海龙王的“万里波澄”“海天浴日”“灵曜朝宗”等御匾。也有各地渔民前来龙王宫“还愿”的匾额，如“龙王神威”“国泰民安”等。在龙王宫正殿的屋脊上常见是“风调雨顺”匾额。在正殿门廊檐壁上，左右两边还有卧龙形木架，是搁置各种神船的设置。架上搁置的有木质小龙船，也有一般的风帆型古渔船，雕镂精巧，橹桨俱全，船上有人有物，造型逼真，均是历年来渔家弟子所供奉的信物和祀典品。据传，佛界诸神以及民间的其他传统神灵是不准进龙王殿的。

龙王宫的布局式样，一般为一正两横格局，内有戏台。正殿为“东海龙宫”殿，或称“龙王殿”，高大巍峨，飞檐挑角，气势非凡。匾额常为蓝底金字，蓝色代表海洋，金字代表帝王。屋脊上塑着两条金龙，中间用玻璃或用珐琅涂塑的圆镜为球，构成“二龙抢珠”图案。在屋顶横脊上各塑一个龙头，为龙的九子之一螭吻。从戏台到正殿有一个空旷的院地，途中经过一个九级龙阶。龙阶上嵌着一个石刻浮雕，即为“九龙石雕”。在正殿内有五根倒悬龙柱，分别盘旋五条金龙，为东西南北中，中为帝王所在。整个正殿的牛腿、斗拱、椽子、屋柱，不能用一枚铁钉，其构建形状均为变形龙图案。在正殿两侧的巨幅壁画上，重笔浓彩，常常描绘着《龙王巡海》《龙女献珠》

以及莲花、水仙或有关东海龙王神话的装饰性油画。

在龙王宫的建筑群内常有露天戏台，作为演龙王戏的场所。这是龙王宫布局中必备的建筑物，亦为渔民举行盛大祭神场面所必需。台顶内壁是菱角形结构，壁顶中心是颗火龙珠。台顶外脊有4条金龙，从菱角顶蜿蜒而下，快到边沿处，龙头却昂首而止，成了四个龙首檐角。戏台建筑中的斗拱、牛腿等均呈鱼龙或螭龙形态。在八卦形的天花板上描绘着一幅幅色彩鲜艳的龙神话图画。在戏台的东西两侧，有两块很长的挡风板，板上绘有龙和凤。但是也有不设挡风板的，以免挡住渔民在两侧看戏时的视线。戏台东侧有个凹斗形的旗杆石，旗杆石上插着高大的毛筒旗杆，杆的上首有个小斗拱，飘着一面“绣龙旗”。

在戏台西侧有个照壁，中间镂空，内嵌蟠龙石雕。四周的围墙，呈土黄色彩，用黑瓦盖墙，状似龙鳞，俗称“龙衣”，又称“骑马墙”，似乌龙弯曲盘旋，把整个龙王宫滴水不漏地围在里面。上述龙王宫的布局、设置和建筑通常是规模较大的龙王宫，在规模较小的龙王宫里可能无正殿、偏殿之分，但是通常龙王、龙母、龙太子、龙女、龟相、夜叉以及虾兵蟹将等形象齐全，自成一个完整的“龙宫”系统。

现实生活中这些华丽的龙王宫殿，一部分是出于民间对龙王宫殿的想象，一部分也缘于文学作品的渲染和熏陶。魏晋南北朝以前有所谓“龙场”的传说，唐朝对龙宫的想象开始渐渐确定，大致位置在东海底下，《渊鉴类函》卷三六引杜光庭《录异记》则云海龙王宅在苏州东部，入海后五六日的路程，其文曰：“海龙王宅，在苏州东。入海五六日程，小岛之前，阔百余里。四面海水粘浊，此水清。船不敢辄进。每大潮，水漫没其上，不见此浪，船则得过。夜中远望见此水上，红光如日，方百余里，上与天连，船人相传龙王宫在其下矣！”[①]此处描写的地理位置大致在浙江嵊泗群岛附近，当地也流传着大量东海龙宫故事，说明在沿海地区更容易产生海龙王的相关想象。

---

① （唐）杜光庭：《录异记》卷5，《道藏》第10册，第872页。

文学作品中对龙宫的渲染，最初是借鉴了佛教经典中关于龙王仪仗和龙宫华丽的描写，后来渐渐形成中国特色，与佛经中只知道炫耀金玉、堆砌珍宝不同，中国传说故事中的龙宫水府的庄严氛围则主要是靠仪仗、骑从、守卫、侍女等来烘托。虽然没有对龙宫金碧辉煌陈设的描述，却更加渲染了龙宫神秘又高贵的氛围，体现了道教对海洋文化的影响。如《太平广记》卷四一八引《梁四公记》“震泽洞”条对东海龙宫的生动描写，又如《太平广记》卷四六引《博艺志》“白幽求”条的环境描写，都具有这些神奇效果，也都成功地营造了龙宫仙境的氛围。

第四节　以仙阶降低龙王地位

龙王的形象与地位也不是一成不变的。在民间故事中，龙王可能是海洋的主宰，生活在海边的人们往往把自己的生活、命运、祸福，都与“龙王”结合在一起。出海打鱼获得丰收，说是“海龙王的保佑”，渔船在海上遭灾遇险说是“海龙王的祸祟”，沿海岛礁的命名也常常以“龙山”“龙舌”“龙眼”“龙洞”“龙潭”“黄龙岛”“青龙山”“滚龙番”等字眼。生活中也有“渔民穿龙裤”“造船定龙筋”“船上扯龙旗”“打鱼撑木龙”“元宵迎龙灯”等海洋习俗，对龙王的奉祀也非常虔诚，嵊泗黄龙岛上的“护龙宫”，年年香火鼎盛。龙王的职掌也日益复杂，内陆地区的龙王主要是负责水旱，濒海地区的海龙王除了主管水旱之外，还承担起了海上救护的功能，如负责风向、风暴、海上救护等。

虽然对海龙王的崇祀一直延续到明末清初，但是，在道教等级严明的神明体系中，龙王的地位并不高，虽然民间常常请龙祈雨，但是在整个仙界来说，龙王只是玉皇大帝的一个降雨工具而已，他有行云布雨的能力，却没有行云布雨的权力，稍一犯错就可能送命并殃及整个龙族，民间传说故事中也常有龙王降雨错误而被斩首的情节。从小说及传说故事来看，其他神明也渐渐不把龙王放在眼里，孙悟空的龙宫借宝，对他呼之即来挥之即去，哪吒闹海、张羽煮海，龙王也都是无计可施，有点懦弱。

这种道教等级思维，导致在民间故事中龙王也一改原来的威严、凶暴的强者形象，变得窝囊、卑微。如“龙王输棋”“老大斗龙王”“青石龙”“草龙逐妻”“智斩独角龙”等故事中，龙王常转变成冥顽不灵、不通人情的封建老朽形象，毫无作为，只知道阻挠年轻男女追求他们的爱情与婚姻。

与龙王的地位下降相对应，道教也有新的海神粉墨登场，妈祖随着朝廷的册封成为全国的新海神，龙王下降为妈祖、关帝的配祀神。在浙江嵊泗列岛中，大洋岛上的妈祖宫的侧室，马关岛的关圣殿的后殿，则为供奉龙王神像之处，曾经在大海上神威赫赫的龙王已经屈居于侧室或后殿。福建元宵节要按惯例舞狮耍龙，耍后的龙灯要在妈祖的监督下火化，民众认为，龙灯不火化会变成“孽龙”。

如今，随着科技的发展，人们已经不再天旱时候向龙王求雨，但是对龙王的敬畏在海岛地区仍旧存在。浙江中部的象山半岛上，在民国时期仍旧存有35座龙王庙，此前龙王庙更是数量相当可观，这与海岛四面环海，与世隔绝不无关系，在这种情况下保存的原始信仰是最完整的，最原生态的。当地有关部门在1988年曾经编过一部《东海龙的传说》，全书收入了30篇龙的故事，挂一漏万，事实上可能远远不止这些，这些以龙为题材的众多民间传说故事也是龙王信仰盛行的佐证。

总之，龙王是一水之王，它由原始水神信仰演化而来，它的形象和地位也随着时代的发展和佛道的影响而改变，从高高在上、无所不能的龙图腾到好说话的懦弱者形象，海洋文化中古老而又怪异的原始信仰成分渐渐降低，龙王人性化的成分增加，这些都是民间信仰对龙王形象的全新创造。虽然龙王的影响相对减弱，但是无论如何，龙王在民众心目中仍是重要的海洋神明，在滨海地区的地位仍旧比较崇高，龙王庙在民国时期仍然存在，甚至在龙王信仰的带动下，产生了一系列如潮神、鱼神、网神、渔具神等海洋神灵。不得不说，龙王信仰是海洋文化的核心，它的神秘色彩使得海洋文化形成了与内陆文化迥然不同的风貌。

第八章

道教与民间渔业海神

江浙地区位于东中国海的中部，也是古人观念中东海的中部，这一区域的道教海洋文化特色非常明显，官方海神信仰主要是东海海神。由于东海海神的正祠在山东，宋金对峙时，南宋王朝不能前往山东致祭而将其正祠改在江浙定海县，故浙江这一带对海龙王信仰的热情较高。与此同时，这一区域有全国最大的渔场舟山渔场，又是中国列岛、岛礁最多的地方，因此这一区域的海洋文化多姿多彩，不仅有原始自然崇拜，还有其他海洋文化中的渔业神、岛神、礁神、引航神等，又有一些民间新造海神。这些神明往往也具有保护水运和海运的作用，在某种程度上属于海神中的一员，姑且称之为“渔业海神”。

第一节　吸纳民间潮神信仰

大海潮汐的涨落是地球与月球之间相互吸引的结果，但是古人对于潮汐的成因并不了解，他们认为，潮汐的涨落背后存在着一种神秘的超自然的力量，这种力量控制着潮汐，控制着波涛，也控制着海洋，这种力量只能是海神的力量，从而产生了种种猜想。如《列子·汤问篇》中记载，渤海之东有个无底洞，名曰归墟。归墟里有条古海鳅，个儿很大，身上有种黏液能融化水，并且能够纳水弄潮。这条古海鳅还有个古怪的特性，每天早晨出来找吃的东西时就会掀起一阵阵海潮，于是大海开始涨潮了，当它回到归墟睡觉的时候，又把大量的海水带回去，于是大海开始落潮了。这一涨一落，就形成了大海的“潮汐”。由于古海鳅的活动十分准时，所以大海的潮汐很有规律。这是记载于中国古籍中最早的一篇潮汐神话。

此外，在古代先民的眼中，天上飘浮着的每一朵云朵都有一个精灵、一个鬼魂在推动着。同样，浩瀚的大海上涌起万千层波浪，每一朵浪花也都有一个鬼魂在推动着，那就是推潮鬼。渔民们说，大海上的潮汐之所以潮涨潮落、永不枯竭，这是因为海底下有个“潮水磨”在不停地转动，致使潮水源源不断地从磨中出来。但是因磨潮的推潮鬼也有约定俗成的休息时间，当他息磨时大海上就退潮了，当他起磨时大海上就涨潮了。因为磨的转动是呈八卦形方位，故而海上的潮汐不像江河中的流水直来直去，而是一种近似八卦形的旋转，俗称“八卦潮”，民间认为，那些推潮的鬼都集中在潮部。据《夷坚甲志》记载，明州兵士沈富五六岁时，其父溺钱塘江死，“为江神所录，为潮部鬼，每日职推潮”①。不过这类神明一般威望不高，很少有神庙供祭。道教吸纳了原有的民间潮神传说故事，并将其适当发展。

一　潮神伍子胥

自汉代以来，一般人都认为伍子胥为潮神或涛神，传说春秋战国时候，越王勾践被吴王夫差战败，于是派出文种求和，表示愿意去吴国称臣。此计骗过了夫差，却瞒不过太师伍子胥，他坚决主张杀勾践，反对纳降。不过，他阻止越国献美女，冲撞了吴王夫差，使夫差一时下不了台，激怒之下，当场以欺君之罪赐伍子胥“属镂”宝剑一把，命其自尽，又把伍子胥的尸体投入钱塘江中。老百姓见此都愤愤不平，为了支持伍子胥，在海塘上烧海香纪念他。伍子胥得到老百姓的支持，浑身增添了力量，忽见他的尸首朝天吐了一口怨气，便愤恨地揭竿而起，驱水为潮，钱塘江里突然浪涛翻滚，铺天盖地自东向西汹涌而来，犹如万马奔腾，势不可挡，吓得吴王夫差没命地逃回了“姑苏台”，人们见了都拍手称快，把伍子胥称为“潮神”，俗名“海潮王”。②

---

① （宋）洪迈：《夷坚甲志》卷14《潮部鬼》，中州古籍出版社1994年版，第268页。

② 朱关良：《潮神伍子胥》，《海宁日报》2010年9月21日。

有关伍子胥的潮神的传说，很早就见于记载，《太平广记》卷291《伍子胥》载：

> “伍子胥累谏吴王，赐属镂剑而死。临终，戒其子曰：‘悬吾首于南门，以观越兵来。以鲼鱼皮裹吾尸，投于江中，吾当朝暮乘潮，以观吴之败。’自是，自海门山，潮头汹高数百尺，越钱塘渔浦，方渐低小。朝暮再来，其声震怒，雷奔电走百余里。时有见子胥乘素车白马在潮头之中，因立庙以祠焉。庐州城内淝河岸上，亦有子胥庙。每朝暮湖时，淝河之水，亦鼓怒而起。至其庙前，高一二尺，广十余丈，食顷乃定。俗云，与钱塘潮水相应焉。”①

由于伍子胥的潮神声誉渐大，历代统治者也为其加封号。《三教源流搜神大全》卷三引《威惠显灵王条》：“唐元和间，封惠广侯。宋封忠武英烈显圣安福王。圣（元）朝宣赐王号忠孝威惠显圣王。”②《文献通考·郊社考》卷23载：“杭州吴山庙，即涛神也。大中祥符五年（1012）夏，江涛毁岸。遣内侍白崇庆致祭，涛势聚息。五月诏封神为英烈王。令本州每春秋二仲，就庙建道场三昼夜，及以素馔祠神。”③《续文献通考·群祀考》载：“嘉定十七年（1224）加封临安忠清庙为忠武英烈威德显圣王。神为伍员，庙在临安吴山。真宗大中祥符五年（1012），始封英烈王。政和六年（1116），加封威显。绍兴三十午（1143），加忠壮。至足别八字。后理宗嘉熙三年（1239），海潮大溢，京兆赵兴权祷神而息，奏叩庙中建英卫阁，并封王妃协清夫人，父屠、兄尚皆加封号。”④ 这些加封，不仅表明封建王朝对伍子胥潮神地位的肯定，也扩大了潮神的影响。据乾隆年间编纂的《定海县志》记载，当年定海有300余座寺庙，伍子胥庙有5座，大禹庙3

---

① （宋）李昉等编：《太平广记》卷29《伍子胥》，中华书局1961年版，第2315页。

② 吕宗力、栾保群：《中国民间诸神》，河北教育出版社2001年版，第273页。

③ 同上书，第272页。

④ 同上书，第274页。

座，舜王庙2座，说明在历史人物中，在舟山立庙祈典的潮神以伍子胥为第一。政府的关注，使此类祠庙得到了很好的维护。海宁的海神庙外观赫奕，雕镂工巧，俨如帝室王居，民谣传云："盐官海神庙金碧辉煌，潮神伍子胥端坐上方，俚人众男女虔诚朝拜，祈求伍王爷保邑安疆。"①

伍子胥为春秋末期吴国大夫，其人样貌早已经无从得知，但是在唐宋时期民间传说对潮神的外貌进行了许多加工塑造，使其更加人性化。一说是因为"伍子胥"的读音如同"五髭须"，所以民间在塑伍子胥像时五分其髯，谓之五髭须神，"每岁有司行祀典者，不可胜纪，一乡一里，必有祠庙。又号为伍员庙者，必五分其髭，谓之'五髭须'"②。

人们不仅塑造潮神神像，还为潮神娶了妻室，《古今图书集成·神异典》卷五四引《蓼花州闲录》载："温州有土地杜十姨，无夫，五髭须相公无妇，州人迎杜十姨以配五髭须，合为一庙。杜十姨为谁？杜拾遗也。五髭须为谁？伍子胥也。"③ 此处因为杜甫曾经官居左拾遗，以讹传讹，"杜拾遗"又成了"杜十姨"，还与伍子胥配成夫妻，民间这种无厘头的创造真是让人忍俊不禁。不过从文献可知伍子胥是有妻室的，他的妻子还被封为"淑惠夫人"，"宁宗嘉定十七年，累封忠武英烈威德显圣王（一云忠武英烈显圣安福王），理宗嘉熙三年，封王父奢烈侯，妻嘉应夫人，兄尚昭顺侯，妻淑惠夫人。元成宗大德间改封忠孝感惠（一作威惠）显圣王，国朝雍正七年改封英卫公"④。

二　因治潮有功而获封的潮神

历史上因为官员治理潮水有功被奉为神明的情况，屡见不鲜。雍正十年（1732）曾经下谕指出："山岳江河之神，为地方捍患御灾，

① 仓修良：《伍子胥与钱江潮》，《文史知识》2006年第8期，第114页。

② （宋）王谠：《唐语林校证》，中华书局1987年版，第740页。

③ 吕宗力、栾保群：《中国民间诸神》，河北教育出版社2001年版，第275页。

④ 同上书，第274页。

锡福兆庶者，则虔修祠庙，洁诚展祀，以申报享之诚。”[①] 唐末封潮王的石瑰、浙江黄岩的岱石王、上虞地区南宋时人陈贤、明朝的戚澜、浙江绍兴宁济庙的潮神等，都是因为治理潮水有功而被认为是潮神。

《续文献通考·群祀考》卷三云：“钱塘协顺庙，祀宋陆圭及其三女。淳祐中扞潮有功，封广陵侯。三女封显济、通济、永济夫人，赐额协顺。旁有小庙，祀十二潮神，各主一时。”[②] 可知，钱塘江旁有一座协顺庙，祀奉宋人陆圭和他的三个女儿为潮神。陆圭因为扞潮有功，封广陵侯，三女封通济、涌济、永济夫人，旁有不知其名却影响一方的十二潮神。这十二潮神小庙在协顺庙旁，每天十二时，各主一时。那十二潮神，虽然是赳赳武夫，却远不及陆相公三位女儿的香火旺盛。民间尊称陆圭为陆相公，他的三位女儿一个管护岸，一个管起水，一个管交泽，各有分司。凡海船行至庙下，必先到三位小娘子前烧炷香，供上彩缎、花朵、粉盒，拜祷平安，许下心愿。有的船只想乘早晚潮汛到来时出发，就必须先占卜而后动，方免风涛之险，不得卜则断不敢轻易发船。

即使同一个地方，也存在不同的潮神，陆圭是杭州地方的潮神，杭州还有潮神张夏。吴自牧《梦粱录》卷十四云：“昭贶庙，在浑水闸东江塘上。神姓张，名夏，雍丘人，宋授司封郎官，为浙漕时，因江潮为患，故堤累行修筑，不过三年辄损，重劳民力，遂作石堤，得以无虞。民感其功，立祠于江塘上。朝省褒赠太常少卿，累封公侯之爵，次锡以王爵，加美号曰灵济显佑威烈安顺王。祠之左右，奉十潮神。又有行祠，在马婆巷，名安济庙。”[③] 可知，浙江钱江海塘年久失修，分段守护，杭州的江塘原用木柴、泥土垫筑，常被江潮冲毁，张夏首次发起将其改建为石塘，张夏死后，朝廷为嘉奖其治水功绩，被追封为宁江侯；宋嘉祐八年（1063）赠太常少卿，淳祐十一年

---

① 《清世宗实录》卷121，“雍正十年七月”条，台湾华文书局股份有限公司1973年版，第601页上。

② 吕宗力、栾保群：《中国民间诸神》，河北教育出版社2001年版，第277页。

③ 吴自牧：《梦粱录》卷14，《西湖文献集成》第2册《宋代史志西湖文献》，杭州出版社2004年版，第185页。

（1251）封显公侯，咸淳四年（1268）敕封护塘堤侯，清雍正三年（1725）敕封静安公。人们为纪念张夏的治水功绩，在堤上（今长山镇）立祠志念，尊称张老相公。

孚佑王是绍兴地方的潮神，《续文献通考·群祀考》卷三云："庆元四年（1198）封绍兴府宁济庙潮神为孚佑王，先是徽宗政和六年（1116）封顺应侯。孝宗淳熙末，以卫高宗灵驾功，加忠应翊顺灵佑公，至是晋王爵。"① 可知，绍兴以孚佑王为潮神。

三　民间传说故事中的潮神

在民间传说故事中有很多传说中的人物也成为潮神。西汉枚乘在《七发》中已经把广陵涛说成"候波"，认为古代传说中的涛神是阳候，岱石王是浙江黄岩的地方神，光绪《黄岩志》卷十载："岱山庙在县西十七里。永初景平中建。世传神家婺州，好游观，至大石山而死。是夕大雨震电，山土剥落，巨石稽屺立高百丈，耸如人形。咸以为神显异于此，奏封岱石王，又传神尝与钱塘江神竞分其潮三分。今庙北有港，潮生则怒涛惊浪，高可五六尺颇类钱塘，邑人号新江渡焉。"② 可知，此神是婺州人，好四处游荡，游到黄岩大石山而死，在他去世的那天夜里，惊雷奔电，大雨如泻，山上突然出现一块巨石，高有百丈，耸立如人形。当地以为此人显灵，便奏闻朝廷，封为岱石王。由于黄岩一带海潮较大，最高时也有五六尺，当地人又传说岱石神与钱塘江神分得其潮三分，这样岱石神又成了当地的潮神。

安知县是浙江宁波镇海一带的地方性潮神。当地民间有《安知县斩蛇》的传说，镇海伏龙山上有座伏龙寺。相传这伏龙寺一直很少有人烧香拜佛，久而久之，寺内佛像歪斜，院中杂草丛生，景况十分凄凉。寺中老和尚与妖蛇勾结，祸害百姓，被安知县设计制服。又一种说法是，安知县原为宁波的镇海知县，为官清廉，疾恶如仇，武艺高强，尤其精通剑术。因为东海雌雄两蛇作怪，使渔夫舟子叫苦不迭。

---

① 赵杏根：《中国百神全书民间神灵源流》，南海出版公司1993年版，第185页。

② 同上书，第184页。

安知县下海斗蛇妖，在惊涛骇浪中与蛇妖恶斗了三天三夜，终于剑劈蛇头，砍死了两个精怪，但是他却因为耗力过甚，溺死在海潮中，被渔夫们尊为潮神。不仅宁波的渔民信奉他，舟山、温州等地的渔民也信奉他，浙江的嵊泗列岛就流行“冬至祭潮神”的习俗，祭潮神就是祭安知县，目的在于祈求其保佑。其中枸杞岛上的渔民要用三牲福礼和香烛锡箔到海礁上供祭潮神爷，还要请游方道士到礁上打醮，规模很大。在当地渔民的心目中，潮神安知县对他们渔业生产与生命安全起了重大的庇佑作用，为此特地请道士打醮。

此外，在嵊泗列岛小洋山岛上的洋山神也是潮神。宋《宝庆四明志》载：“洋山庙，东北海中，唐大中四年（850）建。黄洽记云：‘海贾有见羽卫森列空中者，自称隋炀帝神游此山，俾立祠宇’。”① 为此，洋山岛凡草不生，白石磷磷。在清代的《伪郑记事》中，曾记载郑成功攻打台湾前与张煌言合兵北伐，于顺治十三年（1657）屯兵洋山岛。因为不知道当地的风俗，取羊为食，得罪了隋炀帝，从而招来了神怒，大潮骤至。巨舰自相撞击立碎，人船损伤十之七八，并且溺死了郑成功爱妾以及幼子数人。这潮神即为隋炀帝。

据悉，在浙江奉化渔村，信仰的潮神中还有白娘娘、马娘娘等女性潮神。白娘娘可能受到《白蛇传》中白素贞“水漫金山寺”的故事影响，而马娘娘却不知所指何人。

由此可见，民间潮神的构成非常复杂，既有原始信仰中的海鳅作为潮神，又有鬼怪小说中的巡海夜叉、潮头鬼等潮神，更多的是由人神上升为潮神的，他们或许是因为治理潮水有功的地方官员，也有可能是传说中的人物，总之有善亦有恶，有男亦有女，情况十分复杂，其中以伍子胥潮神的影响力最大。

四 对潮神的祭祀

由于古代根本无法准确预计潮灾的来临，也无法抵抗由此而来的

① 《炀帝庙》，载《嵊泗文史资料》第1辑，上海社会科学院出版社1989年版，第80页。

灾难性打击，潮神的周期性显神威给人们带来的震撼是非常深刻的。在此情况下，沿海地区形成了观潮神和祭潮神风俗。观潮和祭祀潮神很多时候是同时进行的。每年的农历八月十八为传统的“观潮节”，民间奉为“潮神”生日。每到此日，人们按照传统习俗，祭奠“潮神”。南朝梁人宗懔《荆楚岁时记》有“五月五日，时迎伍君”[①]句。《月令广义·八月令》载每岁仲秋既望，潮极大，杭人以旗鼓迓之，曰祭潮神，有弄潮之戏。唐宋以来，每逢此日，杭州百姓男女老少，倾城而出，万人空巷以观钱塘江怒潮涌来时的壮观景象。明人冯梦龙在《警世通言》中将钱塘江潮与雷州换鼓、广德埋藏、登州海市并称为“天下四绝”。南宋时宫廷就在杭州检阅水军，百姓在此观潮。自清初以来，钱塘江水道离杭州城日远，观潮佳处逐渐东移至海宁盐官一带。

民众虽然有对潮神的畏惧膜拜心理，但是又不甘于受潮神的控制，造子胥祠、海神庙、潮神庙、镇海塔、镇海楼，设海神坛，封四海为王，祭海神潮神，置镇海铁牛，投铁符，强弩射潮等行为，都表现了人类对大自然的反抗。民间流传较为广泛的是钱王射潮的传说。梁开平四年（910），吴越王钱镠（852—932）在杭州候潮通江门外筑塘，因为海潮猛烈，“版筑不就”，就组织士兵射潮头。“武肃王始筑塘，在候潮门通江门外，潮水昼夜冲激，版筑不就，命强弩数百以射，又致祷于胥山祠，仍为诗一章，其末句曰：‘为报龙王及水府，钱江借取筑钱城。’函钥置海门山。既而潮水避钱唐，东击西陵，遂造竹络，积巨石，植以大木，堤既成，久之，乃为城邑聚落。”[②]广东地区也有马伏波射潮的传说，这说明与潮水的斗争在沿海地区普遍存在。钱塘江畔杭州的六和塔、海宁的占鳌楼，均是为了镇压钱江怒潮而建的。但是，通常来说，设置镇海神物与对海神的祭祀是同时进行的。在明代成化七年（1471）九月间，浙江地区发生大潮灾，漂没民居和盐场，中央政府专派工部侍郎李颐前往祭祀海神，并且修筑沿海

---

① （南朝梁）宗懔，（隋）杜公瞻注：《荆楚岁时记》，《汉魏六朝笔记小说大观》，上海古籍出版社 1999 年版，第 1057 页。

② （明）田汝成：《西湖游览志》，上海古籍出版社 1998 年版，第 251 页。

堤岸。《梦粱录》记载："其日帅司备牲礼、草履、沙木板，于潮来之际，俱祭于江中。士庶多以经文，投于江内。"① 乡村民众自发的祭祀海神的行为与政府倡导的修海塘堤岸御灾同时进行，这说明在很多情况下，对海神（潮神）的祭拜被看作是与海塘修护工作同等重要的大事，图 8－1，图 8－2 就是当时祭祀潮神的场景。

图 8－1 嘉庆五年刊［日］中川子信编的《清俗纪闻》中所绘官祭潮神活动

"潮神"大约在明代曾经被人视为婚姻之神，这在文学作品中多有提及。明冯梦龙《警世通言》第二十三卷《乐小舍拼生觅偶》就描写了一个潮神促成婚姻的故事，乐和与顺娘自小同窗，情意相笃，私下结为夫妇，但是由于两家门户不当，一直未能正式议亲。乐和闻说潮王庙有灵，就偷偷买了香烛果品前去祭祀，祈祷潮王征他与顺娘能成伴侣。一次观潮时顺娘被潮水卷入江中，乐和情急之下也跳下江去，两人被潮王救上江岸，终于结成眷属。《金瓶梅词话》第八回，写到西门庆与潘金莲勾搭成奸以后，又娶了孟玉楼，一连数日未到潘金莲处，弄得她晚上睡不着，短叹长吁、翻来覆去，于是她在百无聊赖之际，操了琵琶，自弹自唱了一曲《绵搭絮》："心中犹豫转成忧。常言妇女痴心，惟有情人意不用。是我迎头，和你把情偷，鲜花付予，怎肯甘休？你如今另有知心。海神庙里，和你把状投。"② 词中倾

① （清）吴自牧：《梦粱录》卷 4《观潮》，浙江人民出版社 1980 年版，第 29 页。
② （明）兰陵笑笑生：《金瓶梅词话》上册，人民文学出版社 2000 年版，第 83 页。

图 8－2　乾隆戊戌年（1778）刊林清标编撰的《敕封天后志》中所绘潮神膜拜活动

资料来源：采自《敕封天后志》。

诉了她的满腔委屈，更提出了“海神庙里，和你把状投”，要请海神来评断他们的私情纠葛，表现了民间的这种信仰。元人尚仲贤所写的杂剧《海神庙王魁负桂英》，也将海神和男女情爱联系到了一起。《海神庙王魁负桂英》取材于宋代民间传说：妓女桂英深爱书生王魁，资助他安心读书，进京赴考，但是王魁得中状元以后，贪图荣华富贵，终将桂英抛弃而另攀高门。王魁进京赶考前，曾和桂英双双到海神庙赌誓，后来王魁变心，桂英满腔悲愤，自杀前又到海神庙中，向海神控诉王魁的薄情负心。显然，民间曾经将海神看作是一个能对婚姻爱情做出公正裁决的神。

综上所述，潮水涨落的自然现象被赋予了神秘色彩，而众多与潮水相关的历史人物与英雄被附会成潮神，接受人们的祭祀和朝拜，这与道教文化的影响熏陶是分不开的。时至今日，在盐官海神庙仍然供奉着三位潮神，居中的神像是无名海神，随意从容；左边是吴越王钱镠，一副悲天悯人的情怀；右边的是伍子胥，眉宇间仇恨难消。同为潮神，伍子胥是因为别人怕他而敬他，钱镠才是真正被老百姓当作保护神而景仰的。

第二节 丰富传统船神信仰

中国有漫长的海岸线，还有众多的江河湖泊，对于生活在这里的渔民来说，船也就是他们的家，他们的生命。船神是江河湖海船舶航行的保护神，也是船的守护神。在造船技术和航海技艺落后的时代，船员把航行的平安寄托于船神，是非常正常的现象。他们对于船的感情，犹如农民对待土地一样，异常深厚，从某种意义上说，船神承载着船家的命运和期望。船神在很大程度上是船家最大的精神支柱，这是因为船民过着漂泊海上的生活，陆地上的神明职掌范围不包含海洋渔民生活这部分内容，因此渔民、船民们就自创了船神出来，保佑家人出入平安，保佑捕鱼满载而归。

一 船神孟公孟姥

船神到底是谁，众说纷纭。从民间传说来看，通常认为，船神为一对老夫妻，人称孟公孟姥，或孟婆。刘义庆《幽明录》载：秣陵人赵伯伦曾往襄阳，杀了头猪为祭品，可是到了上供时，却只上了一只猪腿。于是当天晚上，赵伯伦就梦见来了一翁一媪，头发都已经苍白，身着布衣，手持桡楫，面带怒容。第二天一早发船，那船只往浅沙礁石之处走，船夫也无法控制。赵伯伦知道这是那二老捣乱了，只好重新摆了一桌盛宴，那船才老老实实地走路。按民众理解，虽然祭祀船神孟公、孟姥需要杀鸡用肉，但是那对于商人来说，由于他们更加富裕，所以祭品应该更为丰盛，祭祀时就不应该只是供奉一只小鸡或一只猪腿，而是需要杀牛了。以传说入故事，说明孟公孟姥信仰已经在民间广泛流传开来。

《古今说海》之《鸡骨》条载：

"南方逐除夜及将发船，皆杀鸡、择骨为卜，传古法也。卜占即以肉祀船神，呼为孟翁、孟姥，其来尚矣。按梁简文《船神记》云：'船神名冯耳。'《五行书》云：'下船三拜呼其名，除百忌。又呼为孟公孟姥。'刘思真云：'玄冥为水官，死为水神，冥孟声相似。'又云：'孟公父名渍，母名衣，孟姥父名板，母名履。'或云：'冥父冥姥，因玄冥也。'"①

可知，船神呼为孟公、孟姥有很悠久的历史。出航之前，船员要杀鸡剔骨，用好肉祭祀船神，并且高呼船神的名字，求得保佑，已经形成了简单的仪式。不过，以孟老夫妻为船神可能是讹传，因为"冥孟"和"孟姥"的发音非常相近，很容易造成误传。并且从逻辑上来说，"除夜"即是指除夕之夜。大年三十渔民、船民还要出海捕鱼或谋其他生计，这显然是不合情理的，所以文中所说的"南方逐除夜将发船"实际上可能指的是旧时家庭大都有除夕祭家祖的习惯，希望祖先的灵魂与家人子孙一起欢庆新年。

过去迷信认为，人间与冥界有条"冥河"相隔，亡灵来来往往都必须以舟船作为运载工具，既然如此，人们以仪式性的船只（纸船、草船、蔑船之类）运送祭品、接送祖先当是一种最便捷的方式。除夕"发船"无疑是一种祭祖方式，目的是用仪式性的冥船运载祖先的灵魂横渡冥河。这样说来，作为船神的孟婆很有可能就是"冥河舟子"，与古希腊神话中专度亡魂过冥河，并收取一定的船费的卡戎具有相同的神职。希望祖灵顺利地横渡冥河，最好是向冥河渡夫祈祷，因此，人们要以"肉祀船神"，还讨好地尊称她为"孟姥"。孟者，大也；姥者，婆也。宋人袁文的《瓮闲评》卷五也说："今小词中谓：孟婆且告你，与我佑些方便，风色转吹个船儿倒转。"② 由此看来，呼"孟婆"之名可"除百忌"的说法，是古人认为阴间神灵能保佑人间幸福，是对这一传统信仰的直接应用。因此，孟婆或孟姥是负责阴间引渡航行的神灵。

民间所说的"孟婆汤""孟婆茶"即为这位老太太所制。据说，

---

① （明）陆辑：《古今说海》，巴蜀书社 1988 年版，第 164 页。

② 吴熊和、陶然册主编：《唐宋词汇评》两宋卷，第 2 册，浙江教育出版社 2004 年版，第 1355 页。

“孟婆神生于前汉，幼读儒书，壮诵佛经，凡有过去之事不思，未来之事不想，在世唯劝人戒杀吃素。年至八十一岁，鹤发童颜，终是处女。人们只知她姓孟。她入山修身养性，直到东汉年间。世上有知晓前世因果的，妄自认定前生，卖弄法术，泄露天机。所以上天才命令孟婆设立驱忘台，使鬼魂忘掉前因，而赴十殿转生人世”①。孟婆的模样是一位老妪，头挽小髻，身着花衣，一手提茶壶，一手捧茶杯。据《阎王经》里所说，各类鬼魂在各殿依次受刑受苦之后，最后押解到第十殿交与转轮王。这个殿是专管投生的，凡是发往阳间者，都要到孟婆神那里报到，灌一通“孟婆汤”，使他们忘掉前生之事，才能放行。孟婆娘娘在驱忘台上，将药汤分成甘、苦、辛、酸、咸五种味道，让鬼魂转世投胎前喝它，以便忘掉前生一切事情，带到人间一二种病（恩涎、笑汗、虑涕、泣怒、唾恐，等），生前做善事的，使其耳、鼻、舌和四肢比以前更加强健，而生前做恶事的，使他们的五官更为衰弱。孟婆把守着阴间的最后一关，是“六道轮回”不可或缺的鬼神权威，她和她特制的“孟婆汤”在民间很有影响力。这样一个典型的阴间鬼神，却被后人讹传为人世间所谓的“船神”，有其产生的合理基础。玄冥为水官，死后为水神，冥、孟声音相似，所以冥改为孟，就成了孟公，冥府中开茶馆的孟婆其实也是从冥婆音转变而来的。

实际上，千百年来渔民、船民们信奉的船神并不是孟婆，而是另有其人，极有可能是船神名“冯耳”者，俗曰每上船时三呼其名，可保一路平安。明人方以智说，“耳”读音如“以”，冯耳就是冯夷，也就是河神，或许是因为每上船时祷告河神，一来二去，便误把他当作了船神，再加上河神、船神都与水神有关系，也就混为一谈了。

二　历史人物转变为船神

除了这些传说中的船神之外，在民间真正崇奉的是其他类型船神，人致有四种情况，一种是历史人物转变为船神，如鲁班、关羽、

① 沈忱编：《中国神仙传》，今日中国出版社 1993 年版，第 118 页。

寇承御等，这些人都是历史上的忠义之士，也都与船有这样或那样的关系，故被民间崇奉为船神。如鲁班是个木匠师傅，渔民们认为，船是鲁班第一个造出来的，他是个无与伦比的能工巧匠，还能同海龙王斗法（此处鲁班与龙王斗法明显有道教文化影响的影子，普通木匠很少有懂法术的，所以这里是道士形象的投影），才征服海洋，所以拜他为船神。不过，鲁班也不只是船神，他还是民间手工艺者的保护神。宁波有个公输先师殿，“唐塔，镇天峰塔下，奉祀鲁班先师。清道光二十四年（1844）建，光绪宣统间逐次修理，民国后又重修，此庙石匠、木匠、泥水、砂片、篾匠、船匠等百工，凡有十柱共同管理”①。

又如，关羽也被认为是船神，关云长性情刚烈勇猛，重义气，这点很像渔民的性格，很容易得到渔民的认同。东汉末年关羽协助刘备征战沙场，建立帝业，立下了赫赫战功，死后被尊封为“关圣帝君”“协天上帝”等，他的勇猛刚毅也仿佛搏击大海的渔夫所具有的气质，受到渔民的尊重，他的义气也让人们视之为财神。相传生擒关羽的曹操给了他大量金银，并且以礼相待。然而他把曹操给他的金银全部放还室内，趁夜晚护卫着同时被擒的刘备夫人逃回家里。关羽就是这样一位重义气而视金钱为粪土的武将，人们认为向他祈祷一定能够满足自己的愿望。还有传说称关羽发明了金钱出纳账簿和算盘，被视为保佑买卖兴隆、能赚大钱之神，这点使他尤其受到商人们的追捧。到清代关帝已经是一个家喻户晓的武财神，沿海群岛上的关帝庙也很多。古代出海远航的海商更是经常祭拜关帝，祈求武财神关帝保佑他在海洋贸易中发财。

还有传说寇承御是船神。寇承御是宋朝某宫的宫女，她抗旨用狸猫换下了太子，救了仁宗皇帝，并且承受严刑拷打也至死不吐真情。渔民尊敬她，把她奉为船神。在江浙沿海岛屿上，除了关帝庙，还有许多天后宫圣姑娘娘庙，供的就是寇承御的神像。

---

① 《民国鄞县通志·舆地志·庙社》，台湾成文出版社有限公司1974年版，原本第729页，影印本第1457页。

此外，旧时江浙一带的渔民、船民们还以周宣灵王为船神，每条船上都供有他的神像，他们认为，周宣灵王专司风雨，法力无边，是他们的保护神。据传周宣灵王即孝子周雄，生于1188年，卒于1211年，今杭州新城县渌川埠人，事母至孝，常行商于浙赣间。二十四岁时，舟行至衢州，突闻母噩耗，因哀伤过度，失足坠水，溯波而上，香闻数十里，衢人异之，即奉周躯为神，敛布加漆建庙祀焉。此神在宋端平元年（1234）被赐“广平侯”称号，淳祐元年（1241）封“护国广平正烈周宣灵王”，民间也尊他为水神，浙、皖、赣、苏的许多城市都建有周王庙。

民间还有崇奉金龙四大王、杨泗将军等为船神的。“金龙四大王”为水神之一，民间有许多传说，《清江浦庙碑》载：

> “金龙四大王者，姓谢氏，兄弟四人纪、纲、统、绪，皆宋末会稽处士。绪最少，初为诸生，隐钱唐之金龙山。宋亡，日夜痛哭，阴结义士图恢复。知势去不可为，遂赴水死。题诗于石：‘立志平生尚未酬，不言心事付东流。沦胥天下凭谁救，一死千年恨不休。’其徒问曰：‘先生之志决矣，他日以为验。’绪曰：‘黄河水逆流，吾报仇日也。’后明太祖与蛮子海牙战于吕梁不利，忽见云中有天将，挥戈驱河逆流，元兵大败。帝夜祷问其姓名，梦儒生素服前谒曰：‘臣谢绪也。愤宋祚移，沉渊而死。上帝怜我忠，命为河伯。今助真人破敌，吾愿毕矣。’次日封为金龙四大王，以绪尝居金龙山，殁又葬于其地故也。”①

可知，金龙四大王的俗身是谢绪，他是南宋会稽（今绍兴市）人，是谢太后的族兄。最初他是为明太祖朱元璋敕封为黄河之神的，后来才由明熹宗朱由校敕封为“护国济运金龙四大王”，再经过清顺治二年（1645），直至光绪五年（1879），历代皇帝才给“金龙四大王”上全了谥号“显佑通济昭灵效顺广利安民惠孚普运护国孚泽绥疆

① （清）阮葵生：《茶余客话》卷22，中华书局1959年版，第719页。

敷仁保康赞翊宣诚灵感辅化襄猷溥靖德庇锡佑国济金龙四大王”。此谥号多达共四十四字，大大超过了历代皇帝、皇后、权臣的谥号。

“金龙四大王”不仅为黄河之神，而且还是漕运之神，商业之神，杭州、北京、天津、嘉兴、邳州、晋城乃至全国各地的运河河畔，皆建有“金龙四大王庙”，均为名人撰写楹联。旧时黄河和内河航运的船民为祈求船运平安，多信奉金龙四大王为船神，船上艄公住的舱也称“神舱”，用红纸书写神位，供奉金龙四大王。每次装好了货，起航前一日，割肉、买鸡（不可用鱼）办供。开船之前，摆供，烧香，烧纸，放鞭炮，跪拜大王。若遇到蛇上船也被视为是“大王”“将军”上船，是很吉利的事情，要举行接神仪式。

还有一个船神是杨泗将军。杨泗将军最初是湖南的民间道教水神，由于江河一带经常闹水灾，人们祈祷“平浪王”杨泗将军驯服水患。这个杨泗将军，有人说是一个因治水有功而被封为将军的明朝人，有人说是一个像晋朝周处那样的敢于斩杀孽龙的勇士，有人说是南宋农民起义领袖杨么，众说纷纭，不管哪种说法，民间特别是船民都把他作为行船的保护神加以膜拜。供奉杨泗将军的杨泗庙在长江、汉江到处都是，其形象普遍是身穿铠甲，头戴金盔，右手执一大钺斧的少年神将，风神俊朗。也有的地方是手执宝剑文书的文相杨泗将军，这是历史的流逝和信仰的本土化过程的正常现象。但是每年农历六月六日杨泗将军生日都要祭奉，渔民、船工供奉的最勤。杨泗将军信仰主要流传在长江中下游地区，明清时期的“湖广填四川”运动，导致人口迁徙，杨泗将军信仰也逐渐向四川、云南、广东、甘肃和陕西南部地区传播。杨泗将军普遍被认为是一位除妖斩鬼的尊神，能斩除蛟龙，平定水患，道教还将其尊为天尊，道教尊号为“九水天灵大元帅紫云统法真君水国镇龙安渊王灵源通济天尊”。

三　观音、妈祖等神灵作为船神

除了这些著名历史人物被奉为船神之外，船神的第二种类型是妈祖、观音菩萨等。妈祖是历代船工、海员、旅客、商人和渔民共同信奉的道教神祇，她的职能范围非常广泛，广东、福建和广西等地奉祀妈祖为船神者居多。据说妈祖娘娘捕鱼的本领很大，她能穿着红绣鞋在波浪中行走。相传妈祖的生日是在三月二十三，每逢这一天，渔民们都要在船上、岸上，有的甚至在家庭的厅堂上摆上三牲果品，烧化香烛纸钱为妈祖过生日，其节日隆重程度仅次于春节，在渔民中是一个非常重要的节日。此外，渔船上也经常摆放观音菩萨像，希望大慈大悲的观音菩萨能够保佑出海平安，这种观音信仰在民间更为普遍，不仅限于渔民群体。

四　捕鱼能手作为船神

渔民们还经常奉祀民间的捕鱼能手为船神，如奉祀杨甫老大等。杨甫老大应该是一个普通的渔民，但是他识潮性，会巧下网，是个捕鱼能手。渔民中流传着这样一个美丽的故事：

> 从前，福建有个寡妇，她有一艘大对船，却聘不到船老大，因此而发愁。一天，有个叫杨甫的捕鱼人自荐来她家做老大，她聘用了他。他捕鱼的方法很特别，好天不开潮，刮风才下海。船到渔场下了网，叫捕鱼的伙计都去睡觉。起网时，网上来的是一船小梅童鱼，弄得大家很扫兴。然而进港以后，要把鱼卖给渔行时，掀开船盖一看，却是一船黄澄澄、金灿灿、鲜灵活跳的大黄鱼。梅童鱼变成了大黄鱼，寡妇发了财，可杨甫老大却告辞了。她十分感谢杨甫，买了许多珍贵的礼品赠送给他。杨甫什么都不要，只要一条猫猫虎鱼。寡妇问他住址，他说："我姓白，世居定海岑港，家门口挂三丈白布。"说完就走了。不久，寡妇千里迢迢从福建来到定海岑港，寻找这位为她发了财的恩人，找来找去找不到。渔村里的人都说岑港没有这个人。后来找到龙潭旁，发现龙潭的峭壁上，飞着一条三丈高的瀑布，潭边还有一条干了的猫猫虎鱼。这时她慢慢明白了，杨甫原来是岑港老白龙的化身。此事传开后，渔民们就尊他为船菩萨。[1]

---

① 刘志文：《中国民间信神俗》，广东旅游出版社1991年版，第100页。

可知，杨甫老大是岑港白老龙的化身，身怀能化“梅童鱼”为“大黄鱼”的神奇本领，从而被渔民尊为船菩萨，也就是船神。民间“菩萨”的含义非常广泛，几乎可以泛指神明、神仙，不分佛道。杨甫老大既是船神亦是渔师公。杨甫神的信仰圈很大，几乎覆盖整个江浙沿海和闽南地区，不过对其来历说法，各地不一。如在奉化渔村，就把“杨甫”写作“洋夫”，说“洋夫”是渔民的始祖。又如《台湾县志·外编》中记载了一位姓倪的海神，“圣公庙，神姓倪，轶其名，生长于海滨，熟识港道，为海舶总管，殁为神，舟人咸敬祀之”①。

总之，船神或是大慈大悲、救苦救难的妈祖、观音菩萨，或是大智大勇、忠义可嘉的英雄人物，或是捕鱼技术精湛高超的渔民老大，只要能为渔民所认可，都可以成为船神。船神的供奉也分男女，不同的生产作业船供奉不同性别的船神。大对、背对供奉的是男性菩萨；溜网、小对供奉的是女性菩萨，这是有严格区别的。在不同地区，供奉的船神也有差别，舟山群岛的渔民供奉的多是男性船菩萨，广东、福建沿海的渔民供奉的多是女性船菩萨。在临近上海、江苏区域的嵊泗列岛，附近渔船的船神多以关羽为主，常称“船关老爷”，在宁波定海供奉的男性船神则以捕鱼能手杨甫老大为主，又称“杨甫菩萨”。在其他渔区所未有的是，在嵊泗列岛还有供奉宋朝烈女寇承御的，与同为女性船神的妈祖相区别。临近普陀山观音道场的普陀渔区除供奉妈祖天后外，还把观音菩萨作为船神来供奉。

五　对船神的祭祀

行驶在江河湖海上的船民，都供奉船神，基本类同，不过南方的渔民常称船神为“船官”或者省去“船”字仅称“老爷”“船爷”，北方渔民则称其为“船官老爷”。不论大小渔船，后舱里都设有专供船神的舱位叫“圣堂舱”，圣堂舱里设有神龛，供奉船神的神像。圣堂舱里的船神常为一木雕神像或一幅图像。这船神的神像是在新船建

① 金涛：《东亚海神考述》，上海社会科学院东亚文化研究中心编《东亚文化论谭》，上海文艺出版社1998年版，第126—127页。

造之初，船主先去购买或请木雕师傅制作的一个木雕的船神神像，暂时供奉在岛上的龙王宫、天后庙或关羽殿等庙宇里。供奉船神时要摆香宴和祭品，并且请庙宇里的师傅为神像开光，只有开过光的船神才有灵验，这个习俗称之为“供”。在新船打造完毕即将下海之前，船主敲锣打鼓把供在庙宇里的船神请到新船上来，安置在圣堂舱的神龛里。对船神来说，这是安家归位的重要步骤，所以新船赴水时，渔民们要用三牲福礼向船神“祝福”，船主必须摆盛大的宴席和供品来迎请船神上船，并且以此庆贺新船下海。

渔民每逢上船出海，都要先到船神面前供上几炷香，祈祷船神保佑渔船出入平安。遇到鱼汛出海时，仪式更为隆重，要用猪头、全鸭、鲜鱼作供品，向神明祈祷平安和表达丰收心愿。倘若人船平安或渔业喜获丰收，渔民们均认为是船神的功劳，要用丰厚的祭品和特别隆重的礼仪来酬谢船神，除在船上和庙里摆设“酬神宴”外，还在庙宇或船头上演“酬神戏”，让船神与渔民同乐，共享丰收的喜悦。渔民们在船上烹煮海鲜或其他佳肴时，总要在神龛前先敬第一碗，供船神享用。出海捕上第一条大鱼，必须让船神先尝，然后船老大和渔民才能食用，船神的供品也常由船老大从猪鼻上割下一块肉抛入海中后，由渔民分食。

在渔民的信仰中，船神是一船之主，船上渔民若有病痛或遇风浪遭遇危险，都会求船神帮助，灾情顺利过去后，船老大必须用祭品向船神祭祀酬谢，这时需要用丰盛的供品和隆重的礼仪来祭祀船神，平时除了鱼汛开始以及一年中的四时八节外，一般只要一刀肉和一条鲜鱼等进行日常祭祀。

渔船上船神旁边通常站立两个小木人，一谓千里眼，一谓顺风耳，为船神的左右随从，能够帮助船神在广阔的大海中眼观六路耳听八方。“圣堂舱”后边的船尾上通常写着“海不扬波”四个字，祈祷渔船在海上能顺水顺风、平平安安。船上还常贴着“顺水顺风顺人意，得财得利得万金”的对联。在通常，船神面前放着一把利斧，系着红绸，平时不许任何人动用，到了船只遇险时会用它来砍缆、砍桅、卸舱。

第三节　衍生出网神与禁忌

除了船神之外，出海捕鱼的网也有网神。有人说最初是龙身人首的伏羲受蜘蛛结网捕飞虫的启发发明了渔网，《抱朴子·风俗篇》云“太昊师蜘蛛而结网”①，《易·系辞传》中曰“伏羲氏结绳而网罟，以佃以渔”②。武梁祠画像石上有伏羲像赞，说“伏羲苍精，初造王业，画卦结绳，以理海内”③，说明了伏羲发明的渔网同大海有关。志书中记载，清康熙年间定海建有伏羲神庙，作为网神信仰供海岛人祈祷和祝福。旧时习俗，新网下船之前，都要把渔网抬到伏羲庙去接受网神的检视，并且要供三牲福礼，待网神允准后才能抬新网下船。昔日的伏羲神等网神庙里，敬挂着各种网片，如拖网、流网、围网、对网、旋网等，精编细织，造型奇特，材料各异，五颜六色。神庙的柱联也独特，左联是“长长长长长长长”，右联是“鱼鱼鱼鱼鱼鱼鱼”，意谓渔网下海越放越长，长得广大无边，把鱼群团团围住。网中之鱼越来越多，多得鱼儿无数，一网捕得七色神鱼，寓意十分深刻。

也有人认为，捕墨鱼的轮子网是海瑞发明的，传说海瑞在淳安当县令，为破一奇案到海岛擒拿盗首。天网恢恢，盗首畏罪，连同人质一起跳海而亡，尸体躺在海底的礁岩上。海瑞令渔夫撒网捞尸，但是因为尸体嵌在礁岩缝中，寻常之网，遇礁则破，无法捞之。后来，海瑞从诸葛亮的“木牛流马”中得到启发，发明了一种轮子网，即拖网，不仅捞上了尸体，还捕捞到大量在礁上产卵的墨鱼。从此，这种特殊的轮子网，成为捕墨鱼的好工具，所以海瑞也成为网神。

在浙江、山东等沿海地区，渔民大都信奉网神，祈奠网神的供品也独特，有香烛、鱼、肉和用糯米粉彩塑而成的聚宝盆里面放着四件宝贝：黄鱼、竹笋、葱和秤。亮晶晶的黄鱼意味着金银财宝；竹笋寓

---

① （东晋）葛洪：《抱朴子内篇》卷3，《道藏》第28册，第179页。

② （宋）朱熹撰，李一忻点校：《周易本义》，九州出版社2004年版，第292页。

③ 杨复竣著：《中华始祖太昊伏羲》下册，上海大学出版社2008年版，第239页。

意渔家生活如雨后春笋节节升高；葱，谐音春，四季如春；秤，谐意称心，网不虚发，称心如意。这些供品不仅表达了海岛渔民对网神的企盼和美好生活的希望，亦是网神信仰中独特的民俗事象。

此外，针对网神也有很多禁忌，染、烤新网时切忌有人走近观看、指手画脚和讲不吉利的话。新网下船时要敲锣打鼓放炮仗，好似新娘出嫁，十分热闹，切忌闷声不响抬网下船。即使没有锣鼓，也要吆喝抬网号子送网入船。家有红白喜事的人，不能参加祭网神活动。在抬网、下网、收网等网事活动中，只能拉网片，而不能拉网之上纲。在渔家风俗中，妇女不能上渔船，抬网出海时最忌下第一网时碰见女人，抬网出家门时也最忌讳怀孕女人从网前走过。此外，女人不准跨越渔网，孕妇更忌。在船上叠网也不能在网上大小便。起网抓鱼时不准伸手去抓鱼尾巴而要抓鱼头，寓意网中之鱼，拉着鱼头，才能兜住鱼群。浙东平湖渔村还有撒第一网时往网中撒蚕豆的习俗，意谓“撒豆成鱼”或“豆（谐音头）网得利”。语言禁忌中，在船上不能说“碰石岩”“做乱梦”等话，因“梦”与“网”谐音，乱网捕不到鱼，做梦必须说成“聊天”，要把“关网”说成“关鱼”，“收网”说成“收鱼”，意谓“关了网”鱼就进不来了。

总之，船神、网神的信仰说明渔民视船为家的心态，船、网等为渔民的出海捕鱼生活创造了诸多方便，也受到渔民的重视。重大节庆要用猪头等三牲供品来祭神，祈求船神保佑，船人顺利，汛汛丰收。渔民对待船神、网神都异常恭敬，有诸多禁忌和仪式，以免冲犯船神，网神等。这些禁忌仪式与道教文化影响有千丝万缕的联系。

第四节　吸收了岛礁引航神

中国东南沿海海域分布着大量的海岛、礁群，海船在茫茫的大海上夜航最容易出事，礁石是海上航行中的潜在危险。有无数船因触礁而船破人亡，还有很多船因为海雾弥漫，迷失了方向，从此失踪，造成了无数家庭悲剧，夜海引航对于渔夫海客至关重要。人们祈求引航神的指点，为渔夫舟子指引航道、航向乃至港道，不至于发生海难而能平安抵达目的地。这种引航神大多是在夜间以灯火专门为夜航船只引航的神明，他们保佑了海上航行、归来的平安顺利，岛岸地区常有这种引航神信仰，因为引航神经常位于某处礁石之上，故又被称为“礁神”。

嵊泗大洋岛有个圣姑礁，岛西侧有前姑、中姑两礁，前姑体态玲珑，携一对石犬；中姑衣锦华丽，掮一巨大的宝石箱；圣姑则长身玉立。三姑前后相随，周围金波曼舞，礁上有个庙宇供奉礁神圣姑娘娘。民众认为，每当大雾天或者风暴天，娘娘在礁上提灯巡行，像灯塔一样，为海上航行的海员和渔民指明方位和航向，使之能安全返港，海船特别是渔船过此礁时必登礁祭祀圣姑娘娘，以免触礁、破网等事故发生。实际上，位于浙江舟山市大洋山（岛）北侧之三姑礁，清时属崇明县。清雍正《崇明县志》就载“洋山耸翠，高家廖角二嘴之外洋，即大洋山，为会所之哨”[①]。全岛石骨凌厉，中有石峰，凌空突起，危崖削石，高达十三四米，凸出海面，在古代是军事重地，常用作海上瞭望和烽燧之用。烽燧是古代战争的一种报警方式，南宋宝祐六年（1258）间，自宁波镇海招宝山至嵊泗列岛漫长的海道上，曾经出现过烽燧12个，其中有8个在嵊泗列岛境内，而在洋山的那一个就设在圣姑礁上面，烽火台上灯火闪耀，被渔民们视为领航神也就在情理之中了。

笼裤菩萨也是浙江舟山中山街列岛的渔民信奉的一尊“引航神”。相传很久以前，有一位从福建前往浙江海域的渔民在黑夜航行中遇上了风暴，渔船触礁沉没，一家人不幸葬身鱼腹，仅一位年老的渔民幸免于难而上岛。他想因为岛上没有灯塔，自己家人才被大海吞没，从此每逢黑夜就擎着火炬为夜海中的渔船引航，使不少渔船免遭灭顶之灾。老人去世后，渔民们感戴他的恩德而造庙供奉塑像，尊之为“菩萨”，俗称“笼裤菩萨”。因为此菩萨是渔民死后成神的，其塑像的装

① 《嵊泗县志》编委会主编：《嵊泗县志1986—2000》，方志出版社2007年版，第722页。

束完全是穿着“笼裤”的渔民打扮，至今舟山中山街列岛仍然流行着“青浜苗子湖，菩萨穿笼裤”的谚语。

嵊泗列岛的绿华岛西绿华山顶有座天灯庙奉祀引航神华山娘娘。相传华山娘娘是观音的好朋友，她应观音之邀同游东海，见绿华岛风景秀丽就降落下来居住。从此，一到夜晚山上就有灯光，夜航的船只再也不迷航失事了，原来是华山娘娘在绿华山顶用宝莲灯为渔民领航。

浙江慈溪县胜山一带信奉胜山引航神胜山娘娘。慈溪县胜山面临大海，相传很久以前山上有座茅草房，住着一位老婆婆，她夜夜点灯纺纱，茅屋里的油灯放出的微弱的光使在茫茫夜海迷航的船只辨明了方向，好多渔船因此而得救。老婆婆死后，渔民们尊之为神，称之为“胜山娘娘”，并且在胜山上建庙供奉，祈望娘娘能够继续为其引航、指点迷津，保护渔民身家性命的安全。

除了礁神，东南沿海岛屿上岛岛都有岛神，甚至分主岛神和主岙神，情况非常复杂。如闽南、台湾一带的主岛神大都是天后妈祖，舟山群岛的主岛神大都是观音、龙王或者关羽等。舟山群岛有地方特色的岛神是中街山列岛的渔民菩萨财伯公，嵊泗列岛的岛神是羊山神。

总之，引航神、岛神、礁神都是沿海民众祈求平安愿望的产物，越是岛屿众多的地方，越容易产生这种信仰。礁神、岛神被认为是民众的保护神，以女性神居多，因为女性神所具有的慈悲、宽容、耐心、守候等气质，是这些神信仰产生的基础。海神妈祖受到官方的屡屡册封而成为“女神”，在民众心目中的影响日益增大也是源于此。不过，其他神明如水仙尊王、长年公、三义女等民间的地方性海神基本上没有产生如此大的影响。

第五节　发展民间鱼神信仰

对于居住在海边的人来说，最常见的动物是鱼，海岛人世世代代捕鱼、食鱼、卖鱼、祭鱼，其鱼神崇拜也非常明显。鱼神信仰早在中国古代已经形成，初民临水而居，鱼成为民众日常生活中不可缺少的一部分，鱼所赋予的旺盛生命力和富足丰裕联系在一起，鱼神信仰表达渔民对吉庆有余、鱼丰人旺的强烈愿望和寄托。《尔雅·释地》中曰："鱼丽，言太平、年丰、物多也。"[①] 渔民往往通过对鱼的祭典、绘画、歌舞等形式来体现他们对丰稔物阜的追求，鱼神就是统管鱼类的神，可以是海中的大鱼，也可以是特定神明。

一　将海洋生物演变为鱼神

中国最古老的鱼神可能是海神禺京，《山海经》中海神禺京有鲲鹏之变的神通，鲲就是大鱼，京、鲸谐音，也即为鲸鱼。鲸鱼是海洋中最大的鱼，古代渔民认为，鲸鱼是鱼群的头领，从而对鲸鱼产生崇拜心理，再加上鲸鱼体型庞大，往往会危害渔船的安全，因此将鲸鱼视为海神而加以祭祀的情况就应运而生，渔民见鲸鱼游行于海中，视为吉兆，往往焚香烧纸，遥望祝拜。如三月开春时，渔民们出海看见的第一条浮出海面的大鱼，就要尊此为鱼神祷告后才出海，否则必遭大鱼所害。旧时在舟山地区，渔民称鲸鱼为"乌耕将军"。每年立夏汛前后，有大批鲸鱼驱赶海豚，横渡舟山海峡，致使鱼群涌至，渔民们便会敲锣打鼓放鞭炮焚香叩拜，举行盛大的"鱼祭"，场面十分壮观。在山东地区，沿海渔民称鲸鱼为"赶鱼郎"，尾随其后捕鱼必获丰收，当地歌谣唱曰："赶鱼郎，黑又光，帮助我们找鱼场。赶鱼郎，四面窜，当央撒网鱼满船。"[②] 据说，渔船跟随鲸鱼之后能网到大量的黄花鱼，故山东长岛地区的渔民将鲸鱼视同财神赵公元帅，山东桑岛的渔民则称鲸鱼为"老爷子"，无论是在岸上还是在海里，见到鲸鱼就烧香纸。

除了鲸鱼是鱼神外，海豚也是海洋常见生物之一，常被称为"龙兵"。传说海豚家族受龙王之命巡行四海，查办水族中的不法之徒，一年两次途经长山群岛，春天北上，秋季南下，声势浩荡，蔚为大

---

① （清）王先谦：《诗三家义集疏》，《湖湘文库》甲编，岳麓书社 2011 年版，第 614 页。

② 马咏梅：《山东沿海的海神崇拜》，《民俗研究》，1993 年第 4 期。

观。海豚纪律严明，具有团队精神，巡行时队列整齐，距离适中，动作协调，在海面交替着拱起隐没，身后的波浪经久不息。因为海豚为正义的化身，渔民遇见“龙兵”都停止行船，向“龙兵”致意，旧时甚至有渔民向“龙兵”烧香磕头祈求保佑。嵊泗列岛附近的泗礁黄龙洋或在普陀莲花洋，常有数千头海豚列队过海的场面出现，十分壮观。海豚背黑腹白，状似猪，俗呼“拜江猪”[①]。过龙兵时海面上千条海豚群游，水花冲天，前后呼应，绵绵不绝，蔚为壮观。海豚在海中游速极快，半个上身裸露于海面，一跃一摆，拱头前进，可明显地看到它们在海中跳跃和划水的姿态。龙兵的带头者为海鲸，俗称“乌耕”，为龙兵队的首领和龙将军。如今过龙兵现象已经很少见了，但是对海豚的尊敬仍在，台湾东海岸和福建沿海一些地方的渔民有不得伤害而且必须尊敬海豚的习俗，他们相信海豚是龙的幼体，如果伤害海豚将会带来海啸。

鲨鱼体型较大，性情凶猛，在浙江舟山群岛，如果渔船在海上遇到恶鲨，渔民往往口中念念有词，并且向海中撒米，抛小三角旗，祀祷大鱼速速回避。传说鲨鱼露面是赴龙宫赶考，浮出海面问路，它到龙宫赶考迷了路，要找人指点而出海问询。“撒米施食，抛旗引路”[②]中舍米是给鲨鱼充饥，施旗是给它指点迷津，以免掀浪翻船。同时，路遇大鱼撒米粒、赠船旗来也是为了求鱼神的庇护。

龟是海洋中的长寿动物，有“万年龟”之说。沿海地区普遍有海龟崇拜。辽东半岛的先民将海龟视为海神，称之为“元神”[③]，至今在民间每年农历五月十三日要祭祀元神，平时捕到海龟要放回大海。福建沿海渔民捕鱼中若发现海龟，也要恭敬地送回大海里。山东长岛渔民也崇拜海龟，海上作业不准捕捞它，一旦网上，立即虔诚地放回

① 《舟山文史资料》第5辑《舟山海洋龙文化》，海洋出版社1999年版，第164页。

② 金涛：《独特的海上渔民生产习俗——舟山渔民风俗调查》，《民间文艺季刊》1987年第4期。

③ 刘长青：《从元神岗的名称说到元神崇拜》，曲金良《中国海洋文化研究》第1卷，第138—142页。

大海。[1] 同样，海中的大鳖也被视为神灵。山东沿海地区与岛屿的渔民认为大鳖不能捕，是仙物，如果捕捞上来了，必须放回海中，还要说："哎呀，老人家，对不起，对不起。"[2] 在辽东湾地区，渔民称海龟为"元鱼、元神"。渔民们在海上捕鱼时，追踪鱼群主要是靠"元神领航"，为此渔船的桅杆上要吊一个大筐，人坐其中以瞭望元神的行踪。当海面上有元鱼挥动双鳍，拍打出水花来，表明元鱼混入鱼群中。渔船下网时，先要避开元鱼并往海里投些猪头、寿桃、米糕等，同时口唱颂歌，等元鱼过后开始撒网，边撒边喊讨彩和吉祥的号子。

依此类推，海中水族都被纳入海龙王系统而受人尊敬，如传说中海泥鳅是东海龙王的外甥，《淮南子》中曰："女娲断鳌足以立四极。"[3] 鳌足能立四极，自然是条辟邪的神鱼，所以船头画中的海泥鳅和鳌鱼旗，就是想借他俩的威风来统管鱼类。古人认为，海中之物得海气久者就能变幻莫测，按道教"物老成精"理论，海中的生物也能够修炼成人形，这主要是源于海上经常有海市蜃楼的景观。海市蜃楼是一种因光的折射和全反射而形成的自然现象，也简称蜃景，是地球上物体反射的光经大气折射而形成的虚像，但是在古人看来，海市蜃楼就是"海水之精"聚结而成的：

> 登州海上有蜃气，时结为楼台，谓之海市。余谓此海气，非蜃气也。大凡海水之精，多结而成形，散而成光。凡海中之物，得其气久者，皆能变幻，不独蜃也。余家海滨，每秋月极明，水天一色，万顷无波，海中蚌蛤、车螯之属，大者如斗吐珠，与月光相射，倏忽吐成城市楼阁，截流而渡，杳杳至不可见方没。海滨之人亦习以为常，不知异也。至于蚌、蛸、蚶、蛎之属，积壳厨下，暗中皆生光尺许，就视之，荧荧然，其为海水之气无疑矣。[4]

---

① 山曼：《山东内陆文化与海洋文化之比较》，《民间文学论坛》1989年第5期。

② 彭文新：《屺坶岛村民俗文化调查》，《民间文学论坛》1989年第5期。

③ 何宁：《淮南子集释》，中华书局1998年版，第479页。

④ （明）谢肇淛撰，郭熙途校点：《五杂俎》，辽宁教育出版社2001年版，第57页。

这里古人将海市蜃楼的光华与贝类生物的自然光辉联系在一起，从而想象蜃、蚌、蝤、蛎等生物都存在能“吐成城市楼阁”的神奇能力，《搜神后记》中记载了一个大螺美女的故事：

> 晋安帝时，侯官人谢端，少丧父母……端夜卧早起，躬耕力作，不舍昼夜。后于邑下得一大螺，如三升壶。以为异物，捡以归，贮瓮中。畜之十数日。端每早至野还，见其户中有饭饮汤火，如有人为者……后以鸡鸣出去，平早潜归，于篱外窃窥其家中，见一少女，从瓮中出，至灶下燃火。端便入门，径至瓮所视螺，但见女。乃到灶下问之曰：“新妇从何所来，而相为炊？”女大惶惑，欲还瓮中，不能得去，答曰：“我天汉中白水素女也。天帝哀卿少孤，恭慎自守，故使我权为守舍炊烹。十年之中，使卿居富得妇，自当还去。而卿无故窃相窥掩，吾形已见，不宜复留，当相委去。”①

这个短小的故事中贫困的单身汉，因为勤劳善良，平白无故得到了上天赏赐的一个藏身螺壳的美丽妻子，属于传统故事中光棍叙事模式，还属于好人有好报，或会有意外收获的类型，后来民间流传的田螺姑娘、董永七仙女故事等皆是此类。但是，此处白水素女寄身于海螺中，从深层意义上来说，是因为民众对海中之物有一种敬畏感与神秘感，故常赋予海中生物以神性，在传说故事中，海中生物都是海龙王的虾兵蟹将，这与道教海洋文化的神明信仰不谋而合。

二　将能工巧匠发展成鱼神

除了海洋中的生物被奉祀为鱼神之外，一些有经验的渔民也常被奉祀为鱼神。渔师菩萨信仰主要流行于浙江台州地区沿海渔民中。相传渔师菩萨原来是一位船老大，这位船老大在冬钓结束后的次年春季发现了黄鲫发季节已到，他能够根据水色、潮流、风候、气温等准确

---

① （东晋）陶潜：《搜神后记》，《古小说丛刊》，中华书局1981年版，第30页。

判别鱼发地点，渔船随其出海都能获得丰收，被渔民们奉为“渔师”。渔师去世后，渔民们尊之为“渔师菩萨”并为他建立庙宇奉祀。与此类似，“长年公”信仰流行于广东潮汕沿海地区，渔船上将渔民中地位最高、最富捕鱼专业技术与经验者，称为“长年公”，属于技术权威型鱼神，能够帮助渔民捕鱼丰收。这类神明生前极受人崇敬，死后被尊为神。江苏海州湾的“楚太”专门保佑渔民多捕鱼与安全捕鱼，也属于这类鱼神。妈祖是职责范围较广的海神，故中国沿海许多地方的渔民以妈祖为鱼神，这是妈祖众多职能中的一种。

宋朝张虙在《月令解》中所言：“礼，季冬献鱼，春存鲔，鲔曰王鲔，异乎常鱼，故春特以荐焉。”[①] 另外，在中国古代，鱼神与海神往往混为一谈，《史记·秦始皇本纪》中记载的徐福入海求仙药被大海鱼所阻和秦始皇箭射鱼神，其中谈到“蓬莱药可得，然常为大鲛鱼所苦，故不得至。愿请善射与俱，见则以连弩射之。’始皇梦与海神战，如人状，问占梦博士，曰：‘水神不可见，以大鱼蛟龙为侯。今上祷祠备谨，而有此恶神，当除去，而善神可致。’乃令入海者赍捕巨鱼具，而自以连弩侯大鱼出射之。自琅琊北至荣成山弗见，至芝罘见巨鱼，射杀一鱼，遂并海西。”[②] 可知，海神在古人的心目中，或者化身为人形，或者化身为大鱼。不过，由于渔民捕捞的主要对象就是鱼，即使心中有对鱼族的崇拜和信仰，但是很少把鱼作为神灵那样一本正经的供奉起来，也基本上没有奉祀鱼神的庙宇，大多是依附于龙王庙里面。如沈家门及舟山海岛上的许多龙王宫，其神灵则是海洋中的各种鱼类，如定海的岑港龙王的原形是海中的猫猫虎鱼，小沙的韭菜龙王则是长着韭菜花纹的小海鳗等。应该说，民间各种海龙王均是鱼或鱼神的化身，海岛上的龙王宫实质就是鱼神庙，可以称之为“鱼龙混杂，难辨真伪”。

综上所述，由于海洋交通与海洋贸易的发展，沿海民间相继出现了具有人格神特征的地方性海洋渔业保护神。通常来说，这些地方性

---

① （南宋）张虙：《月令解》，《丛书集成续编》第80册，台湾新文丰出版公司1997年版，第786页。

② （西汉）司马迁：《史记》，中华书局2003年版，第263页。

海洋神明都源于普通民众，他们或者是有功于当地，受人敬仰，或者是技艺精湛，为后世所敬佩。总之，在特定的目的下，他们都成为保护一方土地的海神。

第九章

道教与新造海神

“海神”在古今词义中的内涵是不同，古时候的“海神”既可能是水神也有可能是海神，与此类似，古时候的“水神”既有可能是海神也有可能是指水神，这两个概念之间存在模糊重合的地方。这是因为古人对水神的信仰是非常概念化的，水神的职责范围也是非常模糊的，恍恍惚惚之间，貌似有水的地方就有主管它的水神，又有可能某个水神掌管的水域与另外一个神明的职责范围相重合，如宋代的《上清灵宝大法》卷63中“东霞扶桑丹林大帝”的职责范围是，可以“指挥下三河、四海、九江、四渎、五湖、七泽、溪谷、川源、桥梁、堰闸、龙宫、水园、应干责役、冥狱去处”[①]，这里面不仅有地面上的几乎所有水域，还把冥狱、龙宫这种死后世界和海洋世界的水也包含在内。这若以严格的逻辑来区分是根本说不通的，而这些恰巧却是受到道教影响的中国神明的普遍特征，同时中国百姓也没有觉得这种神明职掌范围的重合或重叠有什么不妥之处。相反，这种职责的负责人不确定性，给民众的祈求带来了非常大的便利性，方便民众在任何时候都可以向任何一位职掌水域的神明祈求帮助，只要心里认可这位神明就心诚则灵。

不难理解，中国的海神信仰也如上述水神信仰一样有非常大的包容性，在中国古代神话中，有关海神、海仙、海怪的记载众多，不可胜数；奇形异质，不可思议；任何与海相关的人物都有可能成为海神，奇诡斑斓，不可尽述。任何神明在某种特定原因下，都可以由陆地水神转变为海神。甚至有时民众根据自己的需要，创造出一些新的

---

① 《上清灵宝大法》卷63，《道藏》第31册，第301页。

海神来实现他们的心理诉求。并且这些神明的产生并没有什么严格的逻辑性，如按照中国的五行观念，水位于北方，水神也在北方，实际上，与南方相比，北方事实上是缺水的地方，但是这种事实并不妨碍民众心理上概念化地认定玄武位于北方，朱雀位于南方。以这种看法来理解众多的民间海神与道教造神现象，许多问题就可以迎刃而解了。

第一节 因功成神

在沿海地区有很多与海洋有关的历史人物被奉为海神，浙江地区尤多，如钱镠信仰、鲍盖信仰等都是如此。仔细分析起来，这些凡人海神大多是有功于当地的官员。

一 “海龙王”钱镠

较为显著的有钱镠信仰。钱镠遂被民间称为“海龙王”，民间有“钱王射潮”的故事。钱镠（852—932）是五代时吴越国创建者，他在唐末开创吴越国，历86年，传三世五王。钱氏政权坚持“保境安民”政策，注意兴修农田水利，发展丝织、瓷器和海上贸易。在位期间，曾经征发民工，修建钱塘江海塘，又在太湖流域，凡一河一浦，都造堰闸，以时蓄泄，不畏旱涝，并且建立水网圩区的维修制度；又开凿灌溉渠道、疏浚西湖、整理鉴湖。吴越国的这些水利设施对长江三角洲的农业经济的持续发展起了积极的作用，为“上有天堂，下有苏杭”奠定了基础。杭州民众世代怀念在历史上做过一些好事的钱王，形成一种颇具特色而又有较大影响的节日民俗传统“元宵钱王祭”，这一方面是源于钱氏家族长期以来在其祖庙（宗祠）举行“钱王祭”，缅怀先人；另一方面，“钱王祭”为杭州市西湖风景名胜区增添了丰富的人文内涵。不过，杭州的元宵钱王祭一度衰落，几乎泯灭。近年来，随着钱王祠的重建，以及钱氏家族后裔、地方热心人士的共同努力，得以发现清同治七年（1881）的钱氏家族元宵《祭规条例》一份，并且在这个基础上成功地恢复了“元宵钱王祭”，受到社会各界的一致好评。

二　“灵应神”鲍盖

鲍盖是宁波古代非常有影响力的神明之一。宁波城中灵应庙、显济庙、灵威庙、祥应庙、灵显庙等15座庙宇中供奉的神是鲍盖菩萨，宁波周边鄞县邱隘、五乡、宝幢、东钱湖、下应以及大嵩、云龙一带大约有50座庙宇中供奉的神也是鲍盖菩萨，他是宁波当地非常普及的地方保护神。

鲍盖（267—316），后汉鄮邑人，永兴三年（306），任鄮县县吏，居高钱青山村（今鄞州东钱湖镇梅湖村）。鲍盖为官清正，两袖清风，除暴安良，保境安宁，深受老百姓爱戴。建兴四年（316），天闹灾荒，百姓流离失所，食树皮度日。正当危难之时，适逢鲍盖押粮船队在海上遇风浪，驶入鹿江暂避（今高钱），见途饿殍遍野，群众跪地求救。见此情景，鲍盖悲感交织，泪水纵横，毅然将所押粮食赈济灾民，由于难向官府交差，自己投江自尽，卒后百姓将其从鹿江上捞起来，葬于高钱下王鹿山。附近百姓为感其恩德，表彰英灵，鄞东鄞西一带纷纷立庙祀之。《四明谈助》卷二十二中记载：“灵应庙即鲍郎庙也，旧曰永泰王庙，在州南而立半。”[①]《舆地志》记载了鲍盖死后三十年为神的神奇传说。“鲍郎名盖，后汉鄮邑人，为县吏。县尝俾捧牒入京，留家酣饮，踰月不行。县方诘责，已而得报章果上达。既死葬三十年，忽梦谓妻曰：‘吾当更生，盍开吾冢。’妻疑不信，再梦如初。乃发棺，其尸俨然如生，第无气息耳。冥器完洁若日用者，棺之四旁灯然不灭，膏亦不销。郡人聚观，咸怪神之，为立祠宇。”[②]又有一说，其家乡青山建庙，名“青山庙”，传说山上有种染料“青”草，就是为鲍郎神所化，农妇织布染色都从中受益。

鲍盖的神迹主要有帮助官府镇压叛乱一事。南朝梁大通间

① （清）徐兆昺：《四明谈助》卷22，宁波出版社2000年版，第727页。

② 同上。

(527—529)，有号称“奴抄兵”的起事。有名奴贼名益，倡诱群盗，袭击郡邑，官兵战而不胜。越州刺史萧诋得到鲍盖之助，使得盗贼的舟胶于江，众陷于淖，溃溃如醉，官军悉缚之，从而将“奴抄”歼灭于余姚。萧诋奏请梁武帝赐赠大型祠宇。《乾道图经》记载，唐圣历二年（699），鄞县令柳惠古迁祠于县，建明州鲍君永泰王庙。宋崇宁二年（1103），工部尚书丰稷奏，明州鲍君永泰王庙额，犯哲宗皇帝陵名，乞改名“灵应”，俗称大庙（今海曙区镇明路郁家巷口）。《延祐四明志》记载，宋以后，鲍盖封“忠嘉神圣惠济广灵王”。明正统年间，郡守郑珞重新修缮大庙，岁以九月十五日郡邑致祭。

鲍盖的神迹也体现在出行保平安上。相传，梁大通年间，有一个五台山和尚昙鸾，雁门人，当时他听说江南有个居士陶弘景，胸怀广博，知识宏赡，备受全国各地人的敬重与宗仰，天下方术之士为能够到他的门下求学而感到荣幸。昙鸾决心到陶弘景那里求学，于是他到了梁朝，通报了自己的姓名，并且把来梁求学之事予以禀报。昙鸾得以应允后，在陶弘景舍下学习。学成后返回途中行至鄮县浃江江边，正值江面风涌浪大，无法渡江。听江边上人说，往江边的鲍盖神庙礼拜祈祷，可平此风浪，否则要持续七天，七天后才能止息。昙鸾无奈，便祈告庙神并许诺若所请求的能够实现，将为神重造庙宇，他在庙内席地而卧时，朦胧中庙神鲍郎子现了形，告知昙鸾他渡江明日早晨就行。在第二天一早昙鸾醒来，走到江边，江面上还是浪涛汹涌，但是当昙鸾上了渡船，江面上一下子就平静下来了①。可知，鲍盖属于地方性水神，主管江海航行的平安顺畅。他之所以后来演变成地方海神，也可能是因为造福一方百姓而造成的信仰泛化所致。

三 “江夏侯”黄晟

黄晟也是江浙海神之一。黄晟，鄞人。生于唐宣宗己卯年（859）八月初六，自幼勤奋好学，爱习武。相传在三江口潜有一蛟龙，出没

① 参见《乾隆大藏经》第113册《此土著述》三《续高僧传》，台湾传正有限公司1997年版，第295页；慧皎等著的《中华高僧》，中州古籍出版社1998年版，第303—304页。

无常，兴风作浪，危害黎民百姓，年年端午前，百姓要用童男童女、家禽猪羊等投入江中，以乞平安。为解黎民之疾苦，黄晟手持长剑，奋身跃入三江口，在三江中与蛟龙搏斗三昼夜，血染江面，从此三江口再无恶蛟之危害。有对联为证："乘骥显鸿犹四海中星辉云烂；斩蛟传骏烈千秋下浪静波澄。"[①]

唐僖宗年间，明州大乱，盗贼蜂起，民不聊生，黄晟集结群豪，守护乡井。县令闻于郡守羊僎，授以鄞塘镇遏使，后又迁奉化都护防遏兼佽飞都副兵马使、左散骑常侍、浙东道东南副指挥使。羊僎死后，钟季文占据明州。钟季文死后，众人拥戴黄晟摄守明州，并上表朝廷加授明州刺史。黄晟担任明州刺史十八年之久，建罗城、造浮桥，造福于民，功绩卓著，死后屡受历朝追封。在宋开宝八年（975）被朝廷追封为开府议同三司上柱国太子太傅江夏侯，淳祐八年（1248）继被追封忠济侯。

《四明谈助》卷四十二有一则《周生溺海蒙神佑》[②]记载，"神佑"就是唐代明州刺史黄晟。相传，清乾隆年间，宁波城内盐仓门附近周守备（周兆云）家里有一个儿子，叫周崇仁，精通医术。中年时跟随官方海舶，访问台湾。中途遇到飓风，海舶漂至吕宋。吕宋国为清朝政府友好邻邦，接待了海舶上的人员。周崇仁便在那里为吕宋国老百姓医治疾病，当时正好遇到国王染上怪病，周崇仁以自己的医术治愈了国王的病。国王于是更加敬重、款待船舶人员一行。过了不久，终于等来了来自中国的商船，周崇仁等人便搭乘商船归国。在经历了一次海难之后，以为得以大难重生，不料商船遇到了礁石，船破进水。此时周崇仁正在船中酣睡，朦胧中听见船上的慌乱声，被惊醒，此时水已经没过他的胫骨，他急忙登爬礁石逃生。一个巨浪迎面拍打礁石，周崇仁随浪卷入海中。周崇仁自感叹：我命休矣！这时候，见神人立于海面，舆车护卫整齐排列，旗旖高扬，气势盛大，旗旖上绣写着"江夏侯"三个大字。神呼舆卒从海中救起周崇仁，同舟

① 徐剑飞：《一地落英缤纷》，宁波出版社2011年版，第25页。

② （清）徐兆昺：《四明谈助》卷42《周生溺海蒙神佑》，宁波出版社2000年版，第412页。

落水的其他人员也被救起。周崇仁恍惚中见江夏侯旗旓冉冉入云而远去，感恩不已。回到宁波以后，就去他们家附近的佽飞庙还愿、叩首。佽飞庙里供奉的便是江夏侯黄晟。这个事件一传出，宁波城里老百姓也更加信奉黄晟神灵保佑海上救苦救难。

四 “罗仙”罗清宗

同样，宁波地区还有海神罗清宗的故事。罗清宗被供奉在宁波城区咸塘街的一座海神庙中，“神名清宗，好修黄白炼丹术，飞升。职统海中诸龙神”[①]。据传他羽化成仙，可知此神属于道教神明。他的职能是统领海中诸龙神，每每百姓求祈祷雨，他都必应允。海神庙原初在宁波城东渡门内，元至正年间（1341—1368）迁至咸塘街，所迁址乃宋代“威果全捷营”基地。《四明谈助》卷十四记载，古代曾经有洋商到庙内演剧，自言路上遇到暴风，船被打坏。黑夜中忽见有“罗府”神灯保护，免得遇难，于是询问明州城内“罗府”何在？百姓告诉他海神庙所在位置，这位洋商后来便去答愿，说明罗仙还护佑航海安全。

清康熙年间，甬上学人李邺嗣曾经在海神庙题写一副对联：“灌门定柱，巨鳌安澜，统一千里水伯波侯，频占风雨；朱幄晨开，灵旗夜出，历三百年华樽素豆，重肃威仪。”[②] 此外，还有神灵托梦的神奇传说。据说本地境下周孝廉在康熙戊午年中了科举，未中时，梦见海神，神呼其名而告之曰：“汝今岁已中，吾为汝功名，足下靴子走敝了。”[③] 周以梦中的事情不可信，后来果然中了科举。他到庙中去叩谢神明，谛视神像靴底果敝。遂于次年中秋诞辰燃灯设祭，夜则笙歌如元宵然。行之数十年，周姓交于五境轮值，至今减少为一日，笙歌不替。

此外，莆田崎头乡也有罗仙庙，不知此罗仙是否同一个？福建罗

---

① （清）徐兆昺：《四明谈助》卷42《周生溺海蒙神佑》，宁波出版社2000年版，第412页。

② 同上。

③ 同上。

仙庙建于宋初，据云："莆崎头乡海中漂巨木数百根，尽题罗字号，乡民获之，斧削，字愈见，相顾惊异。数日，见一峩冠黄袍，屹立山下，呼众告之白：'我罗仙子也，行来居此。'言毕不见，于是乡为建庙。海商祈风，分帆南北。"[①] 此人自称仙人，是道教神明无疑。

五　"抗倭将军"戚继光

宁波地区还有海神戚继光信仰。戚继光是中国明代中叶杰出的军事将领和民族英雄，他戎马一生，曾任台州、金华、严州参将，其中驻守抗倭前线台州七年有余，与名臣谭纶携手御敌，带领戚家军获得九战九捷的辉煌战绩，肃清了浙江境内倭寇，彪炳史册，流芳千古。在临海、椒江一带不仅留下了许多历史遗迹，而且400多年来，民间口耳相传、不断丰富的戚家军抗倭故事更是传诵不衰、脍炙人口。由于戚继光的抗倭传说以他和戚家军的征战历程让沿海民众心生敬佩，渔民性格粗犷勇猛，淳厚古朴，他们就自发地钦敬急公好义、扶弱锄强的戚继光，故戚继光就演变成地方保护神。受戚继光信仰的影响，渔民在语言上把镰刀惯称为"倭刀"，把蚕豆惯称为"倭豆"[②]，丧葬时也要戴山梁冠，由于匪患作乱与抗倭等都发生在海防要冲，因此戚继光就成为海神，他的众多故事中也有保佑海上航行安全的传说了。

六　"周显灵王"周雄

周雄信仰也是浙、苏、皖、闽等东南地区有影响力的水神。周雄是南宋时富阳市西南部渌渚镇一带的大孝子，他的孝道及为人处事的故事在民间相传不衰。此外，他还有治病、治蝗、抗暴、救灾、捕虎、除恶等方面的功绩，宋、元、明、清四朝六个皇帝对其有过十一次敕封，民间还把他推崇为一方"水神"，称为"周显灵王"。渌渚镇每年三月三、九九重阳会举行"孝子祭"民俗活动，两次庙会上都

---

① 《闽书抄》方外志，转引自李玉昆《试论宋元时期的祈风与祭海》，《海交史研究》1983年总第5期，第66页。

② 金涛：《"嵊泗渔民风俗"考》，《嵊泗文史资料》第1辑，上海社会科学院出版社1989年版，第38页。

会抬着周雄的塑像到各村“出巡”，沿途有民间的艺术表演，以及庄严肃穆的“扛神桥”仪式。祭祀周雄的庙宇被老百姓称为“太太殿”，因为他一生行事都出于他的“菩萨心肠”，又因为他的一个右手指代身葬在太太山，所以他又被称为“太太菩萨”。总的来说，周雄属于职责范围较为广泛的地方神，海神功能只是他职能的一种。

七 “助海显灵侯”陈相公

陈相公也是江浙沿海一带有地方性的海神。其人姓孔，象山童翁浦人，行第七，性刚烈，乡人惮之。后来他死于海上，托梦给刘赞，让他帮忙建庙，“上帝录吾善，命为境神，已籍水府。吾尸泛于沙浦，君能收葬，创数楹俾有栖托，必为民利”[①]。可见，他莫名的因为善行被封为水神，刘赞按梦中所示收埋了孔氏的尸体并创建祠庙奉祀。被依法收殓后，孔氏也发挥了海神的作用，钱氏割据吴越时，“静海镇将以排筏航海，惊涛危甚，梦侯许以冥助，顺风而济，乃立庙于镇”[②]。可见，他能够平息航海风浪，保证顺风顺水，后来宋高宗临幸海道时，给他赐额“显灵”二字，因此这个神的庙称为“助海显灵侯庙”，旧称陈相公庙，在定海县南十五里陈山下。

八 “猛将老爷”刘猛将

刘猛将信仰也带有一些海神意味。刘猛将在历史文献中的记载是驱蝗神，清代官府也是把它作为“驱蝗正神”列入祀典。但是在蝗虫灾害不那么严重的南方地区，刘猛将作为驱蝗神的意义不大，他更多的是作为一位热心为民、有求必应，而又可亲可敬的地方保护神而被崇奉。江南农村迎神赛会都要抬出“老爷”（民众对各种神佛的尊称）游行，大都是恭敬有加，唯独对“猛将老爷”可以抬着（或背着）他跑、跳，同他开玩笑，甚至把他跌得粉碎才算是对猛将老爷的尊敬，可见其亲民特性。民国时期，太湖地区有大小猛将庙一百余

① （宋）罗濬等：《宝庆四明志》，《宋元方志丛刊》第5册，中华书局1990年版，第5239页。

② 同上。

处，各村猛将堂的大猛将高达一米多。猛将像是眉清目秀、鼻正口方的青年，是这一带农民供奉的主神，当地也尊称其为刘王、刘天王、普佑上天王等，是渔民信仰的主神之一。

猛将信仰因为渔民祈求捕鱼安全，丰收而成为江浙一带渔民的利济利航神，民国十三年以前，渔民祭猛将主要在浙江、江苏交界的涟泗荡（今属嘉兴市）刘王庙。每年清明和农历八月十三日举行两次刘王庙会，由渔民中的各帮“香会”（或称“社”）组织。各香会设香棚，香头们都希望自己的香会祭祀办得隆重气派，互相炫耀。香汛期间集中的船只达上千艘。这里供奉的刘猛将被称为“南堂大老爷”。后来由于大渔船前往不便，民国十三年在太湖平台山禹王庙另设刘猛将供奉，小船渔民仍然多往涟泗荡祭祀。浙江鄞县猛将庙的神主，因为扈驾防送宋高宗御舟有功，祥飚送舭，赐爵并拨官地兴建祠宇，水旱疫疠、蕃舶海船有祷辄应，更体现了其海神属性。

综上所述，把自然物和自然力视作具有生命、意志和伟大能力的对象而加以崇拜，是最原始的宗教形式，除了对某些动物、植物以及无生物的神化崇拜外，人们继而产生了祖先崇拜，认为死去的祖先的灵魂仍然存在，仍然会影响到现世，对子孙的生存状态有影响。再后来，人们对一些英雄人物也加以膜拜，将其奉若神明，除了上古英雄人物之外，在一些地方，有功于当地的地方官员，死后也因为造福一方受人尊敬，被民众敬若神明。人类这种对于未知的、可能产生巨大正向价值的自然力量或社会力量、社会人物等所产生的敬佩心理，有着悠久的历史。此节民间海神大多是古代地方官员，他们有功于当地，死后为民众所敬仰，或者虽然本职工作与海洋无关，但是由于其人格魅力使得人们相信其有庇佑一方的能力，也能获得商人及其家人的奉祀，或者曾有海商祈求后显灵的神迹；或是有护送官员平安出行的功劳，久而久之，其作为内陆神明的职能范围扩大，民众相信其能够庇佑海上生产与生活的丰收与安全，因此为渔民、船民所奉祀，成为民众心目中的海神。

第二节 因灵成神

对民众来说，有时候神明不一定非要是有功于当地的官员，普通人也有成为海神的可能。民间人格神的形成是民众根据自己的意愿形成的，不论男女老幼，真实还是传说，只要有一点显灵的神迹，就足以成为其信仰基础，就可以让人们对它产生信服和尊崇，并且把它奉为神明，毕竟对于出海航行的人来说，能够救苦救难的海神越多越好。民间海神的特点是实效型、急速型的，重在现世庇佑效果，如在海上遇风，生命旦夕之间，他们企求的是天后保佑，因为传说中的天后能闻声而来，急难中化险为夷，甚至披发而来的天后比冠冕端庄的天后更受尊敬。再如具有非凡的捕鱼神通的鱼师菩萨，能够指点和保护渔民网不虚发，汛汛满载，也最受崇敬。渔夫舟子们甚至将道教仙人也视为保护神，如道教人士陶弘景也是浙江沿海海上航行的保护神①。因此，在全国各地都有很多本土民间海神。

民间海神中有治病救人的隐士，如姜毛二神就是如此。姜毛二神的传说，主要见于清代雍正《象山县志》的记载："南市中二神，姜姓、毛姓，古传为唐进士，弃官隐此，施药济人，卒而有灵，乃立庙祀焉。"② 从记载感觉，姜毛两人是古代的隐士，懂医术可以救人，以至于民众就相信他们死后能够显灵解救民众的苦难，尤其是海难。民国《象山县志》记载："至今渡海者，或遇风涛，号神望救，即浪静波平，获济无恙，里境有祭。"③ 可知，此二神主要是保护航行风平浪静。如今，在象山丹城街道十字街西南有姜毛庙，俗称"姜殿庙"，占地两亩，是县城内唯一幸存的具有清代早期风格的古庙。姜毛庙始

---

① （宋）罗濬等：《宝庆四明志》卷21《象山县·叙祠》，文渊阁四库全书本，第204页。

② 李广志：《宁波海神信仰的源流与演变》，张伟主编《浙江海洋文化与经济》第5辑，海洋出版社2011年版，第286页。

③ 同上。

建于元，明嘉靖二十八年（1549）扩修，初具规模。清嘉庆十八年（1814）大修，殿宇恢宏，现存大殿即是此期间重修的。清同治五年（1866）前部遭火焚，十三年重建到座楼、两厢楼及戏台。民国九年建后殿。20 世纪 40 年代一度辟为戏院，后亦作丹城镇公所和小学。

民间海神中还有孩童，浙江海盐原先有一座敕海庙，庙内供奉一个男孩。相传东海龙王想发大水淹没海盐的望海镇时，有一个男孩受到神仙点化预先知道这个消息，就告诉全村人，并且催促他们逃离。他自己却因为走得晚而被海水淹死，于是这个男孩就成了海盐一方海域的海上保护神，人们用烧海香的方式奉祀他。[①] 这种无知孩童解救众人的故事在世界各地都有出现，在危难面前，只有那些没有被人类的世俗和功利品质污染、拥有赤子情怀的儿童，才能够抵得住各种诱惑，超越贪欲，获得自我救赎，也因此能够拯救世人。

女性由于天生具有温柔、忠贞、善良、慈悲的心性而特别容易被追捧为救苦救难的海神。莱芜神女是澄海县地方性海神。传说她是凤凰仙姑的弟子，因为看到渔民受到海怪鱼精的危害而私自下凡除害，不料反被惩罚，曝尸海边，其尸化成莱芜岛。她世世代代保护着渔民的安全，当地民众管这里叫向美人。从名称上可知，此神的形成与道教有关。相传有位渔民曾经在海上下网捕鱼，每次下网都捞起一块木头。因为渔民许愿若能捕到鱼，就把这块木头雕塑成神像膜拜，后来果然渔获丰收，得以应验，那块木头被雕成神像受到膜拜，附近海滨的渔民也都信奉南天水尾圣娘简。象山地区有如意娘娘的传说。相传，南宋时期，象山的渔山岛常有福建兴化人来捕鱼，也常有台州、黄岩人到岛上铲淡菜（岩生海产贝类）。有一天，有采贝人坠崖身亡，随后其女从家中赶到，问旁人其父身在何处？当得知坠崖人落海处后，女子二话不说，纵身跃入海中殉葬。众人大惊之余，有人下海营救，但是遍寻不着尸身，只在女子落海处拾得木板一块。当地人感念女子孝行，将浮木拾回后雕成少女塑像，在渔山岛建庙纪念，后被称

① 希稼：《烧海香》，柯杨编《中国风俗故事集》上，甘肃人民出版社 1985 年版，第 445—447 页。

为“如意娘娘庙”，成为宁波、台州、温州沿海一带典型的渔民祈求平安的精神寄托。

民间认为，海难中遇难者的冤魂也能够保佑渔夫海客在海上往来的安全，最出名的是广东的108兄弟神。相传108名男子从海南岛前来南洋谋生，他们因为所乘帆船在七洲洋遇狂风巨浪，不幸全部葬身海底，其冤魂成神，称昭烈108兄弟神，成为琼州人士海上保护神并奉祀于海船上。事实上，因为海难而死的冤魂尸体很多，大凡在海上发现漂流着的人尸，在渔网中或大鱼腹中发现的人体残骸都要带回妥善处理，各地还有专门安葬这类尸骨的小庙。在海商和渔民看来，这些冤魂通常能够保佑他们海上航行与捕捞的安全，遇到亲人有海上危险的时候，也可以跟“好兄弟”祈求卜“坟杯”来预测吉凶。这种“好兄弟”信仰从某种层面上来说反映了民众的平安企盼。

镇海三将军石是海门莲花峰旁三块巨石，分别被封为“镇海将军石”“宁海将军石”“静海将军石”，并为潮汕民间民众奉为海神。这样的灵石信仰在中国非常普遍。汕头玉井乡的南海圣王庙旁还树立一块残损稍加工现出鼻、眼的石虎，被命名为“敕封南海王”。

道教海洋神灵信仰体系中，民间神和原始神占据了很大一部分份额，道教将这些神明兼容并蓄，纳入到道教神明体系中去，并为这些神明编造新的神迹，以增加其可信度。如海神通远王是东南沿海地区的海神，《闽书抄·方外志》云：

> 神永春乐山隐士也。居台峰，后仙去，著灵响，人祠之，呼翁爹。唐咸通中，山僧欲建寺，求材乐山，遇一翁白须指其处，得杞、楠，梦许护送，一夕材乘潮下，众神之，作灵岳祠，名殿神运。宋封通远王，赐额昭惠。嘉祐中，泉大旱，守蔡忠惠祷雨辄应，奏加封善利王，寻加号广福、显济。故石刻中有通远王祠、昭惠庙、通远善利广福王祠之称。①

① 李玉昆：《试论宋元时期的祈风与祭海》，《海交史研究》1983年总第5期，第68页。

此处神明是以一个隐士的形象出现，曾经在永春乐山隐居修炼，后成仙而去，这就为神赋予了道教高人的色彩。这个神俗呼“白须公”，又呼“翁爹”，民众为之立庙，从庙名福王庙来看，这个神又符合民众的长寿、赐福、亲善的审美需求。围绕着这一形象又产生了更多的传说故事，传说唐咸通中，南安僧人欲建寺于九日山，求木材于永春乐山，遇一白须老人，指其处，果皆梗楠杞梓等名贵树木。又梦许为护送。一夕材乘涨下，南安人神之。既建寺，名殿曰神运，又作灵岳祠祀之。宋代册封其为“通远王”并赐“昭惠”庙额，后来由于嘉祐间以祷雨有验，加封善利王，寻加广福、显济，进一步推动了此神影响的传播。“咸淳间，降真浯州海印岩，辄著灵响。岛居者始作祠祀之。祠西有倒影塔，夜每放火，舟人遥望，以为指迷海道，祈风祷雨悉奇应。”[①] 可知，由于在祈风仪式上祭祀此神，说明这个神不是单纯的陆地神明，其职能也已经超越了一般祷雨的水神范畴，而有了保风平浪静、顺风顺水、指迷海道引航神职能。

总之，因灵成神是宗教信仰在传播中普遍存在的信仰文化现象，造神行为在中国大致从远古时代就开始了，就民间海神来说，只要有曾经有护佑商旅的灵验事迹，或者是曾经为地方人士向官府请求赐额加封时所提及，甚至是普通百姓演变而来的燕寓老相公、海囡、绢珠娘娘、渔师公、渔师娘娘等都具备成神的条件。不同地区的人信奉不同的神明，凡人也可以转变为神明，故这些民间海神的数量是无法统计的，但是由于民众对那些遥远的不切实际的希望不感兴趣，促使海洋文化与不求来世、不信轮回，但求今生获得实际实惠的道教文化相融合，道教海洋文化成为民间信仰的蓬勃发展的背景，道教海洋文化也因为民间信仰的生机盎然而更富有人性化色彩。类似的造神运动直到清朝末期科学引进后才停止，这些地方性神明具有地方性、区域性的色彩，大部分只在某一区域有效。

---

① 《金门县志》卷8《名胜》，转引自李玉昆《试论宋元时期的祈风与祭海》，《海交史研究》1983年总第5期，第66—67页。

第三节　因俗成神

因俗成神主要是指民众自发地对具有超自然力的精神体的信奉与尊重，它包括原始宗教在民间的传承、人为宗教在民间的渗透、民间普遍的俗信以及一般的民众迷信等。因俗成神的成因非常复杂，只要符合民众的实际精神需求，任何与海洋生产生活相关、能为众生谋福祉的神明，理论上都可以演变成地方海神，对这些神主的身世和灵迹也经常有加工的痕迹。

例如，羊府信仰是流传在江浙闽一带的地方海神，在舟山的岱山东沙、嵊泗菜园、嵊山都有“羊府宫”，本地的船老大们尤其信奉羊府大帝，认为羊府大帝的职能范围与天后娘娘妈祖差不多，拢洋回来的第一条大黄鱼必是供奉“羊府大帝”的，船老大们出海之前都要到这里来求“羊府大帝”保佑自己平平安安，满载而归。若遇风浪大作，家中有渔船未归，便有渔民家属抱子携女到羊府宫进香，祈求降福消灾。这种影响不仅在本地，秀山、长涂等外岛的渔民乃至宁波奉化、象山，台州等外市县的渔民都会到羊府宫祈求平安，甚至江苏、福建的渔民也会到这里进香。

有关羊府大帝的来历有多种说法，流传最为广泛的是救人无数的羊姓船老大的故事。东沙的羊府宫中有一份《羊府宫简历》，其中提到了羊府大帝的身世：“相传乾隆年间，岱山有位姓羊的船老大，在海上救人无数，他死后被玉帝封为海神，并称封为‘羊府大帝’，掌管海上生死，百姓念其生前广积阴德，就募资为其立祠。”[①] 当地一些上了年纪的老渔民多多少少都了解这一传说。羊老大也被传得神乎其神，据说每逢“打暴天”，他的船总是最后一个回港，因为他要确定所有船都平安无事才放心，羊老大在舟山渔民心中就像妈祖一样，是

---

① 《舟山人的妈祖——羊府大帝》，中国海洋文化在线，2011 年 9 月 26 日，http://www.hycfw.com/hywh/mz/2011/09/26/103970.html。

出海在外的人的保护神，受到人们极高的推崇，建庙立祠。应该说把信仰对象塑造成一个真实的人，这是古时常用的“劝信”的方法，也很有可能接近历史事实的真相。

第二种说法是救危扶困西晋大将羊祜是羊府大帝。羊祜（音 hù）是西晋的大将军，一位著名的历史人物，他出生在山东泰山南城，他为官时勤政廉洁，又乐善好施，常常将所得俸禄救济贫困部下及军士眷族，为官一生却家无余财，其临终时将士们个个涕泪如雨，后人为其多处建庙立碑。羊祜又曾任征南大将军，与吴交战，吴地人民对羊祜心悦诚服，尊敬地称其为“羊公”。史书又记载羊祜精通医术，常常热心地解人病患、救危扶困。如此羊祜信仰就流传开了，羊府宫不仅在舟山有，在浙江沿海一带也有零星的羊府大帝信仰，建有一些羊府宫或羊府殿，如宁海妙峰禅寺中就有一个羊府殿，相传都是因为羊祜而建。民国《崇明县志》记载，嵊泗菜园的羊府宫，原来叫羊叔子庙，而叔子就是羊祜的字。至于为什么要叫“羊府”，极有可能是羊祜之祜，南方人 hf 不分，祜读音近府，由此音误而转写致误；羊祜死后，晋帝称其为“羊太傅”，傅与府音同，故而误写；羊祜生活的时代，高级官员可以开设府署，即成立地方小政府，羊祜也曾开府，所以称羊府。

第三种说法是羊府大帝是明州刺史杨僎。唐末明州（宁波古称，当时舟山也属宁波）刺史杨（羊）僎（音 zhuàn）在任时是一位好官，施仁政，也会出海救人，百姓感恩戴德。因为杨僎慧眼识英雄，对另一任明州刺史黄晟有知遇之恩，因此黄晟建庙祭祀杨僎。黄晟少年时虽然骁勇善战却因为“矮陋”不中选，唯杨僎慧眼识英雄，不以貌相人，把其罗入帐下，补为平嘉镇将，成为杨僎手下得力大将。杨僎死后，钟季文继位明州刺史，黄晟在其手下为将。钟季文死后，黄晟大权在握，自称明州刺史，而且一做十八年，这远超过杨僎、钟季文任期。黄晟成为明州刺史后，感恩杨僎，建造“杨太守庙”。一方面羊僎本身就已经出海救人，有海神的潜质；另一方面，他慧眼识黄晟而获得对方的建庙祭祀，若无庙，就谈不上祭祀。至于杨太守庙为何演变为祭祀羊府大帝的羊府庙，可能与唐末政治混乱、历史典籍缺失严重、史志上“羊、杨不分”的现象有关。久而久之，一个原来纪念唐末明州刺史杨僎以“杨太守庙”后来演变为供奉“羊府大帝”，并且使杨僎实实在在地享受了象山一方土地老百姓千年香火，这就是民间信仰的力量。

此外，除了羊府大帝外，嵊泗列岛的小洋岛上还有羊山神信仰。据清代人的《郑伪纪事》记载，顺治年间郑成功率兵北伐，途经羊山。羊山有山神，独嗜畜羊，海船过者必置一生羊去，久之蕃息遍山至不可计数。郑成功的战舰泊于山下，将士竞相捕杀羊为食，引起山神大怒，刮起大风使战舰相撞，船人损十之七八，这说明羊山神是管辖羊山附近海域的海神，大凡路过的渔夫舟子都要奉献活羊以求海上航行平安。

还有一说是羊山大帝是李讳，他是陈朝护送漕粮海运的漕官。在陈末隋初，运河未开，南方的漕米都是由海运到建康的。地处长江口的小洋岛是海漕船只必经之地。有一年，因为海岛闹饥荒，时值官方的漕船进小洋岛避风，漕官李讳见岛民饥饿之惨状，擅自开舱散粮救灾。因为粮已经散尽，漕船难以回去复命，李讳投海自尽。岛民感戴他的恩德，建小庙奉祀，李讳于是就成为岛神。唐太宗时，东南沿海渔民联名上表，陈说李讳殉职救民之功德。唐太宗于是命令正巧在浙江的尉迟恭前往小洋岛督造大庙，并且册封李讳为羊山大帝。

江浙沿海一带也以隋炀帝为地方性的海神信仰。奉祀隋炀帝的庙叫洋山庙，在浙江定海县东北半里处；另外在昌国县东北大海中也有奉祀隋炀帝的庙，唐大中四年（850）建。据黄洽所写的庙记说：“海贾有见羽卫森列空中者，自称隋炀帝神游此山，俾立祠宇。”[①] 后来其信仰也传到舟山与奉化，名为“洋夫”庙，成为海洋水手、船员的保护神。[②]

可见，“羊府大帝”“羊山大帝”只有一字之差，这两者之间是否也是民间历史以来以讹传讹的结果，就不得而知了，但是羊府信仰已

---

① 俞福海：《宁波市志外编》，中华书局 1988 年版，第 125 页。

② 王水：《江南水神信仰与水祭民俗》，上海民间文艺家协会、民俗学会编《中国民间文化——地方神信仰》，学林出版社 1995 年版，第 118 页。

经在民间形成了信仰的氛围，成为保佑一方的神明。神主是信众膜拜的对象，是信仰文化的重要构成部分，没有神主就没有特定的信仰现象。对神主身世的改写能够使得神灵本土化，更贴近民众的生活，羊府大帝的众多传说故事，就是神主身世改写的一个例证。

综上所述，道教海神体系中的一部分神明，是直接吸收原有水崇拜中的水神，另一部分是为了迎合民众的心理，对其他神明职能的继承与改造，将很多民间信仰的神灵纳入自己的神仙谱系中，为其编造了身世经历，赋予其司水的职能，从而使其成为海神系统中的一员，这是宗教信仰的传播中常见的“造神”现象。其实除了道教之外，每个阶层的人都会创造适合他们自己的神明，只要人们愿意，神明不会消逝，并且神明的能耐与名号还会随着历史的变迁而变迁，有时候很多海神的职能范围还扩大到了陆地神明的职责范围内。总之，道教集成了各类对海神的崇拜，又结合宗教信仰的需要，创造了源源不断的海神来满足民众的不同需求，形成了独特的道教海神群体。

第四节　因誉成神

前文提及了很多地方性海神、民间海神，这些海神多是地方性海神，一般只能保佑一方的平安，少数海神能够演变成全国性神明。但是在道教新造海神中，还存在一种情况，就是一些道教神灵，由于信仰基础非常广泛，名气很响，因此神职渐渐扩大，从而具有了保佑航海安全的海神职能，也成为海神队伍中的一员，对于这种情况，我们可以称之为“因誉成神”。这些神明最初大多是内陆神明，后来又成为海神，这与古代渔民要想在变幻莫测的大海上生存，必须依靠强有力的保障系统有关。在科学技术相当落后的古代，这种保障系统只能是幻想性的，由虚幻的神明及宗教信仰来保证。如中国沿海各地从事海洋渔业、海洋商业的人往往将本地的保护神或本村的护境神如王爷等当作海上保护神，这是内陆神明职能的拓展。

一 海洋土地公

在道教神明体系中，土地公是知名度最高的神之一，他是一方土地上的守护者，是与那方土地形成共存的神，所以在那方土地的土地公才会什么都知道。作为地方守护神，尽管地位不高，却是中国民间供奉最普遍的，以前为他们建立的神庙几乎遍布每个村庄。传说土地也可以随意上天，但是为了百姓而留了下来。通常土地神是以一对老年夫妻的形象出现的，男的称为“土地公公”，女的称为“土地婆婆”。对土地神的崇拜实际上来源于古代的土地崇拜，汉应劭《风俗通义·祀典》引《孝经纬》曰：“社者，土地之主，土地广博，不可遍敬，故封土为社而祀之，报功也。”① 后来，这种自然崇拜开始走向人格化，逐渐出现了一些真实的人物来充当这一角色，被人们称为土地爷、土地公公。

在海洋文化中，各海域及其岛屿也有土地公信仰，称之为“海土地”，这是道教对海洋文化影响的直接体现。王荣国 2000 年 9 月中旬在惠安崇武港墘渔码头进行海神信仰方面的田野调查时，有一位中年男性渔民告诉他，在海上的土地公称为“海土地”②，为沿海民众普遍信仰。但是正如土地公公只管一方土地一样，海洋土地公也不能够随意行动擅离岗位，土地公的神阶最低，因此倘若发生海难时，土地公公鞭长莫及，心有余而力不足，因此一些能力高强的全国海神信仰就产生了，如救苦救难的妈祖、观世音菩萨等。

二 海神妈祖

妈祖，是福建话中“娘妈”的意思，俗名林默，又称天妃、天后、天上圣母、娘妈，是历代船工、海员、旅客、商人和渔民共同信奉的神祇。古代在海上航行条件恶劣，渔船经常受到风浪的袭击而船

① （东汉）应劭撰，吴树平校译：《风俗通义校释》，天津人民出版社 1980 年版，第 295 页。

② 王荣国：《海洋神灵：中国海神信仰与社会经济》，江西高校出版社 2003 年版，第 52 页。

沉人亡，船员的安全成了航海者的主要问题，他们把希望寄托于神灵的保佑，对天后娘娘不呼其名，而称妈祖，是家乡的“娘家人”对她的尊崇和一种亲切的叫法。历史上林默只是民间一个能够测海洋气象的“巫媪”，之所以把她推上“东方海神”的地位，是后人根据中国原始海洋文化发展和两宋间海上交通业的拓展，历元、明、清朝统治者“宣教化万民”的需要，把她人为地神化了。道教趁势将妈祖收入自己的神明系统，将“妈祖”说成是受太上老君之命而下凡救难的北斗“妙行玉女”，《大明续道藏洞神部》更有《太上老君说天妃救苦灵验经》，《宋会要辑稿》礼二之五一“张天师祠”条载张天师祠附有祀妈祖，道教还为妈祖设计了一系列窥井得符、降伏众妖的神迹来表明其神圣性。

妈祖海神的一系列传说其实就是根据统治者的需要和封建社会经济发展的造神史。妈祖生前原为女巫，死后被民间的民众奉为神灵，妈祖信仰严格地来说最早不属于任何宗教，妈祖仅是普通百姓崇拜的一个民间女神。当妈祖护佑海上往来渔船、商船的传说产生、发展，并且造成广泛影响之后，才被佛教、道教所吸纳，到今天已经呈现出多种宗教信仰混合的状态，如妈祖幼年得道后来又受到佛教观世音菩萨的超度就是如此。不过，道教形式的妈祖有着广泛的群众基础，妈祖被道教吸纳成为道教神，很多妈祖的降妖伏魔故事都符合道教模式，不排除这些故事是道教徒神化妈祖的渲染。妈祖性情和顺，对所降服的妖怪都收为手下，让它们将功赎罪，其慈悲善良胸怀是佛道两家所共有的模式。除了慈悲为怀，道教形象的妈祖也不断佑护民众，其职责范围有时候不限于海上救苦救难，而是起着地方保护神的职能，在驱除瘟疫、抗旱求雨等事件中发挥着作用。

除了编造显灵事迹，妈祖的种种神迹都是基于民众对妈祖的喜爱而产生的，也与民众的日常生活需求相关，说明妈祖信仰的产生有坚实的群众基础。在明清时代，沿海民众还是普遍信仰“披发的神”，并且呼唤质朴的“妈祖”称号。帅莆田九牧林氏后裔林远峰说：“天后圣母，余二十八世姑祖母也。未字而化，显灵最著，海洋舟中，必虔奉之，遇风涛不测，呼之立应。有甲马三，一画冕旒秉圭，一画常服，一画披发跣足仗剑而立。每遇危急，焚冕旒者辄应，焚常服者别无不应，若焚至披发仗剑之幅而犹不应，则舟不可救矣。”① 可知，在东南沿海特别是福建沿海的民众以“披发跣足”的妈祖最为灵验。这表明与“天妃”“天后”“天上圣母”形象相比较，沿海民众更认同平民形象的“妈祖”。据清朝历史学家赵翼《陔余丛考》载：“台湾往来，神迹尤著。土人呼神为妈祖。倘遇风浪危急呼妈祖，则神披发而来，其效立应；若呼天妃，则神必冠帔而至，恐稽时刻。妈祖云者，盖闽人在母家之称也。”② 若遇海难向神明呼救时，称“妈祖”，妈祖就会立刻不施脂粉来救人；若称“天妃”妈祖就会盛装打扮，雍容华贵地来救人，所以会很晚才到。因此，若在海上都称“妈祖”，不敢称“天妃”，希望妈祖立刻来救海难中的渔船，中国沿海渔民就是这样在心理上依靠海神妈祖等神灵的庇佑。不过，随着社会经济的发展，妈祖航海守护神淡化，如今信徒拜妈祖却很少是为了要航海，而是转为祈求健康、平安、学业、婚姻的幸福，妈祖海神性格反而隐而不见，妈祖海神特质逐渐淡化，护佑渔民只是妈祖众多职务之一。

妈祖在道教神系里属于民间神明，大多数妈祖庙是由道士在管理，祭祀妈祖的庙宇也属道教宫殿。据记载：福建莆田县知县张均于嘉庆十五年（1810）春，“转饷入都，舟过清江，敬诣天后宫拈香，本庙道士问天后出身及家乡事迹。均讶曰：‘本庙奉敕建立，于今多年，何志书竟未之见耶。’道士曰：‘岂但道士未见，即往来大人先生偶然言及，亦下于道士，而道士茫无以对。’均即于神前焚香，均许愿归去刷印一百部，寄奉庙中，嘱道士分送往来士大夫披览，俾得知神灵普济，且广见闻也”③。可见，清江的天后宫是由道士管理，但是道士对妈祖庙的事迹来历却不一定完全知晓。

与妈祖被纳入道教的神系相适应，许多地方的妈祖庙（或天妃宫）也都有非常传奇的建庙传说。如传说宋绍兴二十七年（1157）秋，莆田城东五里处的白湖这个地方，有章氏、邵氏二族人共梦神指

① （清）袁枚：《子不语》，河北人民出版社 1987 年版，第 517 页。

② （清）赵翼：《陔余丛考》卷 35《天妃》，商务印书馆 1957 年版，第 761 页。

③ 蒋维锬编校：《妈祖文献资料》，福建人民出版社 1990 年版，第 298 页。

地立庙，随后验其地果然是吉地，于是建庙，第二年庙建成。宋绍兴三十年，海寇侵扰，百姓到庙里祈祷，忽然狂风大作，海浪滔天，海寇畏惧而退。后来又来侵犯，神灵再次显灵威，很多敌寇被官军擒获。可知，妈祖庙的建立也有神人授意等情况存在，符合道教传统的思维方式。又如，《天后圣母事迹图志》是一本宣讲道教教义的书，书中第二十二幅图“观海潮铜炉溯至”描绘有潮水送铜炉至枫亭，命示建枫亭妈祖庙宇。文字说明说：“哲宗元符（1098）初，莆之东南有地名枫亭，其溪通津达海。戊寅，潮长时，漂一铜炉，宝光陆离，枫人收之，同梦后嘱，爰备香花奉至锦屏山，建祠以祀。”① 妈祖是水神的总领，潮神归妈祖管辖，潮神需朝拜妈祖，此处潮水护送铜炉也就不足为奇了。潮涨潮落这种自然现象被民众附会以神秘色彩，与道教文化的影响是分不开的。

妈祖信仰从产生至今，经历了1000多年，起初作为民间信仰，后来成为道教信仰，最后成为历朝历代国家祭祀的对象。妈祖信仰延续之久，传播之广，影响之深，都是其他民间信仰所不曾有过和不可思议的。除莆田湄洲岛上的妈祖庙外，泉州的天后宫、宁波庆安的天后宫、天津的天后宫、澳门的妈祖阁、台湾北港的朝天宫和鹿港妈祖庙、漳州漳浦的乌石天后宫为中国天后宫有名的大庙。历代皇帝的尊崇和褒封，使妈祖由民间神提升为官方的航海保护神，而且神格越来越高，传播的面越来越广。随着时间的推移，妈祖信仰不断扩大，传播到世界各地，如今台湾及东南亚各地的众多妈祖庙都由莆田湄洲妈祖庙分灵出去的，全球目前有妈祖信众近2亿人，妈祖庙近5000座，遍布美国、日本、新加坡和中国台湾、香港、澳门等20多个国家与地区。

三 观音菩萨保佑出行平安

在民众信仰的海神中，还有一位名气非常大的观音菩萨。她手执

① 吕章申主编：《中国国家博物馆馆藏文物研究丛书绘画卷风俗画》，上海古籍出版社2007年版，第320页。

净瓶与杨枝，形象最为民间所熟知，据称当众生遇到任何的困难和苦痛时，只要呼其法号，就会得到他的帮助，因此观音也常称为航船上供奉的神灵，成为海洋保护神之一。

通常人们认为观音是佛教的，但是事实上，道教也有观音，在道教系统中，观音的名称是“慈航真人”。从字面上来看，“慈航”二字也具备观音通常具备的“慈悲”特质，并且与“航行”“航海”联系起来，与海洋保护神的职能更为接近。按照道教的教理教义，诸天帝主都具有无量度人的神性，故千变万化，应现无方。在道教中，据《历代神仙通鉴》卷记载，普陀落伽岩潮音洞中有一女真，相传商王时修道于此，已经得神通三昧，发愿欲普度世间男女。尝以丹药及甘露水济人，南海人称之曰慈航大士。据李善注引《灵宝经》载：“禅黎世界坠王有女，字姓音，生仍不言。年至四岁，王怪之，乃弃于南浮桑之阿空山之中。女无粮，常日咽气，引月服精，自然充饱。忽与神人会于丹陵之舍，柏林之下。姓音右手题赤石之上。语姓音：汝虽不能言，可忆此文也。遣朱宫灵童，下教姓音治弟之术，授其采书入字之音。于是能言。于山出，还在国中。国中大枯旱，地下生火，人民焦燎，死者过半。穿地取水，百丈无泉。王刭惧。女显其真，为王仰啸，天降洪水，至十丈。于是化形隐景而去。”[①]《文选·啸赋》注引的《灵宝经》即《太上洞玄灵宝慈航元君本行妙经》，南宋朱弁也曾有记载。这里的“禅黎世界”即“南方禅黎世界赤明国土”，亦是《度人经》中记载的他方诸天世界之一，《太上洞玄灵宝无量度人上品妙经注》云：“元始于刀利世界禅黎国洞阳宫，火炼真文，洞焕万天，化此世界，为大福堂。”[②] 这里的姓音，即是在此世界中修炼得道的女真。这篇文字，处处为了说明姓音女子非凡的来历和神通，其中一句“忽与神人会于丹陵之舍，柏林之下。姓音右手题赤石之上。语姓音：汝虽不能言，可忆此文也”，其中神人的潜台词即是“你非是凡女，实乃高真化身，前世是某某天真大圣，我今天特来点化你，你还能够

① 吴玉贵、华飞主编：《四库全书精品文存》第8卷，团结出版社1997年版，第513页。

② 《太上洞玄灵宝无量度人上品妙经注》卷下，《道藏》第2册，第435页。

想起来这些文字吗?”因为在道教传说中，凡是转世为人的神仙，有些不能够悟彻本源，就需要前世的师父或道友点化，这是道教神化神明的常用手段。

相传，慈航真人是一位慈悲仙人，为了普救万民，常常千变万化，帮助千万的黎民脱离苦难。相传，古时有个村庄，因为有天灾降临其地，慈航真人不忍见到众生遭此劫难，能度就度，变其所化，救出万民之苦。慈航真人在度过众生劫难，功成圆满后，回返天庭，这天是农历二月十九日，因此这一天就成了慈航真人救苦救难之日。在神魔小说《封神演义》中是将慈航道人和观世音菩萨视为同一位的，慈航道人是元始天尊的弟子，阐教十二金仙之一，阐教截教二教在“万仙阵”中斗法时，金光仙被收服，成为慈航道人的坐骑。当时太上老君也暗示，慈航道人未来将投入西方教（佛教)。

道教经典中的几则《观音诰》，如《慈航道人宝诰》载：“志心皈命礼，庄王毓秀，受帝命而诞生；教阐南洋，奉敕旨而救劫。寻声感应，动念垂慈。圣德昭彰，玄功莫测。幽显昭苏而蒙恩济度，品物咸赖而荷惠生成。外道仰依，邪魔皈正。寻声救苦救难，随心消厄消灾。大悲大愿，大圣大慈。碧落洞天帝主，圆通自在天尊。”①《观世音宝诰》载：“志心皈命礼，度人无量，位证莲台。分身现法王之相，化身为辅教之师。普陀圣迹，降慈光五十三参，洛伽成道，广梵音七十二化。德载五行，作玄门之圣祖；慈悲三界，为释氏之梯杭。清净无为观自在，神霄有道大天尊。洒杨枝而洁净，施法水以清凉。亿劫度人，救众生同归极乐；累行妙法，拔诸趣尽证菩提。大悲大愿，救苦救难；大仁大德，救世救厄。化身亿劫，功德周全。妙相观音雷祖大帝，慈悲救苦天尊。”② 上述在《慈航道人宝诰》里，最末对观音的称号是“碧落洞天帝主”。世俗以碧落作为天堂的代名词，所谓“碧落黄泉”，在道教中碧落是东方天界的称呼，《度人经》第一句即

---

① 彭理福著:《道教科范——全真斋醮科仪纵览》下册，宗教文化出版社 2011 年版，第 663 页。

② 同上书，第 722—723 页。

言："道言：昔于始青天中，碧落空歌大浮黎土，受元始度人无量上品。"[①] 其注云"天苍、炁青，则碧霞廓落，故云碧落"[②]。碧落洞天，既是指的东方天界。宝诰之意，即是说观音大士是东方天界的帝主，可知道教的观音大士，与东方第一天的天主观觉，必然存在流变演化的关系。

实际上，观世音已经超越了宗教派别，成为全民信奉的救苦救难神仙。据元大德《昌国州图志》记载，位于定海北门外的普慈寺，东晋时就已经出现了专供观音的小庵院。唐宋时期被民间奉为航海保护神。

相传，宋代王百娘，明州人，年少时丧父，嫁人没多久就守寡了，于是王百娘跟着她的舅舅舍人（掌管诏告或侍从的官员）陈安行出使，在一次海难中成为唯一的生还者，王百娘后来供奉观音神像，感念其搭救之恩。浙江沿海地区的观音信仰尤其浓厚，在中国佛教中，普陀洛迦山是指位于东海、与舟山岛上的沈家门近邻的一座有山的小岛。这座小岛原名"梅岑山"，世传是汉代梅福炼丹的地方，自晚唐起，遂渐传为观世音菩萨显圣说法的道场。宋宝庆《四明志》记载："梅岑山观音宝陀寺，在县东海中。梁贞明二年（916）建，因山为名。寺以观音著灵，使高丽者必祷焉。皇朝元丰三年（1080）有旨令改建，赐名宝陀，且许岁度僧一人，从内殿承旨王舜封请也。绍兴元年（1131），郡请于朝，革律为禅。嘉定七年（1214），宁宗皇帝御书'圆通宝殿'四大字赐之，且给降缗钱一万，俾新祠宇。常住田五百六十七亩，山一千六百七亩。"[③]

两宋时期这个地方成为中国与高丽、日本以及东南亚各国交通枢纽，高丽遣使达57次，宋使往高丽达30次，去高丽经商达5000余人。据统计，各国商舶大多停靠普陀山候风候潮并在出航前都要登山做佛事，即"寺以观音著灵，使高丽者必祷焉"。此外，商贾们惧怕海难，船上供有神像，路过普陀也忘不了祈祷观音。据元盛熙明《补

① 《元始无量度人上品妙经四注》卷1，《道藏》第2册，第189页。

② 同上。

③ 俞福海：《宁波市志外编》，中华书局1988年版，第125页。

陀洛迦山传》记载："海东诸夷，如三韩、日本、扶桑、占城、渤海，数百国雄商巨舶，由此取道放洋，凡遇风波寇盗，望山归命，即得消散。"① 因此，许多海商及入唐求学修行的外国船只，常到普陀山躲避风浪、烧香拜菩萨，祈祷航程平安，在远航船上也有观音神像，不断地祈祷神灵保佑航路安全。

舟山是中国著名的四大渔场之一。古代由于渔业生产工具简陋，舟山渔民终年提心吊胆地过着"三寸板里是娘房，三寸板外见阎王""前有强盗，后有风暴，开船出洋，命靠天保"的日子，因而大慈大悲普度众生的观音为渔民普遍尊奉。渔民把一切都寄托于观音，观音能够"令诸众生，大风不漂，水不能溺"，海上遇到风暴，求观音保佑；家里有人生病，求观音救治；渔业生产丰收，则是托观音菩萨的福。清末民初时，舟山渔村基本上是岛岛有寺庙，村村有僧尼，家家念弥陀，户户拜观音，其对观音的崇奉可见一斑。同样，附近嵊泗列岛地区的渔民也普遍信仰观音，如果在海上遇险时，通常"口念观音"，并且许愿只要菩萨保佑逢凶化吉，就到灵音寺烧香做佛事；平安无事返航归来后，就必须还愿兑现，否则要遭到惩罚。因此，无论有多大困难，渔民们都要兑现自己的诺言。在"观音香期"，渔民或者其家族要三步一拜前往还愿。

总之，道教"慈航道人"和佛教"观世音菩萨"都为海洋文化所接受，宋代以后伴随着佛教道教的传播，观音信仰在沿海渔村海岛民众中更为流行，随着航海的发展，观音也逐渐成为世界性的海神。

四　临水夫人陈靖姑信仰

陈靖姑，又称陈十四娘娘、临水夫人等，是一位足以与妈祖相媲美的女神，其生前或死后尊称极多，在民间影响非常广泛。她本是闽东与闽江流域第一保护神，是一位地方性神明。因为有功于地方，而受到人们的崇奉。陈靖姑生于 905 年，卒于 928 年。陈靖姑年少时曾

① 《补陀洛迦山传·应感祥瑞品》，《大藏经总目提要文史藏》第 2 册，上海古籍出版社 2008 年版，第 486 页。

经到闾山学道教法术，相传能够降妖伏魔，扶危济难。陈靖姑24岁那年福建遭遇大旱，民不聊生，为拯救百姓，陈靖姑不顾自己已经怀胎三月，毅然脱胎祈雨。而正当陈靖姑祈雨之时，当地邪恶的白蛇精和长坑鬼前往陈府盗胎并将胎儿吃掉。陈靖姑回陈府发现后，愤怒追杀。长坑鬼趁机逃走了，白蛇精被追进了古田临水洞，陈靖姑拼尽最后的力气腰斩蛇精。天空终于降下了甘霖，而这时的陈靖姑却终因为劳瘁饥渴而死去。当地人民感念陈靖姑除妖祈雨的恩德，建造临水宫纪念她。因为她家住在闽江边的下渡，面江而居，也掌管江河安全，受到闽江流域水上居民的崇拜而成为“水仙”，尊为“临水夫人”。

陈靖姑是民间塑造的一个极具神话色彩的传奇人物，她也是道教闾山派的重要人物。据传，陈靖姑曾经在福建闾山向许真君九郎兄妹学法得道，后林九娘、李三娘师事她，亦得道法。福建道士奉陈靖姑为开派教主，自称“闾山教”，又称“闾山三奶派”“陈十四夫人教”，崇奉临水夫人陈靖姑为“三奶夫人”，此派师公不论做何种醮斋，其“净坛”时，均须于净水碗内敕夫人名三字；“关奏章书”时，法师须化白鹤飞至福建古田县临水殿请陈十四夫人到坛关奏章书并度达天庭。闾山派原产生于元、明末，属于符箓道支派，原流传于福建漳州一带，后来遍及福建、广东、浙江、江西、江苏、湖南等地和海外的台湾、东南亚一带。

陈靖姑出生于闽县藤山下渡（今福州市仓山区工农路一带），对陈靖姑的信仰大约形成于唐朝后期，最早的传播范围主要是在闽北与闽东两大区域，即以福州方言为主的方言区域。宋淳祐年间（1241—1252），陈靖姑受到朝廷敕封为“顺懿夫人”，此后对临水夫人的崇拜活动开始升级，对她的信仰范围随之扩展，有关陈靖姑的灵异传说亦日趋完善。

从陈靖姑的神迹来看，其活动内容大致是斩妖除魔，本与保航海平安的海神职能关联不大，但也有研究表明，陈靖姑成为“海神”，与中国明、清两朝中央政府对琉球国的“册封”有着密切的关系。琉球乃弹丸小国，“远在海外，无路可通，往来皆由于海，海中四望惟水，茫无畔岸，深无底极。大风一来，即白浪如山，漂忽震荡，人无以用其力。斯时也，非神明为之默佑，几何而不颠覆也耶！”[①] 据《明太祖实录》载：朱元璋推翻元朝统一中国后，于明洪武五年（1372）即派杨载为使臣持诏前往琉球，在诏书中明确指出：遣使此行的目的是“播告朕意，使臣所至，蛮夷、酋长称臣入贡。惟尔琉球在中国东南，远处海外，未及报知。兹遣使往，谕尔其知之”[②]。对此，琉球国方面作了积极的回应。中山王察度于同年派其弟泰期随杨载入明朝贡，从此开启了507年之久的中琉两国藩属关系历史的新篇章。明成祖永乐二年（1404），中国政府对琉球国又建立了“册封”制度，第一次派行人时中为正使“册封”世子武宁王。此后，“著为例”。明清两朝政府共有23次派正副“册封使”46名前往“册封”，其中明朝15次，清朝8次。在当时航海技术落后的条件下，册封使前往琉球必然要冒极大的风险，只能够依靠神灵的庇佑。“在溟洋浩荡中，无神司之，人力曷能主张？”[③] 为祈佑“册封使团”平安往返中琉之间，明初就已经确立了妈祖作为“海神”的地位，册封舟上必设“天妃堂”，供奉妈祖神像。“舟中人朝夕拜礼必虔，真若悬命于神者。”[④] 册封使前往琉球，饱受了海上风涛之惊恐，愈感海神庇佑之威德。在多一个神灵就多一层庇佑的思想指导下，福州作为明清两朝册封使团前往琉球的始发地，当地的三位神祇“临水夫人”陈靖姑、“江河之神”拿公和“水部尚书”陈文龙，也逐渐由内河交通安全保护神，升格为海上交通安全保护神。明嘉靖十三年（1534），第十一次册封琉球正使、吏科给事中陈侃和副使、行人高澄，赴琉球册封尚清王时，当册封舟在海上遇险，众人求救于天妃。经扶乩显灵说：“吾已遣临水夫人为君管舟，勿惧，勿惧。”[⑤] 果然应验，风平浪静，

---

① （明）严从简著，余思黎点校：《殊域周咨录》，中华书局1993年版，第138—139页。

② 郑鹤声、郑一钧编：《郑和下西洋资料汇编》，海洋出版社2005年版，第37页。

③ （明）严从简著，余思黎点校：《殊域周咨录》，中华书局1993年版，第138页。

④ 陈侃：《使琉球录》，《台湾文献丛刊》第287种《使琉球录三种》，台湾银行1969年版，第35页。

⑤ 高澄：《临水夫人记》，福建师范大学闽台区域研究中心编《闽台海上交通研究》，中国社会科学出版社2000年版，第357页。

转危为安，众人称奇。册封使团回到福州后，副使高澄偶然间漫步在“柔远驿”附近的福州水部门外，发现有一座“临水夫人祠”，他忙入祠中请教道士。道士告诉他：“神乃天妃之妹也，生有神异……证果水仙，故祠于此。”又说：“神面上若有汗珠，即知其从海上救人还也。”[①] 从此以后，册封舟上除供奉妈祖外，又增加了临水夫人陈靖姑的神像。到了清代，继妈祖、临水夫人之后成为“海神”的尚有康熙二十二年（1683）“江河之神”拿公卜福和康熙五十九年（1720）“水部尚书”陈文龙，也随册封使团与妈祖、临水夫人同航前往册封琉球。可见，清末鸦片战争后，福州被辟为“五口通商”口岸之一，由于航海安全的需要，临水夫人的职能渐渐与保佑航海安全有关。迨明清时期，临水夫人屡受朝廷敕封，神阶一直达到极顶的“圣母”“太后”层次，足以与福建的另一女神莆田湄洲的妈祖林默娘相媲美，其信仰范围也辐射到浙江南部及江西东北部，而临水夫人的信仰随着福州地区的移民漂洋过海传播到了台湾、东南亚一带，成为世界性神明。

总之，临水夫人陈靖姑作为民间信仰的“海神”，又是道教闾山派的始祖，随着明末清初福建向台湾的移民传到宝岛，乃至于遍及26个国家和地区，如今全世界的顺天圣母宫观有5000多座，临水文化信仰者有8000多万之众，主要分布在我国福建、浙江、台湾地区和东南亚国家，说明临水夫人信仰已经成为世界性海神。

五 关圣帝君关羽信仰

其实因为广受人们爱戴而演变为世界性海神的不止妈祖、观音和陈靖姑三人，关羽也是世界性海神之一，他是因为义气而受到人民的敬仰，从而“因誉成神”的。

关羽（？—220），字云长，河东解良（今山西运城）人，三国时蜀汉名将，早期跟随刘备辗转各地，曾经被曹操生擒，于白马坡斩杀

---

① 高澄：《临水夫人记》，福建师范大学闽台区域研究中心编《闽台海上交通研究》，中国社会科学出版社2000年版，第357页。

袁绍大将颜良，与张飞一同被称为万人敌。赤壁之战后，刘备助东吴周瑜攻打南郡曹仁，别遣关羽阻绝北道，阻挡曹操援军，曹仁退走后，关羽被封为襄阳太守。刘备入益州，关羽留守荆州。建安二十四年（218），关羽围襄樊，曹操派于禁前来增援，关羽擒获于禁，斩杀庞德，威震华夏，曹操曾经想迁都以避其锐。后来曹操派徐晃前来增援，东吴吕蒙又偷袭荆州，关羽腹背受敌，兵败被杀。关羽去世后，逐渐被神化，被民间尊为“关公”，又称美髯公。历代朝廷多有褒封，清代奉为“忠义神武灵佑仁勇威显关圣大帝”，崇为“武圣”，与“文圣”孔子齐名。《三国演义》尊其为蜀国“五虎上将”之首，毛宗岗称其为“《演义》三绝”之“义绝”。

道教将关羽奉为“关圣帝君”，即人们常说的“关帝”，为道教的护法四帅之一。关羽既是道教的神祇，又是佛教的伽蓝神，“佛教对关云长的信仰只是限于供奉，并无祈祷、赞颂以及供奉仪轨，而在藏传佛教中，有多位大师著有供赞仪轨，如章嘉大师、土观大师以及这世大宝法王、亚青寺阿秋仁波切等，多识仁波切也曾著有关云长简略供赞”①。在民间信仰中，关羽成了一个无所不能的神，民间特别夸大了他的神通广大的护佑功能。关羽既可以护佑科举、巡察冥府，又可以司禄命、驱邪恶、除病患，他既是一位位列伽蓝之列的众生保护神，同时又是一位可以保佑财源广进的财神爷。民间年画中，关羽的像常常占据显著的位置，有时被置于正中，其图像大小与玉帝不相上下，故民间把关公与天上的玉皇大帝并列，称为武玉皇，可见对关羽的重视程度。

渔民出海谋生，在茫茫大海上航行，舟来舟往，需要相互帮助，故认为，五湖四海皆兄弟，而关帝被世人誉为讲信义的“神”，自然就被渔民们奉为保护神，海上船的神龛中往往供奉着关帝塑像或牌位，关羽就转为海神。浙江嵊泗列岛中的大洋岛上有一座关公庙，亦称三圣殿，庙中除了供奉关公，还供奉刘备和张飞。刘备与张飞被人

① 《章嘉大师与关公的因缘》，2012 年 11 月 3 日，学佛网，http://www.xuefo.net/nr/article14/137047.html。

尊奉为神也与义气有关，最初他们属于陆神，传入海岛以后才转为海神，这也是由于关羽海神信仰传播的影响所致，地处浙江中部的浦江县关羽信仰特别浓厚，当地每年正月十九日至二十日会举办祭祀关老爷的仪式，以轮流坐庄的方式和米塑这一独特的祭品而闻名，称为“杭坪摆祭”。

关羽的男性海神形象，借助了他身上的义气、力气、骨气、硬气和傲气来应对变幻莫测的海洋世界，也是另外一种伟大和睦相处之力量。关公信仰反映了关于“因誉成神”的神奇性事迹，显示了关公信仰在神州大地历经千余年而不衰的民间基础，随着经济的发展，关羽更多的是作为财神而不是海神被世界各地的人们所崇奉，其信仰范围也随着华侨遍布海外。

综上所述，世界各地的人民都有着自己信仰的海洋神明，他们向海神祈愿风调雨顺，让生活在大海周边的人们可以得到安宁。西方掌管海洋的最高神仙是海神波塞冬（Poseidon），他是天神宙斯的哥哥，拥有强大的法力，野心勃勃的他经常与其他神明交战。海洋国家日本的海神棉津见，在日本人心中是非常具有地位的神明，这与大部分日本人都从事与渔业有关的工作有关。中国“因誉成神”的海神大多都是女神，其根本的意义在于植根于民众朴素的情感之中，更借助于女性与生俱来拥有的母性温柔气质，化解人与海洋之间的激烈冲突与矛盾。

第十章

道教与祈雨仪式

祈雨是海洋文化社会中常见的一种祭祀仪式，又叫求雨，是围绕着农业生产、丰收的巫术活动，同其他巫术一样，祈雨巫术曾经广泛存在于世界各地区、各民族的历史中。最初，人类生活完全依赖自然，风调雨顺则五谷丰登，大灾之年便食不果腹，甚至流离失所，因此祈雨仪式发展起来了，有专门的祈雨法师来控制雨水的降落，满足了民众在恶劣的自然生活环境中，渴望美好明天、创造美好生活的一种期盼行为。

第一节　继承巫术祈雨

祈雨巫术曾广泛存在于世界各地区、各民族的历史中。从日本的原始部落到北美印第安人，从澳洲的土著到俄罗斯的先民，都有过专门的祈雨法师来控制雨水的降落。即使到了近代，一些已进入现代社会的民族中，这种巫术活动仍然存在。甲骨文中也有很多关于求雨、卜雨、祭雨神的记载，说明在道教产生之前，已经产生了古老的祈雨仪式，事实上，自远古以来，祈雨就是巫术中最重要的内容之一。

中国古代的祈雨仪式也叫“雩礼”，简称“雩”，是古代吉礼的一种，所祀对象为被认为能够兴云降雨的东西，如龙、山川、河流等。周代雩礼分为两种：孟夏四月由天子举行的常规雩礼，称“大雩帝”，以盛大的舞乐队伍，祭祀天帝及山林川泽之神，以求风调雨顺，五谷丰登，具有节日的气氛；另一种是因为天旱而雩，不定时，用巫舞而不用乐，气氛严肃，祈祷殷切。战国时，天子“大雩帝”，祭天地，配以五方天帝，诸侯则祭祀句龙、后土诸神。祭时，由女巫组成舞蹈队，边舞边呼号，并献牺牲玉帛。这种仪式与原始巫术有继承关系，《淮南子·主术训》中记载，商汤之时大旱七年，汤亲自在桑林求雨，准备自焚，感动了上天，招来四海之云，千里之雨。东汉以后，自春至秋，若郡国少雨，则需祈祷，十日如果不下雨，则禁止民间屠宰以求雨。董仲舒《春秋繁露·求雨》载："春旱求雨，令县邑以水日祷社稷山川，家人祀户。无伐名木，无斩山林，暴巫，聚尪，八日。于邑东门之外为四通之坛，方八尺，植苍缯八，其神共工。祭之以生鱼八、玄酒，具清酒、膊脯，择巫之洁清辩利者以为祝。祝斋三日，服苍衣，先再拜，乃跪陈，陈已，复再拜，乃起。祝曰：'昊天生五谷以养人，今五谷病旱，恐不成实，敬进清酒膊脯，再拜请雨，雨幸大澍。'即奉牲祷。"[①] 上述求雨仪式中先是"县邑"在特定日期祈祷于山川社稷坛，普通民众在家中祈祷祭祀，这些祈祷仪式融入后世的儒家礼制中，也表明祈雨是全民参与的事项。此处祈雨采用的方式是"曝晒"巫者，因为古人认为，巫者能通神接天，曝晒折磨巫者能够让上天怜悯从而降雨，这与后世曝晒龙王神像、鞭打龙王神像有异曲同工之妙。此处此时住持仪式的巫者也要"口齿伶俐""衣着清洁"，并且在仪式之前要斋戒三日，后来道教也继承了这些仪式与传统，等雨下足了，就会以酒脯报答神，以戏舞祀谢神。

由于在古人的观念中，龙是一种能影响云雨流布的神兽，于是龙也就成了祈雨巫术中的主角。在中国古代传说中，水虺五百年化为蛟，蛟千年化为龙，龙五百年为角龙，千年为应龙。这"应龙"是"龙中之精"，它负责掌管降雨工作。应龙的特征是生双翅，这是它与其他龙的不同之处，保证它能腾云驾雾，鳞身脊棘，头大而长，吻尖，鼻、目、耳皆小，眼眶大，眉弓高，牙齿利，前额突起，颈细腹大，尾尖长，四肢强壮，宛如一只生翅的扬子鳄，与通常理解中的龙形象不同。在战国的玉雕、汉代的石刻、帛画和漆器上，常出现应龙

① 苏舆撰，钟哲点校：《新编诸子集成·春秋繁露义证》，中华书局1992年版，第426—428页。

的形象。相传应龙是上古时期黄帝的神龙，它曾经奉黄帝之令讨伐过蚩尤，并且杀了蚩尤而成为功臣。在禹治洪水时，神龙曾经以尾扫地，疏导洪水而立功。《山海经·大荒北经》载："应龙已杀蚩尤，又杀夸父，乃去南方处之，故南方多雨。"① 可见，古人认为，应龙主管降雨，故古代的祈雨仪式中常用土龙、草龙、竹纸龙等材质来模拟龙的形象。

《易》曰："云从龙，风从虎。以类求之，故设土龙，阴阳从类，云雨自至。"殷商时代人用龙通神祈雨，龙起的是连接人与神的桥梁作用，而汉代以后，龙本身就是司雨水的主体，人们就将想象的各种高超的本领和优秀的品质美德都集中到龙的身上，以龙为荣、为尊。甚至与水、雨相关的水生动物如蛤蟆等也要参与进来，表明利用它具有的与云雨相同的水属性来招雨。

《春秋繁露·求雨》中也记载：

> 春旱求雨，以甲乙日为大苍龙一，长八丈，居中央；为小龙七，各长七丈，于东方，皆东向，其间相去八尺。小童八人，皆斋三日，服青衣而舞之；田啬夫亦斋三日，服青衣而立之。凿社通之于闾外之沟，取五虾蟇，错置社之中。池方八尺、深一尺，置水虾蟇（蛤蟆）焉。具清酒膊脯，祝斋三日，服苍衣，跪陈祝如初。取三岁雄鸡与三岁豭猪，皆燔之于四通神宇。令民阖邑里南门，置水其外；开邑里北门，具老豭猪一置之于里。北门之外市中亦置豭猪一，闻鼓声皆烧豭猪尾。取死人骨埋之。开山渊，积薪而燔之，通道桥之壅塞不行者，决渎之。幸而得雨，报以豚一，酒、盐、黍、财足，以茅为席，毋断。夏求雨……
>
> 以丙丁日为大赤龙一，长七丈，居中央；又为小龙六，各长三丈五尺，于南方皆南向，其间相去七尺。壮者七人皆斋三日，服赤衣而舞之；司空啬夫亦斋三日，服赤衣而立之……季夏祷山

① （西汉）刘歆编，方韬译注：《山海经·大荒北经》，中华书局2009年版，第265页。

陵以助之……

以戊己日为大黄龙一，长五丈，居中央；又为小龙四，各长二丈五尺，于南方皆南向，其间相去五尺。丈夫五人皆斋三日，服黄衣而舞之。老者五人亦斋三日，衣黄衣而立之……秋暴巫尪至九日，无举火事，无煎金器……

以庚辛日为大白龙一，长九丈，居中央；为小龙八，各长四丈五尺，于西方皆西向，相去九尺。鳏者九人皆斋三日，服白衣而舞之；司马亦斋三日，衣白衣而立之……冬舞龙六日，祷于名川以助之……

以壬癸日为大黑龙一，长六丈，居中央；又为小龙五，各长三丈，于北方皆北向，其间相去六尺。老者六人皆斋三日，衣黑衣而舞之；尉亦斋三日，服黑衣而立之……四时皆以水日为龙，必取洁土为之结。盖龙成而发之。四时皆以庚子之日令吏民夫妇皆偶处；凡求雨，大体丈夫藏匿、女子欲和而乐。①

此处，仪式的中心是“龙”，无论是大苍龙、大赤龙、大黄龙、大白龙、大黑龙都离不开龙这个形象，同时求雨仪式中按照春夏秋冬季节的不同，采取不同的苍、赤、黄、白、黑五色来与季节相符合，同时不同的季节，龙的长度也不同，取五六七八九之数，既与五行的日子相配，又杂糅了阴阳五行说相生相克的原理，这种以龙为中心，调和阴阳五行、祈祷、巫术等手段的祈祷方式，为后世道教所继承，并且发扬了调和阴阳、天人合一、以助降雨的精神，发展出了形式五花八门、变化无穷的祈雨仪式。

最初民众以泥土塑龙神，上述《春秋繁露》中用泥土塑大苍龙一条，长八丈，位居中央，再塑小泥龙七条，各长四丈，位于大龙之东，大小龙皆是头东尾西，龙与龙之间相距八尺等。东汉桓谭《新论》中有所阐述：“刘歆致雨，具作土龙，吹律，及诸方术无不备设。

① 苏舆撰，钟哲点校：《新编诸子集成·春秋繁露义证》，中华书局1992年版，第426—428页。

谭问：‘求雨所以为土龙何也？’曰：龙见者，辄有风雨兴起，以迎送之，故缘其象类而为之。”[①] 东汉哲学家王充《论衡·乱龙篇》也认为：“仲舒览见深鸿，立事不妄，设土龙之象，果有状也。”[②] 董仲舒申《春秋》之雩，设土龙以招雨，其意以云龙相致。可见，在东汉时期，泥土制作的龙形象广泛运用在仪式中，其他材质，如木头、竹子、纸质等也很常见。

除了实物的龙神外，有时候绘画的“龙”形象也有同样的求雨功效，唐代有用画龙祈雨的故事，如郑处诲《明皇杂录》载：

> 唐开元中，关辅大旱，京师阙雨尤甚，亟命大臣遍祷于山泽间，而无感应。上于龙池新创一殿，因召少府监冯绍正，令于四壁各画一龙。绍正乃先于四壁画素龙，奇状蜿蜒，如欲振跃。绘事未半，若风云随笔而生。上及從官于壁下观之，鳞甲皆湿，设色未终，有白气若帘庑间出，入于池中，波涛汹涌，雷电随起，侍御数百人皆见。白龙自波际乘云气而上，俄顷阴雨四布，风雨暴作，不终日而甘霖遍于畿内。[③]

此处，物化为图画的某一物体，能够变成真的活的物体，冯绍正所画龙变成真龙能致雨，画能通神这个故事在今天看来，即使不是完全出于虚构，也只是一种巧合，更主要是采用的是巫术祈雨。唐代是画龙巫术祈雨的重要发展时期，也是道教蓬勃发展的时期，因此若不是在当时的宗教背景下，画得再好的龙，也绝没有人能够相信它能致雨。

同样，民众还相信所投的龙也能够幻化成真龙来行雨。“永昌潭旧名广茂潭，（慈溪）县西南四十里至道宫之上，唐天宝二年明皇遣

---

① 戴逸主编，（南朝宋）范晔著，雷国珍、汪太理、刘强伦译：《后汉书全译》第5册，贵州人民出版社1995年版，第3963页。

② （东汉）王充：《论衡》，岳麓书社1991年版，第251页。

③ （唐）郑处诲：《明皇杂录》，周勋初《唐人逸事汇编》，上海古籍出版社1995年版，第614页。

使投金龙，密以朱笔记其左肋，继而雨降，明皇目睹行雨龙左肋下有朱画及有‘大宝永昌’四字，谓臣寮曰：此四明山所投之龙。暨使回奏投潭之始即泛出黑漆木板尺余，有金书大宝永昌四字，遂赐宫名大宝，潭名永昌。（余见至道观）潭之北五里有狮子潭，祷雨必应，上有石室一所，有狮子足迹，并仙人药，曰潭下有石台三层，高数丈，乡名石台以此。”① 此处，涉及唐朝投龙仪式上的龙本是用金银铜等金属制作的龙形，在这里却幻化为行雨龙，而且还恰巧是被皇帝用朱笔做了记号的龙，整条记载充满了道教色彩，文中道教宫观附近的两处水潭都可以祈雨，道教趣味非常明显。

值得深思的是，唐朝印度西域的祈雨之法也传入了中国，方士往往利用一条能够变化形状的龙形道具来祈雨。《太平广记》卷418引《抱朴子》“甘宗”条载：

> 秦使者甘宗所奏西域事云，外国方士能神咒者，临川禹步吹气，龙即浮出。初出，乃长数十丈。方士吹之，一吹则龙辄一缩。至长数寸，乃取置壶中，以少水养之。外国常苦旱灾，于是方士闻有旱处，便赍龙往，出卖之。一龙直金数十斤。举国会敛以顾之。直毕，乃发壶出龙，置渊中。复禹步吹之，长数十丈。须臾雨四集矣。②

应该说上述西域祈雨之法便捷而具有观赏性，让人立竿见影的看到龙的变化，恍如魔术。但是，实际上正是因为人们能够轻易地看到龙，反而对它的祈雨效果心存疑虑，域外的祈雨法虽然颇具观赏性，但是却仍旧不能取代中国传统祈雨方式，或许在民众心中这个只是个玩具龙而已。龙在中国人的意识中更是一个象征物，高贵神圣，是不可能被人豢养役使，甚至标价出卖的，所以西域祈雨之法只能被视为奇技淫巧，登不了大雅之堂。在中国国家祭祀中，对龙的祭祀一直沿

---

① （宋）罗濬等：《宝庆四明志》卷16《慈溪县志》卷1，俞福海《宁波市志外编》，中华书局1998年版，第102页。

② （明）冯梦龙评纂：《太平广记钞》下，团结出版社1996年版，第1099页。

用本土传统祭仪，唐朝的国家祭祀中，尚不称龙王，只称“龙”。由于五行观念与道教观念的影响，渐渐就有所谓五龙的区分，即青龙、赤龙、黄龙、白龙、黑龙，宋太祖沿用唐代祭五龙之制，宋徽宗大观四年（1110）八月，诏天下五龙神皆封爵，封青龙神为广仁王，赤龙神为嘉泽王，黄龙神为孚应王，白龙神为义济王，黑龙神为灵泽王，“龙王”称呼在民间沿用已久，此时才得到官方的正式认可。清同治二年（1863）还封运河龙神为“延庥显应分水龙王之神”，令河道总督以时致祭，可见古代对“龙”是非常慎重的。

由于“龙”是古人的臆想神物，所以在实际的祈雨巫术中经常采用龙的替身，如蜥蜴、蛙、鱼虾、龟鳖等物。如“金蛤潭，象山县东北三十五里珠岩之巅，其潭晴雨皆涸特沙碛耳，上有石壁遇旱祷之则有水如珠从石壁中迸出，须臾盈潭，游鳞蜿蜒，中有金蛤，呼之有声应则雨，山东南之潭为大金蛤”[①]。这里祈雨的对象就是金蛤。又如：“湍水岩潭，在石台乡溪上，近白岩院，曩时因旱祷雨未获，有老父坐水滨石上语行人曰：‘曷不于此祈请？’令张义和亟祷之，得小蛇以归，雨随至其后，县家祷祈多应，遂建龙王祠有记。”[②] 此处，龙王化身为一老父，指点人们在恰当的地点祈雨，体现了龙神千变万化的特点，民众所请走的“小蛇”也是龙的化身之一。又如，《宝庆四明志》记载：“灵济泉旧名包家泉，县西南一里，俗传昔有牧童浣衣于泉，得巨鳗，持归脔，为九段，烹之釜中，良久不见，急往泉所视之而鳗成九节复游泉中，邑人皆灵之。皇朝元丰七年令向宗谔开浚其泉，疏于石窦，深不盈尺，不为水旱而盈涸，岁旱祷之，所谓九节鳗者立现，则甘泽立应，宣和中令周因植亭，其上榜曰‘灵济’，有碑记其异。”[③] 这个传说中龙神变身为九节鳗，虽然经历了被切成九段的

---

① （宋）罗濬等：《宝庆四明志》卷21，俞福海《宁波市志外编》，中华书局1998年版，第128页。

② （宋）罗濬等：《宝庆四明志》卷16《慈溪县志》卷1，俞福海《宁波市志外编》，中华书局1998年版，第102页。

③ （宋）罗濬等：《宝庆四明志》卷14，俞福海《宁波市志外编》，中华书局1998年版，第91页。

遭遇，仍旧为民造福，也是民间龙神信仰的体现。再如，传说“国朝祥符间，有渔者沿流掷钓至潭所，俄有鱼随钩而上，五色斓斑而有二翼，渔者骇然急弃于潭，归语乡人，人未之信。翌日有红光烛天，人犹疑之，会岁大旱，乡人合道释巫觋鸣铙挝鼓以迎之，俄有小鳗如线跃立于岩壁间，随取而归，未出山而雨大至，岁则大熟。于是乡之父老相率为建祠宇，立龙王像自是，台明之祷者不远数百里骈集。淳熙间，岁甚旱，乡人三沐三熏一步一拜以礼之，周日夜而后至潭所，黎明未得所请，忽有大蛇红质黑斑，两目如金，其光烁烁周回以视人，人益惊惧，蜿蜒历于岩罅间，截水上流食，顷投于渊而莫知所在，是岁虽赤地千里而此乡独蒙其利，岁得下熟”①。此处，龙神的外在形象发生了多种变化，或者是翼鱼，或者是小鳗，或者是大蛇，不一而足，但是都对民众的祈雨给予了回应。

综上所述，巫术祈雨是民间祈雨最常见的形式，祈雨仪式中“龙”是重要道具，龙的替身蜥蜴、蛙等水生生物也都兼具了祈雨功能，甚至无生命的画龙、金龙等也能祈雨，这与民众心目中龙是神秘的，千变万化的想法一致，也正为民众认为龙是神圣的动物，神龙见首不见尾，绝不可能是西域祈雨方术中的道具龙，因此传统的巫术祈雨方式的流传有坚实的信仰基础。

第二节　完善祭祀求雨

唐宋之后，祭祀求雨与巫术祈雨分道扬镳。官方祈雨一般只采取祭祀形式，而巫术祈雨主要流行于民间。道教在成熟之后已经与传统巫术有了明显的区分，它在承袭传统的祈雨仪式时，又对其加以改造，使其与道教的教规教仪相统一，从而更加规范系统，这为它进入国家祭祀仪式奠定了基础。

---

① （宋）罗濬等：《宝庆四明志》卷14，俞福海《宁波市志外编》，中华书局1998年版，第91页。

唐宋时期，道教达到鼎盛，帝王贵族尤为推崇道教，虽然唐朝颁布了很多祈雨的律令和礼典，对祈雨对象、程序及仪式进行了设定，但是道教因素已经渐渐渗透进官方的祈雨活动中。如唐朝兴庆宫五龙祠的祭祀仪式中，曾经采取了道教的投龙之法“投龙简”，这是专属为皇家举行的一种斋醮仪式。唐玄宗投龙所用的“金龙”，实为铜质简牍，学界多称其为“南岳投龙告文”“南岳告文”或“投紫盖仙洞告文铜简”。在唐朝浓厚的崇道气候中，唐玄宗李隆基对南岳衡山情有独钟，钦定五岳之一的南岳衡山为投龙地，依照道教仪轨，于唐开元二十六年（738），特派朝廷内侍张奉国及道士孙智凉专程来到南岳朱陵洞投放金龙玉简。唐玄宗痴迷道教，《旧唐书·礼仪志四》载“玄宗御极多年，尚长生轻举之术，于大同殿立真仙之像，每中夜夙兴，焚香顶礼……”，唐玄宗信奉道教，晚年尤甚，在他的影响下，道教的斋醮仪式也成为官方祭祀岳渎的典礼。

唐朝修建了太清宫等皇家宫观，主要的职能就是为皇家修斋祈福，这也成为国家祭祀祈雨场所。《文苑英华》中保存着封敖所写的一篇太清宫《祈雨青词》，文曰：

> 维年月日嗣皇帝臣稽首大圣祖高上大道金阙玄元天皇大帝：臣猥奉顾托，获临宇宙，四海之宁晏，万物之生成，必系厥躬，敢忘其道。是用虔恭大业，寅畏上玄，励无怠无荒之忧勤，期一风一雨之调顺，苟或愆候，常多愧心。今三伏之时，五稼方茂，稍渴膏润，未为愆阳，而忧劳所牵，念虑已及。恭持丹恳。上渎玄功，冀弘清静之源，溥施沾濡之泽，粢盛必遂，烦燠可消。将展敬于精诚，俟降灵于霡霂，谨遣吏部侍郎韦湛启告以闻，谨词。①

上述青词又称绿章，是道教举行斋醮时献给上天的奏章祝文。一

---

①（宋）李昉等：《文苑英华》卷472《翰林制诰》53《青词》，中华书局1990年版，第2413页。

般为骈俪体，用红色颜料写在青藤纸上，要求形式工整、文字华丽。按《大唐郊祀录》的定义："其申告荐之文曰青词。案开元二十九年（741）初置太清宫，有司草仪用祝策以行事。天宝四载（745）四月甲辰诏，以非事生之礼，遂停用祝版，而改青词于青纸上，因名之。自此以来为恒式矣。"[①] 唐李肇《翰林志》载："凡太清宫道观荐告词文用青藤纸，朱字，谓之青词。"[②] 可知，太清宫兼有道教宫观与皇家宗庙的双重性质。在礼典中，它的祭祀与太庙一样，称为"荐献"，而祈雨的青词也由翰林学士主笔，其内容更是以皇帝的口吻展开叙述，无怪乎《英华》将其列入"翰林制诰"中，可以推知祈雨的整个仪式则主要是道教的斋醮科仪，标志着道教的祈雨仪式进入了王朝的祭典。

道教在朝廷中另一个重要的祈雨场所是大明宫内的内道场玉晨观。玉晨观又作玉宸观，位于长安大明宫紫宸殿后，建置年代不详，"但至迟在宪宗元和年间已成为宫内一处重要的道教内道场……至少历经宪、穆、敬、文四朝，一直很兴盛"[③]。

玉晨观在宫廷内繁忙的宗教活动内容中，祈雨是其中一项重要内容。独孤霖在《玉晨观祈雨叹道文》第一篇曰："盖闻天下者君，宏道在圣，天既不违于有作，道当冥助于无为。今属夏景将临，春阳已亢，女道士某等奉为皇帝虔修法事，恭启至诚，庶将悯雨之心，冀解忧人之念。伏愿油云散布，膏泽远流。"[④] 第二篇曰："茂多稼者唯雨，司甘泽者在天。永惟法道之言，宜叶忧人之旨。今属旱苗方瘁，膏润不沾，女道士某等奉为皇帝依教发诚，循仪启愿，冀由衷恳，仰达上玄，遂使触石未周，遽闻泛洒，随风而远，俄睹滂沱，大田既咏于丰年，庶品咸康于乐业。"[⑤]《七月十一日玉晨观别修功德叹道文》

① （唐）王泾：《大唐郊祀录》卷9，北京民族出版社2000年版，第789页。

② （唐）李肇：《翰林志》，《文渊阁四库全书》第595册，第298页。

③ 王永平：《论唐代道教内道场的设置》，《首都师范大学学报》1999年第2期。

④ 周绍良主编：《全唐文新编》第4部第2册，吉林文史出版社2000年版，第9752—9753页。

⑤ 同上书，第9753页。

其实也是祈雨文，内称："今属金行御气，张宿司辰，告朔是先，迎秋方始，女道士某等奉为皇帝铺陈法要，启迪真筌，伏顾雨润大田，云垂多稼。"① 这三篇祈雨叹道文表明，在天旱时，玉晨观女道士以道教法仪为皇帝祈雨是其职责所在，祈雨所用之叹道文则与太清宫祈雨的青词一样，都由翰林学士写就，带有制诰的性质。"之所以由女道士祈雨，或以女属阴，亦取其阴性也。然则此事或源于以女巫祈雨之古老传统，惟仪式有所不同而已。"②

太清宫与玉晨观的设立已经将道教法仪带入宫廷的祈雨活动中，在中晚唐时，道教仪式也渗透进地方政府的祈雨活动中，如李商隐在《为舍人绛郡公郑州祷雨文》中写道：

> "年月日，郑州刺史李某，谨请茅山道士冯角，祷请于水府真官。伏以旱魃为虐，应龙不兴，因杲日于诗人，苦密云于易象。生物斯瘁，民食攸嬉。某叨此分忧，俯惭无政，爰求真侣，虔祷阴灵。"③

可见，这位郑州刺史在大旱时，是请茅山道士设立道场来祈雨的。实际上，受到儒家思想熏陶，古代官员每到天旱时节为自己治下的百姓焦虑、为百姓祈雨、解脱旱情是他们义不容辞的神圣的责任，如：

> 宝祐五年，夏六月不雨，大使丞相焦劳请祷，靡所不至，乃延广仁院白衣大士，若灵应庙神祠山城隍诸像，列公堂而祈焉。一日亭午骄阳如焚，公方露香祷于庭，俄密云起南方，有黑龙见

---

① 周绍良主编：《全唐文新编》第4部第2册，吉林文史出版社2000年版，第9752页。

② 雷闻：《祈雨与唐代社会研究》，袁行霈主编《国学研究》第8卷，北京大学出版社2001年版，第264页。

③ （唐）李商隐：《为舍人绛郡公郑州祷雨文》，《樊南文集》卷5，上海古籍出版社1988年版，第280页。

蜿蜒飞动，万目骇视，雨随下如注，四郊沾足，岁事独稔于旁郡。六年三月种未入土，弥月旱亢，人情皇皇，公斋心祷祈如前，望日，迎天井山蜥蜴神，虽间霡霂，卒未大应，公谓民命近止，雨少缓则不及事，即斋宿真隐观，设碧玉醮以告于帝，时夜半焚章，雷雨沛然，彻旦未休。黎明，公还府夹道，呼“相公雨”欢声如雷。河流洋溢，农皆荷锸，乃亦有秋民不乏绝者，公之力也。开庆元年五月，苦淫潦不止，低田凡三莳秧浒没，而偃民抟手无策，祷禳无所不用其极，公曰：“虚文非所以格天也”乃命僚佐决府县三狱讼，出系囚，尽蠲五年以上苗税，减放诸酒库一分息，著为额。令下，百姓鼓舞，阴云解驳，天日清明。公又虑积水之害禾也，委官周行田野，遍启诸闸，有（石契）堰所不能泄者，则决之水。既疏，苗之仆者兴焉，越两月，雨复愆期，公祷辄霁，岁卒大熟。盖三年之间，常旸苦雨，无岁无之，公一忱所格如响，斯应民虽至迫切，亦恃公以无恐，公诗有云：“数茎半黑半丝发，一片忧晴忧雨心”，念虑未尝不在畎亩间也。传曰：闵雨者有志乎民者也，喜雨者有志乎民者也，其公之谓乎？天井山蜥蜴神，公为请于朝元年七月，已侯封者加二字，未封者悉侯之，盖以旌龙见之灵云。①

此处的《宋开庆四明续志》卷1载《祈祷》记载，涵盖了非常丰富的信息量，这是历史记载中的虚构，还是真实写照，现在已经无法确认。

本文借褒奖一位地方官员的忧国忧民的行为，阐述古时祈雨的一些具体做法。宝祐（1253—1258）是宋理宗赵昀的第六个年号，当久旱不雨的情况出现时，地方长官祷神祈雨乃是职责所在，他会先自己“焦劳请祷”，向所有能致雨的神明祈求，“若灵应庙神祠山城隍诸像，列公堂而祈焉”，这种做法也因为国家礼典虽然规定了向诸神祈

① （南宋）梅应发等：《宋开庆四明续志》卷1，《宁波市志外编》，中华书局1998年版，第159页。

雨的仪式细节，但是并未明确记载“诸神祠”究竟何指，即哪些神灵可以列为祈雨的对象，如《大唐开元礼》卷3则曰：“凡州县旱则祈雨，先社稷，又祈界内山川能兴云雨者，余准京都例。若岳镇海渎，则刺史、上佐行事，其余山川，判司行事。县则县令、县丞行事。祈用酒脯醢，报以少牢。”[①] 此处将所有神明都摆放在庭中求雨，并且延请佛道人士协助，此处“广仁院白衣大士”不明是佛教还是道教。

第二次求雨有所变化，先是按照普通的求雨方式见效不快，“虽间霡霂，卒未大应”，于是改在道教宫观中进行，“即斋宿真隐观，设碧玉醮以告于帝，时夜半焚章”，采用的全然是道教斋醮的仪式，结果效果显著，“雷雨沛然，彻旦未休”。第三次是为了祈求雨止，“祷禳无所不用其极”，但是仍无效果，地方官认识到只有为民办实事才能获得上天的怜悯，因此“乃命僚佐决府县三狱讼，出系囚，尽蠲五年以上苗税，减放诸酒库一分息，著为额”，从而“阴云解驳，天日清明”。

应该说，祈雨仪式是必需的，它可以使地方政府在自然灾害的严峻挑战面前起到凝聚人心的作用，祈雨应该非常虔诚，举行公开的仪式，使百姓都能看见，从而体会到长官的爱民之心。因此，自唐朝《大唐开元礼》规定了统一的祝文格式：“惟某年岁次月朔日子刺史姓名谨遣具位姓名，敢昭告于某神。爰以农功，久阙时雨，黎元框惧，惟神哀此苍生，敷降灵液，谨以制币清酌脯醢，明荐于某神，尚飨！”[②] 但是在实际的祈雨仪式中，这种格式会因所祈祷之神不同而变化。

虽然儒家官员也在祈雨，但是通常来说祈雨仪式是由道士来主持的，道教的祈雨醮词也保留下来，如杜光庭的《蜀王青城山祈雨醮词》曰：

---

① （唐）萧嵩等：《大唐开元礼》卷3《祈祷》，北京民族出版社2000年版，第32页。

② （唐）萧嵩等：《大唐开元礼》卷70《诸州祈诸神》，北京民族出版社2000年版，第360页。

自青春届序，甘雨愆期，农亩亏功，骄阳害物。虽历申祭祀，遍告神明，密云但布于西郊，膏雨未沾于南亩。皇皇众庶，叩向无门。窃惟大道垂文，天师演教，有章奏之品，有祈醮之科，将展焚修，须依灵胜。是用披心云洞，拜手仙峰。伫真侣之感通，冀明诚之御达。赐臣以时和岁稔，拯臣以风顺雨调。①

又如，《蜀王葛仙化祈雨醮词》曰：

伏以四七在天，垂文定位，三八镇地，设象分灵。列宿所以统幽明，诸化所以司罪福，况心宿为天皇之府，上清乃神仙之都，迥控长川，倚玉轮之耸秀，雄临巨屏，面铜马之膏腴，缅彼福庭，广荫庸蜀，臣本命所系，获在兹山，而谬握珪符，仍居仙域，每虑位崇任重，力寡才轻，超五爵以疏封，制六镇而为政，或赏刑乖当，或抚字失和，下有怨咨，上亏仁育，兢忧未暇，咎戾旋加。粤自仲春即愆时雨，尘侵垄亩，赫日腾威，风铄郊原，油云匿影，生灵叹息，惧失于农功，沼址鱼喁，将悬于枯肆，焦劳在念，叩启无由，至于肴膳精丰，备陈于庙貌，牲牢肥腯，无怖于祷祈，徒罄诚心，靡闻响答，仰惟神仙济物，罔间幽明，大道好生，普均慈施，太上著修禳之品，三天开奏醮之科，恭望神峰，远倾凡悬，虔申大醮，仰叩至真，伏惟悯鉴所陈，大施恩宥，赦其愆咎，赐以福祥，使雷电扬威，龙神悦豫，霈沾渥泽，克致丰穰，南山腾虺虺之音，东作盛芃芃之稼，永谐望岁，允契有年，誓勤修奉之仪，上副真灵之祝。不任。②

从上文的斋醮词可知，其文形式工整，文字华丽，内容丰富，辞彩赡丽，程式化特征明显，兼具宗教与文学双重特征，既有着与祝文类似的外在形态，也有着章文浓厚的宗教色彩，它是祭祀之文与早期

① 周绍良主编：《全唐文新编》第5部第1册，吉林文史出版社2000年版，第12858页。

② 同上书，第12858—12859页。

科仪文书结合的产物。

青词创作反映了内容繁复的道教斋醮活动，折射出唐代纷繁复杂的社会生活，并且逐渐促进道教祈雨理论的系统化与发展，如《道门科范大全集》中收录有《灵宝太一祈雨醮仪》《祈求雨雪道场仪》《灵实祈求雨雪道场三朝坐忏仪》等关于祈雨的科仪。元代不行雩礼，遇到旱涝灾害，只是派遣官员祈祷或请僧人作法，宋代道教又发展出“以我之气，合天之气”的新祈雨理论，如北宋末年著名道士王文卿认为，炼气功夫到一定程度，当自身气蒸，则天上云集；自身溺急，则天上雨下，不过其雷法施行仍然需要结合符咒斋醮之法运用。《冲虚通妙侍宸王先生家话》载：

> 问曰：“役雷电风雨之属，坐功之内，必须明验，方可取效?”答曰：“当于呼吸上运功夫，静定上验报应。云之出也，其气蒸。雨之至也，其溺急。雨之未至也，其气炎。而膀胱之气急。电之动也，其目痒。眼光忽然闪烁，雷之动也。三田沥沥而响，五脏倏忽而鸣，行持之上，又当急心火以激之，涌动肾水以冲之，先闭五户，内验五行，此其诀也。”①

到了明清两代，朝廷祈雨止旱只是祭祀、祈祷宗庙、社稷、山川、龙神等，不再见有采用祈雨巫术的记录，但是道教祈雨仪式发展到清代则更为烦琐复杂。

通常，祈雨前要选定地点筑坛，用八张桌子分别放上一支瓷瓶，瓶中插上柳枝和一面彩旗。八张桌子围成一圈，分别代表八个方位，方位名称用彩笔书于旗上。设坛毕，须择吉日良辰，请高道登坛祈雨。祈辞陈说农务急需雨水的情状，诉说农夫盼雨之切，可谓晓之以理，动之以情。道士念咒时，还要取净瓶中的柳枝蘸水向四周挥洒。如不降雨，道士则反复念诵：“天地絪蕴”“风调雨顺”“物阜民安”

---

① 李零：《中国方术概观·杂术卷》七《祈雨部》，人民中国出版社1993年版，第145页。

等语。[①] 道教祈雨仪式，既有对传统的因袭，也有道教的独创。道教神秘的斋醮仪式，相对于儒家的祭祀与地方上的杂神信仰，对信众更有吸引力，因而在祈雨活动中也越来越活跃，导致人们对道士呼风唤雨的本领深信不疑，直至近现代，民间仍旧有祈雨巫术和仪式流传。

总之，为了顺应民众风调雨顺的祈求，祭祀祈雨应运而生，道教的祈雨仪式主要包括设坛、诵经、献祭等几部分，是用道教的方式对传统的祈雨仪式加以程式化、规范化的产物。民间祈雨行为很大程度上建立在龙神从人间获取了物质享受和精神享受后，会反过来满足人们的愿望，普降甘霖缓解旱情的想象之上，而道教祈雨仪式除了有这方面的内涵外，道士能够沟通天人，能够呼风唤雨，其所呼唤祈请的就是龙神，还有对风伯、雨师、雷神等水神的役使来求雨的做法，道教众多水神都具有司雨水的神性，能降雨止雨，导致或消除人间的水旱之灾，而有道行的道士又可以沟通天人，甚至请求控制神明降雨，体现了呼风唤雨的神奇能力，这是道教祈雨仪式的独特方式。

第三节 参与民间祈雨

中国东南沿海由于自然地理的因素影响，水旱灾害频繁，各地祈雨的记载时常见诸方志，通常采用供品、祈祷词来取悦龙神降雨，既体现了对龙降雨功能的重视，又延续了古代祈雨的仪式与做法，也结合了当地民众对于祈雨的理解。通常这些仪式都有道教的参与，体现了非常明显的道教色彩，如龙与五行相配，参与者的衣服颜色也与之相适应等，这些属于道教祈雨仪式在近现代的衍变。

例如，请龙求雨是旧时宁波各县的常见做法，民国《鄞县通志·文献志·礼俗·迷信·请龙》载："农民遇久旱，则请龙，约邻村农民舁境庙之神往龙潭祷求，偶见水中有蛇、鳗或蛙、鱼等动物浮出即

① 金良年主编：《中国神秘文化百科知识》，上海文化出版社1994年版，第417—418页。

以为龙，置诸缸内，请之而归。要求邑之长官，跪拜供奉如神，或醵赀演戏以敬之。俟雨下乃送回。”[1] 按此处的说法，在民国时期，倘若遇到天旱，民众也会抬着庙神去龙潭祈祷，请回来的浮游生物则需要县父母官跪拜供奉，或者演戏娱神，直至下雨。此处以瞻岐为例，展现一下道教是如何参与民间祈雨仪式的：

瞻岐是鄞州东太白山南麓的一个边缘山岙，背山面海，物产丰富，但是此地易旱易涝，山上少乔木，尽长茅草、芦柴，大雨后十里长溪尽泛黄泥大水，氽掉溪桥，淹没田地，造成水灾。十天没雨就出旱象，二十天没雨河道见底，三十天没雨河底朝天，故此地祈天求雨活动非常频繁，也很有代表性。当地祈天求雨活动又被称为迎赛活动，活动由谢氏族长、圣头、乡绅和各房房长、柱首等召集组织，谢氏族长为名义上的首领，各乡绅、镇长、中保庙总柱首等人佐理，各大房的房长、柱首参与议事，负责贯彻执行各项议决事项，如筹集经费、指挥全房迎龙赛会活动等，民众则推选出圣头作为群众代表，尊为护圣，其他民众也怀有虔诚之心，在天灾面前上下齐心，因此整个活动既严肃又隆重，体现出民间信仰的巨大力量。

首先，偷龙王。通常在连续天晴十天后，就有个别农民在一个夜里偷偷去小庙把龙王菩萨用麻袋套进背来，放在中保庙头进供奉起来，祈天求雨。如果下雨了，就抬着龙王菩萨送还到原庙，若五六天还不下雨，就把龙王菩萨请到天外去晒，催促下雨，俗称“晒龙王”。偷龙王不止一次，你偷他也偷，有时偷来的龙王又被别人偷走，据说偷来偷去越偷越灵。如果偷龙王、晒龙王仍然不灵验，天连续晴好近三十天，河水干涸或进咸潮，农民因为种不了晚稻而焦急，就会三五成群凑在一起，向族长提出迎龙要求，俗叫“撼迎龙”。

其次，迎龙。族长根据农民的请求召集乡绅、房长、柱首在中保庙议事，商量迎龙之事。通常要开若干次会议，讨论是否迎龙、立圣头，以及迎龙日期、龙潭选择及迎龙准备工作等事项。通常迎龙日子要拣雨日，谚曰“雨日易调顺，岁必有秋”，龙潭要选民众认为灵

---

① 张传保等编：《鄞县通志》，宁波出版社2006年版，第2621页。

验的。

旧习中人们视龙为雨神，于是聚众迎来龙圣在庙中祈雨，感动龙神化雨救民。因此，“诚则灵”的思想体现在迎龙求雨的每个环节。迎龙前三天为准备时期，民众要禁屠和净灶吃菜，其表示虔诚的方式与道教的斋戒性质类似，不得宰杀猪、羊，也不得下海涂或河里捕鱼捉蟹，严禁荤腥上街买卖，家家户户煮素吃菜，表示对龙神虔诚，因为鱼鳖虾蟹也是龙王的子民。乡民为了保证上下齐心，凡龙圣、迎龙队伍所过街路一律打扫干净，拆除过路凉棚，不准晾晒衣物等。这一系列禁忌既是古代祈雨仪式的残留，也是表示对龙神的尊重，如另外请龙所需要的龙亭、便桥、仪仗旗帜等物也都要事前准备妥当。

迎龙求雨是群众视为攸关切身利益的头等大事，神圣不可侵犯，是迎龙赛会活动的主体，由请圣、迎龙、待雨三个环节组成。

请圣就是到龙潭请龙王上轿。请圣队于子夜（半夜十二点）动身赴龙潭，潭岸设供酒菜，俗称“请龙羹饭”，燃烛点香，族长等到桌前跪拜默祈，桌旁念《请龙求雨经》，舞拜画符咒，两青年手执撩海（长柄小网）注视潭中，待鳗鱼等浮游水面时即撩起，放进提桶，视作龙圣上轿。随后族长许愿，如不日赐雨，即演戏“谢龙”。此处，族长跪拜默祈，桌旁念《请龙求雨经》，舞拜画符咒的行为不啻道士做法事，道教影响的痕迹显而易见，甚至可以认为是古代道教祈雨仪式的残留，只不过仪式的主持人由道士身份变成了族长身份。通常，务必在日出之前请龙圣上轿，因为日出后鳗鱼不易浮出水面，这也是海洋社会祈雨经验积累的体现。

请龙队是由宗族内部统一调派组成的一对人员，包括族长、圣头、柱首、念伴、仪仗、轿夫、杂事等，共六七十人。而与此同时，还有一支迎龙队，是由各大房自成队伍，凡男性青壮年一律参加，其他姓氏男丁愿意参加者杂于各房内。迎龙的任务是迎接请圣队回乡，于迎龙之日东方发白各自动身，去龙潭山脚下迎接龙圣队的到来，或接于回来途中。两队相遇后前队变后队，后队变前队，分成七段，衔接成三四里长的迎龙队伍。由于这支有千余男儿组成的迎龙队伍，个个头戴白毛巾，身着白布衫，手执白旗，绵延三四里，远看宛若一条白龙在滚动，恰恰契合了民众请龙下山的心理诉求。另外，浩大的队伍中有“中保庙”庙头旗，有各祠堂“静祠”和“青祠”帅旗，还有高六七丈的大令旗等迎风招展，白纺绸旗面迎风猎猎，旗铃啷啷，飘带叮当，旗顶银色画戟闪闪发光，间有高丈余的白竹布薄刀旗六七百面，高低错落，四五十面铜锣沿途敲打，三四十支铜铳时时发威，长喇叭不时鸣响，“肃静”“回避”的硬甲牌和彩色五虎旗为仪仗，翠柏扎成的龙亭和两顶伙夹轿软泛泛行走其间。再加上迎龙队伍所过之处，路人让道，各村乡贤父老烧香恭迎礼拜，村民递茶施水，恍如古代请龙祈雨情景的再现。

龙亭进庙的接圣场面又是一个高潮。迎龙队伍到村口后各自散去，请圣队进入中保庙停放龙圣。此时，庙门口地方乡绅、小族长、乡贤父老捧香列队恭迎，迎龙队中的锣手、铳手齐集庙门外，等龙亭一到，锣声大作，长号齐鸣，铜铳吼响，真是地动山摇。此时，抬龙亭的青年热血沸腾，神采飞扬，快步稳捷地将龙亭抬入庙内停放，圣头捧出盛有龙圣的提桶供在桌上，燃烛焚香礼拜。至此，请圣迎龙告一段落。

龙圣居庙后至还龙，此谓“待雨”阶段。期间，由圣头侍圣，一日三次上香。礼拜求雨，夜宿龙圣旁，因为圣头年事已高，白天常有虔诚乡民陪圣头祈雨，乡贤父老谈古说今，夜有圣头子孙作陪照应。圣头的一日三餐茶饭，由殷实大户轮流供给，此谓“担圣头饭”。如此日复一日待雨，直至雨水落通后，龙圣还龙潭，迎龙求雨宣告结束。久旱则雨，适降甘霖，则视为“灵验”，开演“谢龙”戏、行纸会，最后送回龙潭。

上述请龙仪式体现了面对自然灾害的威胁，民众对龙神的祈求与信仰。仪式中念《请龙求雨经》、舞拜画符咒等行为明显带有道教影响的痕迹。由于民间信仰中佛道杂糅现象非常普遍，因此有时候会延请和尚道士参与到仪式中。据一位曾经受请进行祈雨的和尚说：“21岁时的一个盛夏，老家高湾村逢大旱，地裂禾焦，村民约定求雨。求雨是一定要请道士念咒的，高湾村小，没去请道士，却来临近庙中请和尚去念经。我们当时虽感为难，但人情难却，只好找些经书，略做准备，赴约应事。”[1] 可见，举行祈雨仪式通常是要由道士主持，如果在请不到道士的情况下，延请和尚亦无不可。

在民众的心目中，重要的是祭祀的目的与效果而不是祭祀本身，请道士或和尚做法事只是形式的不同而已。如在浙江嵊泗列岛，祈雨是规模很大的祭祀龙王的活动，这一祭祀活动要请和尚做法事，“把龙王神像放在海口的搁凳上，由领头的渔夫跪拜龙王。再由和尚从海中掏来一碗海水递给领头的渔夫，到龙王的龙鳞下旋一旋，意谓海水过龙鳞即为淡水，泼向人群……”[2] 其实不只是祈雨，其他祭祀仪式亦然，在民众的心目里，祈雨最关键的是“心诚则灵”。民众是否虔诚决定了祈雨的效果，有些地方“请龙”时由族长或念伴跪在潭边，用铜锣从潭中兜起浮游动物，凡加入请龙队伍的人，皆手执小旗，烈日晒头，不得戴草帽，脚穿草鞋或蒲鞋，表示虔诚，以感动“龙王”。再加上仪式准备前的禁屠和吃素，从而在乡民中凝聚起一种特定的信念，起到了面对大灾大难时的人心凝聚的独特功能。

因此，从社会心理上来说，祈雨更多的是面对灾难时候的凝聚民心的智慧，古代儒家官吏为官一方，面对旱情要为民请命，这是职责的担当，也维护了社会秩序的稳定，而佛道主要是起了规范祈雨仪式的作用，增加了祈雨仪式的神秘性与说服力。

第四节　传承舞龙祈雨

中国古代把“龙”看成能行云布雨、消灾降福的神奇之物，因此有的地方久旱不雨时，便舞龙祈雨。古时巫师在仪式上模仿龙的活动姿态，回旋舞动，以“似因生似果”的法术原理，以求达到祈雨祈晴的效果，这就是舞龙的原始起源。

龙舞历史悠久，汉代已经有了形式比较完整的龙舞。据汉代董仲

---

① 王荣国：《海洋神灵：中国海神信仰与社会经济》，江西高校出版社 2003 年版，第 267 页。

② 同上。

舒的《春秋繁露》记载，当时在四季的祈雨祭祀中，春舞青龙，夏舞赤龙和黄龙，秋舞白龙，冬舞黑龙，每条龙都有数丈长，每次5到9条龙同舞。为了祈雨，人们身穿各色彩衣，与龙相配，这成为后世娱乐助庆式舞龙的前身。这种祭祀上的仪式演变成娱乐活动，有的地方插完秧，舞龙驱虫。如今，舞“龙”成了人们表达良好祝愿、祈求人寿年丰必有的形式，尤其是在喜庆的节日里，人们更是手舞长“龙”，宣泄着欢快的情绪，作为民间娱乐节目，过年时上街舞龙，成为一项集娱乐、喜庆、竞技、健身等多功能于一体的大型习俗性活动。舞龙伴奏乐器主要有锣、鼓、钹等，根据舞龙的节奏演奏，一般以铿锵、高昂、激烈的乐曲为主。但是究其根源，舞龙与祈雨有着非常密切的关系。

一 龙游舞草龙

以浙江地区为例，龙游县的舞草龙别具特色。相传，有一年七月正值大旱，眼见庄稼颗粒无收，始祖王烽一日忽梦天上一条天龙腾云而来，并对其说，要解涸旱只有在八月十五月圆之时以草为龙，张灯结彩狂舞，才能迎得甘霖以救百姓。于是，王烽率领族人按梦中所见天龙的形状，日夜赶制草龙，在中秋月圆之时舞起了龙灯，月圆之后果然下起了大雨，当年谷禾丰收，百姓得救。为纪念天龙赐水、祈求风调雨顺，每年的八月十五，族人们就舞龙闹中秋，并将猪、牛、羊等祭品扎成灯以谢天龙之恩。从传说中可知，龙游舞龙与祈雨有直接关系。龙游县草龙用稻草扎成，大的长26米多，小的也有10米左右，在农历正月初九和八月十五会举行舞龙的相关仪式。一是点睛。由家族中辈分最高的人或家族中最具权威的人来点睛。二是祭龙。在草龙前设好案几，摆上祭品，由本村长辈烧香焚纸进行祭拜，鸣炮示众。祭祀仪式后，十余名舞龙人身穿蓑衣，脚穿草鞋，四块高脚牌引路，鞭炮齐鸣，手持龙球的人指挥出龙。龙的后面是乐队，敲锣打鼓，各家各户的村民举着各式各样的花灯随龙出游，走遍全村。每到一户便由主人烧香纸、放鞭炮，并且将点燃的香插在草龙上。一些婆婆还会从龙头上拔下龙须，放置在刚进门的媳妇的床上，以求生贵子。民间认为，草龙为天龙，需要焚烧后才能上天，因此舞龙结束后，将龙身放置在小溪边烧毁，将天龙送上天。

如今，舞草龙的祈雨意味淡去，祈福意味增加。南方一些地方流行的舞草龙，龙由柳条、青藤、稻草扎成，夜晚舞耍时，龙身上插满香火，因而又称“香龙”“香火龙”。舞龙结束时，还要在喧天的锣鼓鞭炮声中，恭恭敬敬地将草龙送到江河溪潭之中，其用意也是让龙回到龙宫，以保佑一方风调雨顺，基本上与天旱求雨无关。舞龙日期也形成了固定的节日，舞龙表演也形成了特定的表演套路，有“盘龙”、翻山倒海、走八字、头尾相应等，舞龙已经演化成特定的民俗，成为民众祈求风调雨顺、生活幸福的一种民俗。

二 建德断头龙

同样，杭州建德市的“诸家断龙”仪式也与祈雨有关。相传，唐贞观年间，连年大旱，饥荒遍地，十室九空。百姓纷纷求告龙王，龙王遂生恻隐之心，启奏玉帝，准其降雨，以救黎民。玉帝准奏，令龙王“城内降雨七分，城外降雨三分”。龙王领旨后心想，城内降雨七分即成水灾，城外降雨三分却无济于事，何不三、七互换行雨，以利百姓，主意一定，龙王即城内三分，城外七分行雨。百姓喜得甘霖，欢欣鼓舞，叩谢龙王恩德。此事被玉帝得知，大发雷霆，怒责龙王违犯天条，其罪当斩，并且命令人间宰相魏徵行刑，唐太宗念龙王解旱有功，意欲相救。斩龙之日，太宗特邀魏徵弈棋，延误时辰以免老龙王死罪。弈棋不久，魏徵昏昏入睡，满头大汗。太宗心想，让魏徵多睡一会，即可误过斩期，救得老龙王，因此为其打扇取凉。却不料魏徵此时的神魂正在追杀老龙王，太宗助他三阵清风，反倒杀了老龙王，将其斩为九节。百姓为报答龙王恩德，扎缚龙头，供于庙堂或厅堂，焚香礼拜。每逢春节至元宵，百姓扛着龙头沿村巡游，以寄哀思。由于龙头被斩，所以身首分离而舞，故称“断龙”或“断头龙”，俗称“九节龙”，自此民间有“魏徵斩龙”的传说，寄托了民众对体恤民生疾苦的老龙的哀悼。

据说，此舞最初是由江西传入建德市李家镇诸家村，故又名“江西龙”，当地村民称之为“跌龙灯”（跌，方言念 die，意即舞）。“诸家断龙”表演时，有一红灯在前引导，乐队随后，舞龙队紧跟。表演分上、下场，龙头随龙珠舞动，舞姿以跳、跃、蹲、跌、滚、钻、转、翻等动作为主，身姿经常保持一种较低的态势。其特点是龙首与龙身互不相连，每人手持一节，靠动作表现龙的翻滚腾跃，两只龙球轮番上场，玩龙尾者不停地翻转手腕；高潮时，龙身七节站立在凳上，围成五朵梅花形，龙头随龙珠在中间翻舞；精彩之处为擎龙头者稳坐于凳上，玩龙珠者双脚勾住擎龙头的脖子，倒挂着身子随龙头旋转舞动。一番跌舞后，舞龙身者依次跃下，排成一字长蛇阵，龙头随龙珠在龙身间飞舞环绕。队员舞动时，身姿多保持低矮造型，动作风格颇为独特。

“诸家断龙”的套路有：“盘龙”“戏珠”“伸龙爪”“跌五梅花”“鲤鱼跳龙门”“鲤鱼翻白”“龙身穿锁”“龙脱壳”“龙翻身”等。其表演的独特之处还在于，擎龙头者中途可以换人，龙身转动时以踩碎步进退，玩龙珠者舞到高潮时在地上翻滚，龙头、龙身从其身上依次跃过，站成一字形后，玩龙珠者又从龙身下匍匐钻过。结尾时，由龙头、龙身、龙尾组成的吉祥话造型：“人丁千口”“天下太平”“大干快上”“一心为公”等字样，讨得观众的阵阵掌声。

“诸家断龙”的主要特征是小巧灵活，手法自由，套路丰富，形象直观，多低矮造型。其制作形式简单易行，特别适合在山区农家庭院活动，故深受当地百姓欢迎。与其他舞龙类似，“诸家断龙”也已经演化为民俗活动，失去了最初祈雨的原意。

三　丽水舞板龙

在浙江丽水有舞板龙的传统，历史最长的已经有一千多年。板龙是“龙舞”的一种，最早见于汉代《春秋繁露》，是作为祭祀祖先、祈求甘雨的一种仪式。板龙用长木板扎制而成，龙板上用竹条扎成半圆筒形，外面再糊上绵纸，粘贴上龙鳞，绵纸内点燃蜡烛。大的龙板拱背上制作五只角，小的龙板拱背上制作三只角，拼接完舞龙时，精美高大、栩栩如生的龙头在前引路，大小龙板在后跟随，龙尾处亮有龙珠。各龙板之间用“猢狲头”、龙栓、抬杠等相连接和固定，用鸭毛或鸡毛插孔。丽水各县的板龙也各有特色，如龙泉安仁板龙历史悠久，莲都青林、武村板龙表演生龙活虎，缙云小溪大龙龙头硕大无比等，具有较高的艺术价值。舞龙时还设有排灯、大鼓、大喇叭等伴奏，大鼓一敲，龙头就起，龙身随之而行，众多抬龙的汉子们步调一致，英武非凡。板龙过处，人声鼎沸，锣鼓喧天，鞭炮齐鸣，一派吉祥、喜庆的气氛。经过千百年的沿袭、发展，舞板龙已经成为一种形式活泼、表演优美、带有浪漫色彩的民间舞蹈，是逢年过节时常见的表现形式，也失去了最初舞龙祈雨的本意。

四　郭巨舞龙

宁波北仑郭巨地区舞龙的起源就与祈雨有关，将舞龙和请神祈雨结合在一起。旧时郭巨缺水，逢久旱不雨，百姓为求雨举行请龙会，俗称“行请龙会”，时间在农历七月。首先派人去舟山桃花岛请来龙水，然后抬着龙水并请出龙王庙菩萨，在当地行会。到晚上把菩萨送回龙王庙才告结束。后来舞龙配上两个大头和尚。一个大头和尚在前面引路，另一个大头和尚在后，舞龙者在街上表演各种动作，随着锣鼓点的变化，舞龙有绕圆场、打地滚等多种动作，鼓点加紧时，舞龙动作也要加快。

除了上述草龙、板龙、断龙外，通常龙是用纸或布制作的，还有舞龙灯祈雨。如流行于湖南省湘西山区的“龙头蚕身灯”就与祈雨有关。“龙头蚕身灯”由“龙”的头和“蚕”的身与尾组成，制作考究，形体小巧，头尾能屈能伸，宛转灵活。竹圈联成蚕身，绳索系其内，白布蒙其外，外用红绿彩环缠身，由三个舞技出众的民间艺人分别持头、腰、尾三个部分执要。“龙头蚕身灯”一般都是成对出行，出灯前每对灯都要下到江边“吸水”，然后才沿门沿户祝福吉祥。当地人认为，只有龙吸饱了水，才能保证雨水充足。

综上所述，现存民俗盛行“舞龙”活动都与古代求雨有关，是从古代人舞娱神的活动中流传下来的，全国各地旧时都有祈雨的仪式流传下来，随着科学技术的进步和气象预报事业的发展，祈风祈雨之俗已经逐渐消亡，但颇具艺术色彩的舞龙仪式却保留了下来，经过劳动人民近2000年的创造发展，民间的舞龙不仅有很高的技巧性，而且表演形式越来越丰富多彩，大致说来舞龙的动作造型一般有团龙起伏、龙盘柱尾起伏、正反腾越行进、快速游龙、连续穿越行进、尾盘造型、连续左右跳龙、首尾穿身、首尾内外起伏、曲线造型、绕身舞龙、站腿舞龙、穿尾腾身、立龙造型、直躺舞龙、龙腾九霄造型等诸多变化。后世为了增加舞龙的观赏性，龙的制作也很讲究，除龙体颜色不同外，龙须也分红色和白色两种，白须者示明为一条老龙，舞龙者年纪大了，“行会”碰到一起时，表示甘拜下风；红须者就不同了，舞龙者都是青壮年，特别是龙头者，往往是身强力壮、性情刚烈之人，两条红须龙碰一起，往往会出现打斗场面，称之为“斗龙”，观赏性大增。

舞龙与祈雨仪式关系密切，甚至可以说是从古代祈雨仪式中的舞龙分离出来的，只不过发展到后来，舞龙时间固定化，失去了天旱时祈雨的本意，但是仍旧包含着祈雨祈福的意味。随着人类社会文明的不断进步，祈雨仪式日趋没落，乃至最终消亡已经是必然的趋势。但是祈雨活动过程中的某些环节因为具有化解矛盾、增进友谊、表达喜悦和欢庆、展望更加美好的生活的功效，而逐渐成为一种文娱活动，成为民间艺术的宝贵财富，这也是文明进步的必然结果。

结　语

前文只是就道教与海洋文化的理论渊源进行了一定的梳理，实际上道教与海洋文化之间尚有很多未及详述的方面，如道教海洋音乐研究、道教海洋舞蹈研究、道教海洋文学研究、道教海洋民俗研究、道教海洋社会研究等，道教的外延有多宽广，道教与海洋文化的交叉就有多广泛。可以说，发生在海洋文化氛围下的仪式活动，大多与道教文化有关，如日常生产生活中最为常见的祈雨、拜神、娱神、神灵诞辰忌日等活动，都有明显的道教海洋文化色彩。求神、祭海等仪式在渔村中普遍存在，有时是单独的祭祀活动，有时是与重大节庆联系在一起。各种祭祀活动在某种程度上是制度化的，它源于渔村中民间约定俗成的相对固定的祭祀日期与祭祀仪式，并且渔民家家户户都要参与祭祀，实际上这种海洋文化仪式，有时候有着道教宗教仪式的渊源。例如，这些海洋仪式通常有着约定俗成自然而然形成的一套规矩，而且仪式相对专业，需要由特定的人来主持，通常是和尚、道士等，并且仪式中有着非常明显的宗教文化色彩，这些海洋文化仪式通常具有导向性与规范性的作用。

值得注意的是，由于宗教势力发展的不均衡，很多道教海洋文化的宗教色彩并不能完全分清属于佛教抑或属于道教。例如在海洋文化社会中，遇到重大的仪式通常都是由和尚和道士共同主持完成的，如嵊泗列岛的祀龙王求雨的仪式，就由七个道士、一个和尚敲钹撞钟共同祈祷。杭嘉湖许多地方中元节做“盂兰盆会”，也由和尚、道士一起放焰口、做道场；嘉善下甸庙乡一带在举行放水灯的祭祀仪式时，会用两条船同时行驶，一条船请一班和尚念佛经，另一条船则请一班道士做道场，两条船并排行驶。这说明在民众的心目中，和尚、道士的界限并不明显，任何涉及宗教仪式的活动，和尚、道士都是具有同等神力的，并不需要特意去区分到底道教还是佛教发挥了作用，当然两边都请的话，就比较放心一些，这体现了民间信仰功利性的一面。但是，在有一些情形下还是有区分的。如在民间习俗信仰中，若有人生病，有小儿受惊了，或者遇到邪祟了，都是由道士出面去捉妖驱鬼的，鲜有邀请和尚前来作法的。这与我们通常所认知的道教在民间的传播形式是比较符合的，这与道教与民众日常的生活联系较为紧密有关，据相关研究表明，在民间"用到道士的地方比和尚还要多"① 确是事实，道教在民间的渗透力很强，民间的许多祭祀活动都请道士来主持，或者有时候请没有真正道士身份的人以穿着道装的方式在其中主持仪式，并且在有关祭祀日期、仪式、内容、受祭神明等方面，也都能够看出受到道教文化的影响，这不能不引起我们的注意。

综上所述，道教与海洋文化研究尚有很多需要深入探讨的方面，并且需要进一步的细化研究。

① 姜彬：《吴越民间信仰民俗——吴越地区民间信仰与民间文艺关系的考察和研究》，上海文艺出版社1992年版，第137页。

参考文献

一　主要著作文献

1.（清）孙嘉淦等撰：《二十三史考证》，载《四库未收书辑刊》第六册，武英殿本。

2.（秦）吕不韦：《吕氏春秋》，扫叶山房 1926 年版。

3. 佚名：《三教源流搜神大全》，长沙中国古书刊印社 1935 年影印本。

4.（东汉）刘熙，（清）毕沅疏：《释名疏证》，商务印书馆 1936 年影印本。

5. 二十五史刊行委员会编集：《二十五史补编》，开明书店上海总店 1936 年影印本。

6.（北周）卢辩注，（清）孔广森补：《大戴礼记补注》卷 13，商务印书馆 1937 年版。

7.（东汉）韦昭：《国语附校刊札记》，上海商务印书馆 1937 年版。

8.（东晋）干宝：《搜神记》，商务印书馆 1957 年版。

9.（唐）韩愈著，马其昶校注：《韩昌黎文集校注》，上海古典文学出版社 1957 年版。

10.（清）赵翼：《陔余丛考》，商务印书馆 1957 年版。

11.（清）徐松：《宋会要辑稿》，中华书局 1957 年版。

12.（春秋）左丘明：《国语》，商务印书馆 1958 年版。

13.（明）田汝成：《西湖游览志》，上海古籍出版社 1958 年版。

14.（宋）孟元老：《东京梦华录》（外四种），上海古典文学出版社 1958 年版。

15.（清）阮葵生：《茶余客话》，中华书局 1959 年版。

16.（西汉）司马迁：《史记》，中华书局 1959 年版。

17. 王明：《太平经合校》，中华书局 1960 年版。

18.（东汉）班固：《汉书》，中华书局 1962 年版。

19. 上海古籍书店编：《天一阁藏明代方志选刊》，上海古籍出版社 1981 年版。

20.（南朝宋）范晔撰，（唐）李贤等注：《后汉书》，中华书局 1965 年版。

21.（明）陈侃等：《使琉球录》，《台湾文献丛刊》第 287 种《使琉球录三种》，台湾银行 1969 年版。

22.（唐）魏征等：《隋书》第 1 册，中华书局 1973 年版。

23.（东汉）王充：《论衡》，上海人民出版社 1974 年版。

24.（南朝梁）沈约：《宋书》，中华书局 1974 年版。

25.（唐）李延寿：《北史》，中华书局 1974 年版。

26.（唐）李延寿：《南史》，中华书局 1975 年版。

27.（后晋）刘昫等：《旧唐书》，中华书局 1975 年版。

28. 台湾成文出版社编：《中国方志丛书》，台湾成文出版社 1975 年版。

29.（元）脱脱：《金史》，中华书局 1977 年版。

30.（元）脱脱：《宋史》，中华书局 1977 年版。

31. 北京大学荀子注释组：《荀子新注》，中华书局 1979 年版。

32. 杨伯峻：《列子集释》，中华书局 1979 年版。

33.（宋）吴自牧：《梦粱录》，浙江人民出版社 1980 年版。

34.（东汉）应劭撰，吴树平校译：《风俗通义校释》，天津人民出版社 1980 年版。

35.（西晋）张华撰，范宁校正：《博物志校正》，中华书局 1980 年版。

36.（唐）裴铏撰，周楞伽辑注：《裴铏传奇》，上海古籍出版社 1980 年版。

37. 王汝涛等选注:《太平广记选》下册，齐鲁书社 1981 年版。

38. 王利器:《风俗通义校注》，中华书局 1981 年版。

39.（东汉）许慎:《说文解字》，上海古籍出版社 1981 年版。

40.（东晋）陶潜:《搜神后记》，中华书局 1981 年版。

41.（清）徐釚撰，唐圭璋校注:《词苑丛谈》，上海古籍出版社 1981 年版。

42.（清）段玉裁注:《说文解字注》，上海古籍出版社 1981 年版。

43.（东晋）王嘉:《拾遗记》，中华书局 1981 年版。

44. 杨伯峻:《春秋左传注》，中华书局 1981 年版。

45.（唐）段成式撰，方南生点校:《酉阳杂俎》，中华书局 1981 年版。

46.（宋）洪兴祖:《楚辞集注》，中华书局 1983 年版。

47. 洪锡范:《民国镇海县志》，台湾成文出版社 1983 年版。

48.（宋）罗濬等:《宝庆四明志》，台湾成文出版社 1983 年版。

49.（宋）陈耆卿:《嘉定赤城志》，台湾成文出版社 1983 年版。

50.（明）沉榜:《宛署杂记》，北京古籍出版社 1983 年版。

51.（元）邓牧:《洞霄图志》，台湾成文出版社 1984 年版。

52. 王国维:《水经注叙》，上海人民出版社 1984 年版。

53.（宋）李昉:《太平御览》，上海书店 1985 年版。

54. 王明:《抱朴子内篇校释》（增订本），中华书局 1985 年版。

55. 袁梅:《诗经译注》，齐鲁书社 1985 年版。

56.（宋）吴处厚:《青箱杂记》，中华书局 1985 年版。

57.（东汉）袁康、吴平辑录:《越绝书》，上海古籍出版社 1985 年版。

58.（清）周亮工、（清）施鸿保撰，来新夏校点:《闵小纪》，福建人民出版社 1985 年版。

59. 曹学佺:《蜀中广记》，上海古籍出版社 1985 年版。

60. 马端临：《文献通考》，商务印书馆 1986 年版。

61.（清）孙星衍：《尚书今古文注疏》，中华书局 1986 年版。

62. 林正秋：《南宋都城临安》，西泠印社 1986 年版。

63.（清）黄宗羲撰，沈善洪主编：《黄宗羲全集》，浙江古籍出版社 1986 年版。

64.（清）周家楣、缪荃孙等编：《光绪顺天府志》，北京古籍出版社 1987 年版。

65.（清）洪亮吉：《春秋左传诂》，中华书局 1987 年版。

66. 夏明钊译注：《嵇康集译注》，黑龙江人民出版社 1987 年版。

67.（清）袁枚：《子不语》，河北人民出版社 1987 年版。

68.（清）袁枚：《续子不语》，河北人民出版社 1987 年版。

69.（魏）曹丕撰，郑学弢校：《列异传等五种》，文化艺术出版社 1988 年版。

70.（唐）李商隐：《樊南文集》，上海古籍出版社 1988 年版。

71.（明）陆楫等辑：《古今说海》，巴蜀书社 1988 年版。

72.（南朝宋）刘义庆撰，郑晚晴辑注：《幽明录》，北京文化艺术出版社 1988 年版。

73.《道藏》，文物出版社、上海书店、天津古籍出版社 1988 年影印版。

74.（宋）周密撰，吴企明点校：《癸辛杂识》，中华书局 1988 年版。

75.（清）孙希旦撰，沈啸寰、王星贤点校：《礼记集释》，中华书局 1989 年版。

76. 陈戍国点校：《周礼·逸逦·礼记》，岳麓书社 1989 年版。

77. 王逸：《楚辞章句》，岳麓书社 1989 年版。

78.（宋）李昉等：《文苑英华》，中华书局 1990 年版。

79.（东晋）葛洪：《神仙传》，上海古籍出版社 1990 年版。

80. 饶宗颐：《老子想尔注校证》，上海古籍出版社 1991 年版。

81. 范埛、林禹：《吴越备史》，中华书局 1991 年版。

82.（清）厉荃：《事物异名录》，岳麓书社 1991 年版。

83.《古今说部丛书》，上海文艺出版社 1991 年版。

84. 苏舆撰，钟哲点校：《春秋繁露义证》，中华书局 1992 年版。

85.（明）严从简著，余思黎点校：《殊域周咨录》，中华书局 1993 年版。

86.［日］安居香山、中村璋八：《纬书集成》下册，上海古籍出版社 1994 年版。

87. 巴蜀书社编：《藏外道书》，巴蜀书社 1994 年版。

88.（宋）洪迈：《夷坚甲志》，中州古籍出版社 1994 年版。

89. 苏晋仁等点校：《出三藏记集》，中华书局 1995 年版。

90. 徐道、程毓奇：《历代神仙通鉴》，辽宁古籍出版社 1995 年版。

91. 陈鼓应：《黄帝四经今注今译》，台湾商务印书馆 1995 年版。

92.（五代）徐铉：《稽神录》，中华书局 1996 年版。

93.（五代）谭峭：《化书》，中华书局 1996 年版。

94.（宋）张君房纂辑，蒋力生等校注：《云笈七签》，华夏出版社 1996 年版。

95. 周生春：《吴越春秋辑校汇考》，上海古籍出版社 1997 年版。

96.（东汉）班固：《汉书》，中华书局 1997 年版。

97.（唐）柳宗元著，曹明纲标点：《柳宗元全集》，上海古籍出版社 1997 年版。

98.（宋）张虑：《月令解》，台湾新文丰出版公司 1997 年版。

99.（东晋）葛洪撰，钱卫语释：《神仙传》，学苑出版社 1998 年版。

100. 何宁：《淮南子集释》，中华书局 1998 年版。

101. 中华书局编辑部编：《四部备要汉魏古注十三经》，中华书局 1998 年版。

102.（南朝梁）萧统编，海荣、秦克标校：《文选》，上海古籍出版社 1998 年版。

103.（明）田汝成：《西湖游览志》，上海古籍出版社 1998 年版。

104.（西汉）郑玄注：《仪礼注疏》，北京大学出版社 1999 年版。

105.（南朝宋）裴松之：《三国志》，中华书局 1999 年版。

106.（清）慵讷居士：《咫闻录》，重庆出版社 1999 年版。

107.（东晋）干宝、陶潜：《搜神记》，浙江古籍出版社 1999 年版。

108.（唐）王泾：《大唐郊祀录》，北京民族出版社 2000 年版。

109.（清）徐兆昺：《四明谈助》，宁波出版社 2000 年版。

110.（明）谢肇淛撰，郭熙途校点：《五杂俎》，辽宁教育出版社 2001 年版。

111. 湖北省荆州市周梁玉桥遗址博物馆编：《关沮秦汉墓简牍》，中华书局 2001 年版。

112.（汉）蔡邕著，邓安生编：《蔡邕编年校注》，河北教育出版社 2002 年版。

113. 李希泌：《唐大诏令集》，上海古籍出版社 2003 年版。

114.（宋）张君房：《云笈七签》，中华书局 2003 年版。

115. 王国平主编：《西湖文献集成》，杭州出版社 2004 年版。

116.（宋）朱熹撰，李一忻点校：《周易本义》，九州出版社 2004 年版。

117.（宋）洪兴祖撰，白化文点校：《楚辞补注》，中华书局 2004 年版。

118. 黎翔凤撰，梁运华整理：《管子校注》，中华书局 2004 年版。

119.（东晋）范宁注，（唐）杨士勋疏：《春秋谷梁传注疏》，山东画报出版社 2004 年版。

120.（东汉）王逸：《楚辞章句补注》，吉林人民出版社 2005 年版。

121. 严健民：《五十二病方注译》，中医古籍出版社 2005 年版。

122. ［日］吉川忠夫、麦谷邦夫编，朱越利译：《真诰校注》，中国社会科学出版社 2006 年版。

123. 张振国、吴忠正：《道教符咒选讲》，宗教文化出版社 2006

年版。

124.（西汉）孔安国，（唐）孔颖达正义：《尚书正义》，上海古籍出版社 2007 年版。

125. 安作璋、熊铁基：《秦汉官制史稿》，齐鲁书社 2007 年版。

126.《中国历代神异典》，广陵书社 2008 年版。

127.（西汉）刘歆编，方韬译注：《山海经》，中华书局 2009 年版。

128. 浙江省地方志编纂委员会编：《宋元浙江方志集成》，杭州出版社 2009 年版。

129. 陈鼓应：《老子译注及评介》（修订增补本），中华书局 2009 年版。

130. 陈鼓应：《庄子今注今译》（最新修订重排本），中华书局 2009 年版。

131. 林家骊译注：《楚辞》，中华书局 2010 年版。

132.（明）冯梦龙评辑：《情史》，凤凰出版社 2011 年版。

133.（清）王先谦：《诗三家义集疏》，岳麓书社 2011 年版。

134.（清）阎若璩：《尚书古文疏证》，上海书店出版社 2012 年版。

135. 庄严编：《道统源流》，上海民铎出版社 1929 年版。

136. 陈垣：《南宋初河北新道教考》，中华书局 1962 年版。

137. 陈国符：《道藏源流考》，中华书局 1963 年版。

138. 陈寅恪：《金明馆丛稿初编》，上海古籍出版社 1980 年版。

139. 蓝吉富：《中国佛教思想资料选编》，弥勒出版社 1982 年版。

140. 袁珂：《中国神话资料萃编》，四川省社会科学院出版社 1985 年版。

141. 宗力、刘群：《中国民间诸神》，河北人民出版社 1986 年版。

142. 陈荣捷：《现代中国的宗教趋势》，台湾文殊出版社 1987 年版。

143. 葛兆光：《道教与中国文化》，上海人民出版社 1987 年版。

144. 陈垣编，陈智超、曾庆瑛校补：《道家金石略》，文物出版社

1988 年版。

145. 董楚平：《吴越文化新探》，浙江人民出版社 1988 年版。

146. ［日］窪德忠：《道教诸神》，四川人民出版社 1989 年版。

147. 任继愈：《中国道教史》，上海人民出版社 1990 年版。

148. 蒋维锬：《妈祖文献资料》，福建人民出版社 1990 年版。

149. ［英］李约瑟：《中国科学技术史》，科学出版社、上海古籍出版社 1990 年版。

150. 刘志文：《中国民间信神俗》，广东旅游出版社 1991 年版。

151. 姜彬：《吴越民间信仰民俗——吴越地区民间信仰与民间文艺关系的考察和研究》，上海文艺出版社 1992 年版。

152. 陈小冲：《台湾民间信仰》，鹭江出版社 1993 年版。

153. 沈忱编：《中国神仙传》，今日中国出版社 1993 年版。

154. 赵杏根：《中国百神全书民间神灵源流》，南海出版公司 1993 年版。

155. 李零：《中国方术概观·杂术卷》，人民中国出版社 1993 年版。

156. 金良年：《中国神秘文化百科知识》，上海文化出版社 1994 年版。

157. 卿希泰：《中国道教》，知识出版社 1994 年版。

158. 乌丙安：《中国民间信仰》，上海人民出版社 1995 年版。

159. 上海民间文艺家协会、民俗学会：《中国民间文化——地方神信仰》，学林出版社 1995 年版。

160. ［德］马克斯·韦伯著，洪天富译：《儒教与道教》，江苏人民出版社 1995 年版。

161. 牟钟鉴：《中国宗教与文化》，台湾唐山出版社 1995 年版。

162. 李亦园：《人类的视野》，上海文艺出版社 1996 年版。

163. 隗芾：《潮汕诸神崇拜》，汕头大学出版社 1997 年版。

164. 张泽洪：《道教斋醮科仪研究》，巴蜀书社 1999 年版。

165. 孔令宏：《中国道教史话》，河北大学出版社 1999 年版。

166. 陈桥驿：《吴越文化论丛》，中华书局 1999 年版。

167. 广陵书社编：《中国道观志丛刊》，江苏古籍出版社 2000 年版。

168. 顾颉刚：《古史辨》，河北教育出版社 2000 年版。

169. 雷闻：《祈雨与唐代社会研究》，北京大学出版社 2001 年版。

170. 赵世瑜：《狂欢与日常》，上海三联书店 2002 年版。

171. ［美］艾兰著，张海晏译：《水之道与德之端——中国早期哲学思想的本喻》，上海人民出版社 2002 年版。

172. 何勇强：《钱氏吴越国史论稿》，浙江大学出版社 2002 年版。

173. 刘屹：《敬天与崇道——中古经教道教形成的思想史背景》，中华书局 2005 年版。

174. 丁福保：《道藏精华录》，北京图书馆出版社 2005 年版。

175. 张振国，吴忠正：《道教符咒选讲》，宗教文化出版社 2006 年版。

176. 吴亚魁：《江南全真道教》，香港中华书局有限公司 2006 年版。

177. 余欣：《神道人心唐宋之际敦煌民生宗教社会史研究》，中华书局 2006 年版。

178. 李显光：《混元仙派研究》，中国社会科学出版社 2007 年版。

179. 吴亚魁：《江南道教碑记资料集》，上海辞书出版社 2007 年版。

180. 李泽厚：《新中国古代思想史论》，中国社会科学出版社 2008 年版。

181. 林正秋：《杭州道教史稿》，中国文史出版社 2008 年版。

182. 杨复竣：《中华始祖太昊伏羲》，上海大学出版社 2008 年版。

183. ［法］禄是遒著，王惠庆译：《中国民间崇拜道教仙话》，上海科学技术文献出版社 2009 年版。

184. 卢国龙、汪桂平：《道教科仪研究》，方志出版社 2009 年版。

185. 向柏松：《神话与民间信仰研究》，人民出版社 2010 年版。

186. 刘道超：《筑梦民生——中国民间信仰新思维》，人民出版社 2011 年版。

187. 孔令宏：《道教新探》，中华书局2011年版。

188. 刘屹：《神格与地域：汉唐间道教信仰世界研究》，上海人民出版社2011年版。

189. 彭理福：《道教科范——全真斋醮科仪纵览》下册，宗教文化出版社2011年版。

190. 舒惠芳：《人造天书：民俗文化中的神秘符号》，中国财富出版社2013年版。

191. 华文轩：《古典文学研究资料汇编》，中华书局1964年版。

192. 鲁迅：《唐宋传奇集》，人民文学出版社1973年版。

193. 鲁迅：《鲁迅书信集》上卷，人民文学出版社1976年版。

194. （清）董浩、阮元、徐松等：《全唐文》，中华书局1983年版。

195. 原民国进步书局辑：《笔记小说大观》，江苏广陵古籍刻印社1983年版。

196. 李剑国：《唐前志怪小说史》，南开大学出版社1984年版。

197. 柯杨：《中国风俗故事集》，甘肃人民出版社1985年版。

198. 李丰楙：《六朝隋唐仙道类小说研究》，台湾学生书局1986年版。

199. 王洁、周华斌：《中国海洋民间故事》，海洋出版社1987年版。

200. 陈宏天、赵福海、陈复兴主编：《昭明文选译注》，吉林文史出版社1988年版。

201. 张月中、王钢主编：《全元曲》，中州古籍出版社1996年版。

202. 鲁迅校录：《古小说钩沉》，齐鲁书社1997年版。

203. 王根林等校点：《汉魏六朝笔记小说大观》，上海古籍出版社1999年版。

204. 周绍良主编：《全唐文新编》，吉林文史出版社2000年版。

205. 周义敢、程自信、周雷编注：《秦观集编年校注》，人民文学出版社2001年版。

206. 吴熊和、陶然册主编：《唐宋词汇评》，浙江教育出版社

2004 年版。

207. 武文主编：《中国民俗学古典文献辑论》，民族出版社 2006 年版。

208. 王青：《海洋文化影响下的中国神话与小说》，昆仑出版社 2011 年版。

209. 中国科学院自然科学史研究所地学史组主编：《中国古代地理学史》，科学出版社 1984 年版。

210. 宋正海：《东方蓝色文化中国海洋文化传统》，广东教育出版社 1995 年版。

211. 山曼：《流动的传统：一条大河的文化印迹》，浙江人民出版社 1999 年版。

212. 舟山市政协文史和学习委员会、嵊泗县政协文史资料委员会编：《舟山海洋龙文化》，《舟山文史资料》第 5 辑，海洋出版社 1999 年版。

213. 曲金良：《海洋文化概论》，海洋文化出版社 1999 年版。

214. 福建师范大学闽台区域研究中心编：《闽台海上交通研究》，中国社会科学出版社 2000 年版。

215. 房仲甫、李二和：《中国水运史》，新华出版社 2003 年版。

216. 王荣国：《海洋神灵：中国海神信仰与社会经济》，江西高校出版社 2003 年版。

217. 郑鹤声、郑一钧编：《郑和下西洋资料汇编》，海洋出版社 2005 版。

218. 苏勇军：《浙江海洋文化产业发展研究》，海洋出版社 2011 年版。

219. 冯承钧：《中国南洋交通史》，商务印书馆 2011 年版。

220. 梁二平：《中国古代海洋地图举要》，海洋出版社 2011 年版。

221. 曲金良：《中国海洋文化研究》，海洋出版社 2008 年版。

222. 曲金良等：《中国海洋文化历史长编》，“先秦秦汉卷”“魏晋南北朝隋唐卷”“宋元卷”“明清卷”“近代卷”凡 5 卷，中国海洋大学出版社，2008—2013 年版。

223. 曲金良：《中国海洋文化基础理论研究》，海洋文化出版社2014年版。

二　主要论文文献

224. 黄涌泉、王士伦：《五代吴越文物——铁券与投龙简》，《文物参考资料》1956年第12期。

225. 陈寅恪：《天师道与滨海地域之关系》，《金明馆丛稿初编》，上海古籍出版社1980年版。

226. 邹逸麟：《谭其骧论地名学》，《地名知识》1982年第2期。

227. 李玉昆：《试论宋元时期的祈风与祭海》，《海交史研究》1983年第5期。

228. 乐祖谋：《历史时期宁绍平原城市的起源》，《中国历史地理论丛》1985年第2期。

229. 童镳：《老子的客观唯心主义体系和朴素的辩证法思想》，《云南师范大学学报》（哲学社会科学）1986年第1期。

230. 金涛：《独特的海上渔民生产习俗—舟山渔民风俗调查》，《民间文艺季刊》1987年第4期。

231. 金涛：《嵊泗列岛的古庙宇及岛神信仰》，《民间文艺季刊》1989年第4期。

232. 彭文新：《屺坶岛村民俗文化调查》，《民间文学论坛》1989年第5期。

233. 郭泮溪：《山东海乡民俗拾零》，《民间文学论坛》1989年第4期。

234. 山曼：《山东内陆文化与海洋文化之比较》，《民间文学论坛》1989年第5期。

235. 金涛：《“嵊泗渔民风俗”考》，《嵊泗文史资料》第1辑，上海社会科学院出版社1989年版。

236. 王士伦：《越国鸟图腾和鸟崇拜的若干问题》，《浙江学刊》1990年第6期。

237. 康新民：《民间节日文化价值初探》，《中国民间文化》，学林出版社 1991 年版。

238. 陈建勤：《越地鸡形盘古神话与太阳鸟信仰》，《民俗研究》1994 年第 1 期。

239. 杨泽善、韩昌俊：《漫话鲸鱼、蒲牢和钟》，《中国道教》1993 年第 1 期。

240. 马咏梅：《山东沿海的海神崇拜》，《民俗研究》1993 年第 4 期。

241. 史延廷：《鸟图腾崇拜与吴越地区的崇鸟文化》，《社会科学战线》1994 年第 3 期。

242. 林富士：《东汉晚期的疾疫与宗教》，《中央研究院历史语言研究所集刊》1995 年第 66 本。

243. 姜永兴：《古越人平安海航祈祷图——宝镜湾摩崖石刻探秘之一》，《中南民族学院学报》1995 年第 5 期。

244. 萧志才：《“辟谷”与“服水”——读孙思邈〈千金翼方〉札记》，《气功杂志》1995 年第 6 期。

245. 杨成鉴：《吴越文化的分野》，《宁波大学学报》（人文社会科学版）1995 年第 4 期。

246. 林蔚文：《周代吴越民族原始宗教略论》，《民族研究》1996 年第 4 期。

247. 邹毅：《论道教与民俗的互相影响与互相渗透》，《上饶师专学报》1996 年第 2 期。

248. 石葵：《茶祀西海神考析》，《青海社会科学》1997 年第 3 期。

249. 金涛：《东亚海神考述》，上海社会科学院东亚文化研究中心编《东亚文化论谭》，1998 年。

250. 陈桥驿：《越族的发展和流散》，《吴越文化论丛》，中华书局 1999 年版。

251. 王永平：《论唐代道教内道场的设置》，《首都师范大学学报》1999 年第 2 期。

252. 向松柏：《道教与水崇拜》，《中南民族学院学报》1999 年第

1 期。

253. 马咏梅：《山东沿海的海神崇拜》，《民俗研究》1999 年第 4 期。

254. 连镇标：《巫山神女故事的起源及其演变》，《世界宗教研究》2001 年第 4 期。

255. 连镇标：《郭璞的殡葬观与道家道教的崇水精神》，《福建宗教》2002 年第 5 期。

256. 张从军：《玄武与道教起源》，《齐鲁文化研究》2002 年第 1 期。

257. 白奚：《先秦黄老之学源流述要》，《中州学刊》2003 年第 1 期。

258. 周晓薇：《宋元明时期真武庙的地域分布中心及其历史因素》，《中国历史地理论丛》2004 年第 3 辑。

259. 刘正平：《作为国家宗教的宗法性传统宗教——关于“儒教”争鸣问题的可能解决之道》，《原道》2006 年第 13 辑。

260. 杨华：《楚地水神研究》，《江汉论坛》2007 年第 8 期。

261. 李晟：《论神仙思想的起源地》，《宗教学研究》2007 年第 1 期。

262. 王元林、李华云：《东海神的崇拜与祭祀》，《烟台大学学报》2008 年第 2 期。

263. 石奕龙：《中国汉人自发的宗教实践——神仙教》，《中南民族大学学报》2008 年第 3 期。

264. 丁煌：《汉末三国道教发展与江南地缘关系初探》，《汉唐道教论集》，中华书局 2009 年版。

265. 王及：《天妃以前的海洋保护神——白鹤崇和大帝赵炳》，《台州学院学报》2009 年第 2 期。

266. 吴成国：《荆楚巫术与武当道教文化》，《湖北大学学报》2009 年第 6 期。

267. 任才茂：《京族海洋民俗探论》，《贺州学院学报》2012 年第 1 期。

268. 李晟：《道教信仰中的地上仙境体系》，《宗教学研究》2012年第2期。

269. 李远国：《大禹崇拜与道教文化》，《中华文化论坛》2012年第1期。

270. 王利宾：《海洋人类学的文化生态视角》，《中国海洋大学学报》2014年第3期。

后　记

道教与海洋文化是我非常感兴趣的一个话题，当初文化与传播学院拟实施“人才兴院、科研强院”工程整合资源、集聚研究，从而迅速提升学院科研创新能力。希望各位教师能够结合自己的研究领，自主选择与与临港文化相关的内容开展研究，最终出版一套丛书，名之曰“媒介·文化·社会”研究书系。起初，我还颇费一番周折，不知道如何下手，因为感觉自己所从事的道教文化研究，与海洋、与临港基地等根本扯不上关系。随着思考的深入和前期文献的搜集，我发觉自己的想法大错特错。事实上，道教与海洋文化之间有千丝万缕的联系，不仅有沿海民众的海神信仰，还有各种受道教文化熏陶而产生的文化仪式，甚至反过来说，道教文化的产生也与海洋文化有密切的联系。思路一旦打开，有关道教文化与海洋文化的想法就源源不断、喷薄而出。

最初，我的书稿写作计划非常庞大。我预期从道教与海洋文化的渊源探究写起，分析世界各国对海洋文化的重视，以及远古海洋文化在文学作品中的体现，如山海经中的海洋主题、海洋传说与故事、海洋文学与观海诗文，以及《唱百鱼》、《普陀渔工号子》等海洋歌谣等。进而探讨道教的水崇拜与道教的海洋观，如《道德经》的尚水思想、庄子之“海洋”、水崇拜生命观与道教的宇宙观、长生不死观之间的联系，水与驱邪治病、沐浴敬神之间的关系等。其次，我准备就江浙地区的独特地理位置，分析道教与浙江海洋文化的渊源，不仅探讨吴越原始宗教与巫术信仰，佐证东部沿海是道教的发源地之一，也认为中东部沿海海岛与洞天福地理论产生有密切的关系。我还准备结合徐福之东航来探讨道教科仪中记载的航海文化，以及道教海洋科技贡献，如罗盘在航海中的运用等。另外，我还准备就海洋信仰中的道教神明进行系统的研究，探讨道教神明信仰的理论基础，分析海神的时空与地域性演变，并对地方海神与区域海神如戚继光、白鹤大帝赵炳、黄大仙等进行深入研究。此外，由于海洋文化的独特性，我还拟将海洋文化与道教法术、仪式联系起来，分析祈雨祭祀的功利性，探讨沿海地区的庙会传统中的道教因素，揭示演戏酬神的信仰基础，从而进一步分析沿海民俗婚丧嫁娶中的道教因素。我还准备进一步结合海洋文化禁忌，探讨道教对禁忌文化的潜在影响。最后，我打算探讨道教与现代海洋的关系，结合东西方海洋观，探讨如何对当今道教海洋文化非物质文化遗产进行保护与传承，对道教海洋民间信仰场所进行管理、旅游开发等。

写作计划列的洋洋洒洒，事实上却贪多嚼不烂，在写作过程中，我发现以我个人的能力在短短的时间内根本不可能完成这么庞大的写作计划，当时写作初稿已经接近 40 万字，远远超出了出版协议中规定的 20 万字，但仍旧未展开深入探讨。此时，中文系的汪广松老师初读了我已经完成的部分内容，建议我集中精力研究好道教与海洋文化的渊源这部分内容，将这部分内容充实完善后先期出版，至于其他部分的内容以待来日。真是一语惊醒梦中人，我接受了他的建议，并迅速调整了书稿章节的内容，从而顺利的在规定时间内提交了书稿。

此后，书稿经历了几番修改，自不在话下。我尤其需要感谢的是浙江大学图书馆的韩松涛研究员，他对道教在东部的起源的看法给了我非常大的启发，他在《浙江道教史》中关于吴越族的起源与越国迁都琅琊事件的分析，都对本书相关章节的写作提供了很好的借鉴。其次，我要感谢我的博士生导师孔令宏教授，虽然我早已毕业，但他仍旧以导师的身份对我严格要求。因为知道导师的严格，所以此前我已经反复对书稿进行了修改，与出版社定稿了后才敢拿给导师看。但是没有想到的是，孔老师以非常严谨的学术态度指出了书稿中存在的诸多问题，认为无论是从道教的角度出发，还是从学术研究的角度出发，我前期书稿中的有些问题都必须得到修改，即使定稿了也要重新修改，宁可再次校对麻烦一些，也不能仓促出版后贻笑大方，影响我将来的学术发展。他完全不顾我想要尽早出书的迫切心情，毫不通融，其眼光之独到、建议之专业都让我为之汗颜，其希望我在学术之路上越走越远的殷切期望感人至深，有师如此，此生幸甚！此外，我还要感谢中国社会科学出版社的宫京蕾编辑以及书稿相关的所有工作和校对人员，感谢你们的辛勤工作，也非常感激你们对我临时撤换书稿的理解，对于因此而产生的一系列返工工作，我非常抱歉，也对你们致以崇高的敬意！最后，我尤其要感谢的是文化与传播学院给我提供了这次出版的机会，学院的各位领导和同仁都对我此部书稿的顺利完成提供了诸多的帮助！

道教与海洋文化的内容非常丰富，限于有限的篇幅，本书只对道教与海洋文化的理论渊源部分进行了阐述，其他部分只能以待来日。本人学识浅薄，书中错讹之处在所难免，未免贻笑大方，谨以此书抛砖引玉，共同深入对道教与海洋文化的探讨！

王巧玲

2015 年 4 月 9 日于学府苑